재 료 역 학

Strength of Materials

국창호 한홍걸 편저

1. 서론
2. 응력과 변형률
3. 인장압축전단 및 Sin정리
4. 조합응력과 모어원
5. 편면도형의 성질
6. 비틀림
7. 보(Beam)
8. 보 속의 응력
9. 보의 처짐
10. 기둥

머리말

재료역학(Strength of Materials)이란, 기계 또는 구조물 제작 시 공업재료를 그 성질에 따라서 적재적소에 사용하여 적당한 안전율을 가지고 강도(σ, τ)를 가장 합리적이고, 이상적으로 얻는 학문이며, 힘의 평형방정식($\Sigma F = 0$)과 모멘트 평형방정식($\Sigma M = 0$) 등을 이용하는 학문으로서 기계를 전공하는 분야에서는 필수적인 과목이다.

이 책은 재료역학은 탄성한도 내에서 작용하는 강도를 구하는 학문이라는 데서 착안하여, 비례식을 이용하여 좀 더 쉬운 방법으로 재료역학 문제를 해결할 수 있도록 하였으며, 다년간의 강의를 통한 경험으로 핵심내용을 기본개념에서부터 설명하였으므로 어렵지 않게 접근할 수 있으리라 생각한다.

이 책의 특징은 각 장마다 연습문제를 수록하고 자세한 해설을 달아 쉽게 개념을 파악할수 있도록 한 점이다. 또한 이 책을 구성하는데 다수의 문헌과 저서를 참고하였는데, 그 저자들에 대해 사의(謝意)를 표하는 바이다.

끝으로 의문사항에 대해서는 도서출판 한필 홈페이지(www.hanpil.co.kr)로 보내주시면 성실하게 답변해 드릴 것을 약속드리며, 이 책이 출간되기까지 애써주신 도서출판 한필 관계자 여러분께 깊이 감사드린다.

저자 일동

목 차

Theme 01. 서론
1.1 재료역학(Strength of Materials) ·· 3
1.2 하중(Load) ··· 4

Theme 02. 응력과 변형률
2.1 응력과 변형률 ·· 5
2.2 변형률(Strain) ·· 8
2.3 응력과 변형률의 관계 ·· 12
2.4 응력집중 ·· 17
2.5 자중에 의한 응력과 변형 ·· 21
▶ 연습문제 ·· 29

Theme 03. 인장압축전단 및 Sin정리
3.1 우력(짝힘)의 능률=Moment=M ·· 32
3.2 사인정리 ·· 34
3.3 열응력 ·· 38
3.4 에너지 ·· 40
3.5 충격응력 ·· 43
3.6 두 개 이상의 재질로 된 직렬, 병렬 봉의 응력과 변형률 ·· 45
3.7 직렬연결의 봉 ··· 47
3.8 내압을 받는 원통($D > 10t$) ·· 51
3.9 얇은 회전 원환(圓環) ··· 53

 3.10 정정트러스 구조물의 해석방법 ·· 56
 📎 연습문제 ·· 60

Theme 04. 조합응력과 모어원

 4.1 부호 개념 ·· 70
 4.2 일축 응력(경사단면 위의 응력)과 모어원 ································ 71
 4.3 이축 응력(2축 應力)과 모어원 ·· 73
 4.4 순수전단응력상태 ··· 76
 4.5 평면응력(平面應力)과 모어원 ··· 77
 4.6 3축 응력과 모어원 ·· 88
 4.7 평면변형에서 변형률과 변위 사이의 관계 ······························ 91
 4.8 탄성계수(彈性係數) 사이의 관계 ··· 94
 4.9 재료의 파손 ·· 96
 📎 연습문제 ··· 103

Theme 05. 평면도형의 성질

 5.1 1차 관성모멘트($G_x = \int y\,dA,\ G_y = \int x\,dA$) ··················· 110
 5.2 단면 2차(斷面 2次) 모멘트 ·· 112
 5.3 단면계수(斷面係數) ··· 115
 5.4 극2차 관성모멘트($I_P = \int R^2 dA$)와 극단면계수($Z_P = I_P/y$) ······ 120
 5.5 단면의 관성상승모멘트(Product of Inertia) ···························· 122
 📎 연습문제 ··· 130

Theme 06. 비틀림

 6.1 비틀림 개요 ··· 137

6.2 비틀림 탄성에너지 ·· 143
6.3 스프링 ··· 145
6.4 임의단면의 비틀림 ··· 150
▸ 연습문제 ··· 152

Theme 07. 보(Beam)

7.1 보의 만곡 ··· 156
▸ 연습문제 ··· 164

7.2 전단력선도(SFD)와 모멘트선도(BMD) ··· 169
▸ 연습문제 ··· 178

Theme 08. 보 속의 응력

8.1 보 속의 굽힘응력 ·· 183
8.2 보 속의 전단응력 ·· 192
8.3 굽힘과 비틀림의 동시에 받는 축 ··· 203
▸ 연습문제 ··· 206

Theme 09. 보의 처짐

9.1 보의 처짐의 개요 ·· 214
9.2 외팔보의 처짐 ··· 218
9.3 단순보의 처짐 ··· 223
9.4 모멘트 면적법 ··· 231
9.5 처짐정리 ··· 243
9.6 부정정보의 처짐과 반력 ·· 247
   9.6.1 일단고정 타단지지보 ·· 247

9.6.2 양단고정보 ·· 256

9.7 카스틸리아노 정리(Castigliano's Theorem) ································ 273

📌 연습문제 ·· 278

Theme 10. 기둥

10.1 단주 ·· 288

10.2 장주 ·· 290

📌 연습문제 ·· 299

부록

📌 그리스 문자 ··· 304

📌 관련공식 ·· 305

📌 INDEX ··· 312

Strength of Materials

재 료 역 학

01. 서론

1.1 재료역학(Strength of Materials)

재료역학이란 여러 부재들이 서로 연결되는 구조물 제작시 공업재료를 그 성질에 따라서 적재적소에 사용하여 적당한 안전율을 가지는 부재의 강도(Strength)와 강성도(Stiffness)의 물리적 또는 기하학적인 관계를 고려하여 합리적이고 이상적으로 구해 설계에 기여하는 학문이다. 그러므로 재료의 기본적인 변화를 다루는 재료역학에서는 재료의 성질과 하중의 영향 등에 대해서 다음과 같은 몇가지 가정을 함으로써 실제 문제를 이상적이고 단순화시켜 해석하게 된다.

- 재료역학에서 작용하는 모든 힘은 정역학적 평형상태를 유지한다. 따라서 재료는 외력을 받으면 이에 상응하는 내력(Internal Force)이 발생되며, 내력은 외력(External Force)이 작용하지 않는 한 존재하지 않는다.
- 재료역학에 이용되는 모든 재료는 연속(Continuous)의 고체이며, 등질(Homogeneous), 등방성(Isotropic)이다.
- 재료에 외력이 작용하게 되면 변형이 발생하게 되는데, 이 변형이 어느 한계 내에서는 작용 외력의 크기에 비례하며, 외력을 제거하게 되면 변형은 소멸하게 되며 원래의 형상으로 회복하게 된다. 즉, 탄성(Elastic)영역에서의 관계만 취급한다.

1.2 하중(Load)

◈ 변화상태

① 정하중　　　② 동하중 : 반복하중, 충격하중, 이동하중, 교번하중

◈ 분포상태

① 집중하중　　　② 분포하중 : 균일분포하중, 불균일분포하중

◈ 작용부위

① 표면하중 : 압력[P], 하중[P], $\omega[N/cm]$　　② 물체력 : 중력, 관성력, 원심력

(1) 변화상태에 의한 분류

정하중은 하중의 크기나 방향이 시간의 흐름에 따라 변화하지 않는 하중이며, 동하중(Dynamic Load)은 시간의 변화에 따라 계속 변화되는 하중으로서 하중의 크기와 방향이 일정하게 되풀이 되는 반복하중(Repeated Load)과 하중의 크기와 방향이 변하면서 인장과 압축작용이 상호 연속적으로 되풀이되는 교번하중(Alternated Load), 그리고 정지해 있는 물체에 다른 물체가 갑자기 낙하되었을 때, 움직이고 있는 두 물체가 충돌하였을 때 또는 해머의 작용처럼 극히 짧은 시간 내에 순간적으로 가해지는 충격하중(Impulsive Load)과 체인, 롤러 또는 벨트와 같은 것을 이용하여 하중이 계속 이동하면서 작용하는 이동하중(Travelling Load)으로 분류한다.

(2) 분포상태에서 의한 분류

하중의 작용선이 재료의 한 점에 집중되어 있다고 가정하는 집중하중과 전체적으로 분포되어 있다고 가정하는 분포하중, 즉 무게를 고려했을 때 균일하다고 하는 균일분포하중과 균일하지 않은 불균일분포하중으로 구분된다.

(3) 작용부위에 의한 분류

부재 또는 구조물에 직접적으로 하중이 작용하는 표면하중과 물체에 운동이 발생할 때 생기는 무체력으로 구분된다.

Theme 02. 응력과 변형률

2.1 응력과 변형률

기계 또는 구조물에 외력인 하중이 작용시 작용부분은 운동을 일으키려하고 인접 부위와는 응집력 또는 반발력이 있게 된다. 가상단면을 잘랐을 시 단위면적당의 힘을 응력(stress)이라 한다.

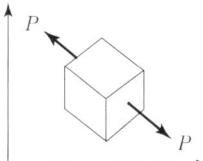

$$\sum_{n=1}^{\infty} \lim_{\Delta A \to 0} \frac{\Delta P}{\Delta A} = d\sigma, \ \sigma = \int d\sigma = \frac{P}{A} \text{N/m}^2$$

$\sigma = \dfrac{P}{A}$ (가상단면과 90°) $\tau = \dfrac{P}{A}$ (가상단면과 같은 방향) ············· (2-1)

(1) 응력의 종류

1) 단순응력

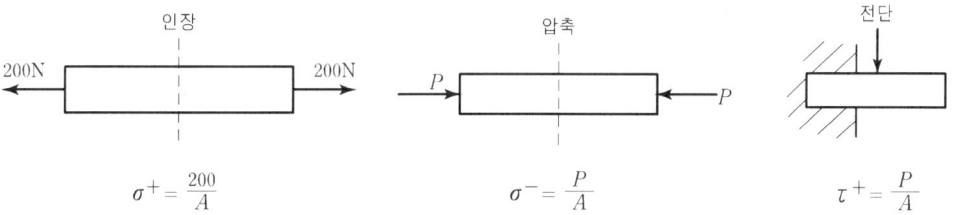

$\sigma^+ = \dfrac{200}{A}$ $\sigma^- = \dfrac{P}{A}$ $\tau^+ = \dfrac{P}{A}$

2) 조합응력 : 한 단면에 응력이 2개

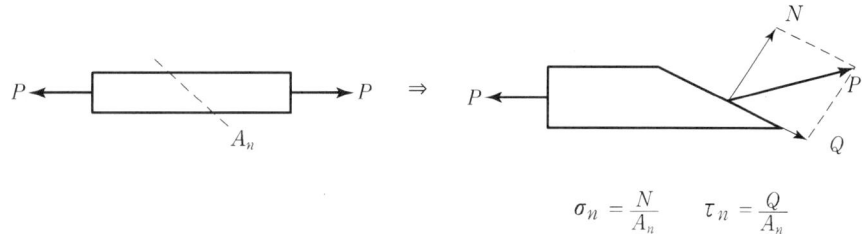

$\sigma_n = \dfrac{N}{A_n}$ $\tau_n = \dfrac{Q}{A_n}$

3) 비틀림응력 : τ(단면에 불균일) 면과 힘은 같은 방향

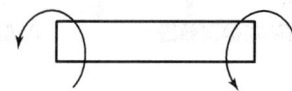

단순응력에서 인장이나 압축응력은 면에 대하여 각도가 90°인 힘으로 표시되며 전단응력은 면에 대하여 같은 방향의 힘이어야 한다.

EXERCISE 1 다음의 그림에서 인장응력과 전단응력을 나타내어라.

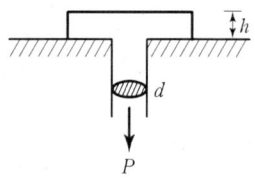

해설 : $\sigma = \dfrac{P}{A} = \dfrac{4P}{\pi d^2}$ (면적과 힘의 각도는 90°)

$\tau = \dfrac{P}{A} = \dfrac{P}{\pi dh}$ (면적과 힘은 같은 방향이다)

EXERCISE 2 다음의 그림에서 인장응력과 전단응력을 나타내어라.

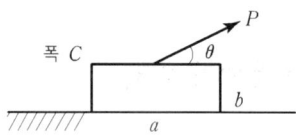

해설 : 잘리는 면을 기준으로 좌표를 선정하여 가상단면을 잡으면

$P_x = P\cos\theta \quad P_y = P\sin\theta$

$\sigma = \dfrac{P_y}{A} = \dfrac{P\sin\theta}{ac}$ (면과 힘의 각도는 90°)

$\tau = \dfrac{P_x}{A} = \dfrac{P\cos\theta}{ac}$ (면과 힘은 같은 방향)

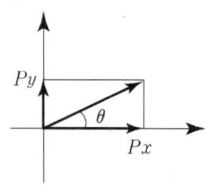

EXERCISE 3

전단강도가 4,000Pa인 연강판에 직경 2cm의 구멍을 펀치로 뚫고자 한다. 펀치의 압축강도를 12,000pa이라 하면 구멍을 뚫을 수 있는 판의 두께는 얼마인가?

① 1.5cm ② 5.5cm ③ 10.5cm
④ 15.5cm ⑤ 16cm

해설 : $\sigma = \dfrac{4W}{\pi d^2}$ $\tau = \dfrac{W}{\pi dt}$

$\sigma = 3\tau$ 이므로

$\dfrac{4W}{\pi d^2} = 3\dfrac{W}{\pi dt}$

$t = \dfrac{3}{4}d = \dfrac{3}{4} \times 2 = 1.5\,cm$

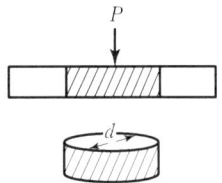

EXERCISE 4

축하중을 받는 볼트의 머리 높이 [h]는 지름 [d]의 몇 배로 설계하여야 하는가? (단, 볼트의 허용전단응력은 허용인장응력의 1/2이다)?

해설 : $\sigma = \dfrac{P}{A} = \dfrac{4P}{\pi d^2}$ $\tau = \dfrac{P}{A} = \dfrac{P}{\pi dh}$

$\tau = \dfrac{\sigma}{2}$ 에서 $\dfrac{P}{\pi dh} = \dfrac{4P}{2\pi d^2}$

$\dfrac{1}{h} = \dfrac{2}{d}$ $h = \dfrac{d}{2}$

2.2 변형률(Strain)

물체에 하중을 가하면 그 물체에는 응력이 발생하며 동시에 모양과 크기의 변화를 일으킨다. 원래 크기와 변형양의 비를 변형율(strain)이라 하며 항상 양의 값을 갖는다.

(1) 변형율의 종류

- 종변형율 (ε)
- 전단변형율 (γ)
- 체적변형율 (ε_V)
- 횡변형율 (ε')
- 면적변형율 (ε_A)

1) 종변형율(ε) 및 횡변형율(ε')

① 인장하중 작용시

$$\epsilon = \frac{l'-l}{l} = \frac{\delta}{l} \quad (\delta : \text{종 변형량}) \quad \cdots\cdots (2\text{-}2)$$

$$\epsilon' = \frac{d-d'}{d} = \frac{\delta'}{d} \quad (\delta' : \text{횡 변형량}) \quad \cdots\cdots (2\text{-}3)$$

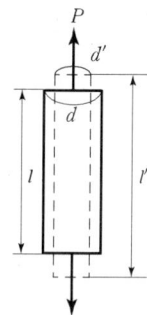

[그림 2.1 인장하중 작용시]

② 압축하중 작용시

$$\epsilon = \frac{l-l'}{l} = \frac{\delta}{l} \quad \epsilon = \frac{d'-d}{d} = \frac{\delta'}{d}$$

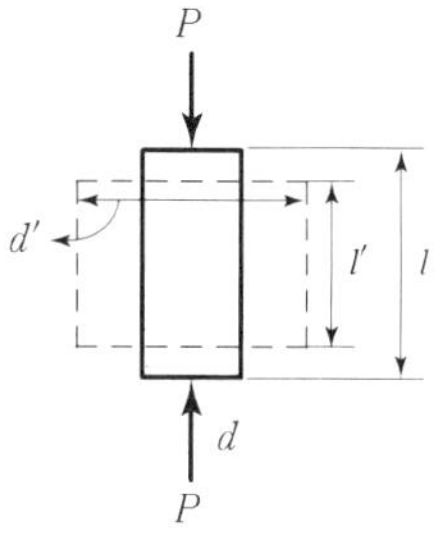

[그림 2.2 압축하중 작용시]

인장하중 작용시 수축량 0.008cm라고 하면 횡변형량(δ')이고 압축하중 작용시 수축량 0.008cm라고 하면 종변형량(δ)이다.

프아송비 $\mu(v) = \dfrac{1}{m} = \dfrac{\epsilon'}{\epsilon}$, m : 프아송 수

EXERCISE 5

Poisson's ratio(프아송의 비)의 설명이 아닌 것은?

① 일반적으로 1/2보다 작다.
② 가로변형율을 세로변형율로 나눈 값이다.
③ 가로변형량에 비례하고 세로변형량에 반비례한다.
④ 포아송수가 클수록 크다.
⑤ 푸아송비가 1/2일 때는 인장 시나 압축 시의 체적이 일정하다.

해설 : 프아송의 비 (μ)

$$\mu = \frac{\epsilon'}{\epsilon} = \frac{(가로변형율)}{(세로변형율)} = \frac{1}{m}$$

고무의 $\mu = 0.5$

m = 프아송수(프아송비와 프아송수는 반비례 관계)

해답 : ④

EXERCISE 6

Poisson's ration(μ)가 옳은 것은?

① $\mu = \dfrac{d'-d}{l-l'}$ ② $\mu = \dfrac{l(d-d')}{d(l'-l)}$

③ $\mu = \dfrac{l'-d'}{l-d}$ ④ $\mu = \dfrac{d(l'-l)}{l(d-d')}$

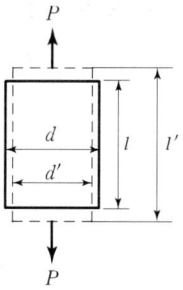

해설 : $\mu = \dfrac{\varepsilon'}{\varepsilon} = \dfrac{\delta' l}{d\delta} = \dfrac{(d-d')l}{d(l'-l)}$

해답 : ②

2) γ : 전단 변형율 π rad=180°

$$\tan\gamma = \frac{\delta}{l}$$

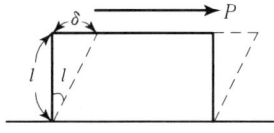   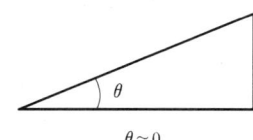

$\sin\theta \fallingdotseq \theta$
$\cos\theta \fallingdotseq 1$
$\tan\theta \fallingdotseq \theta$

[그림 2.3 전단응력 작용]

3) 면적변형율(ε_A)과 체적변형율(ε_V)

① 면적 변형율

$A_1 = a^2$

$A_2 = (a-\delta')^2 = a^2(1-\mu\varepsilon)^2$

$\quad = a^2(1-2\mu\varepsilon+\mu^2\varepsilon^2) \fallingdotseq a^2(1-2\mu\varepsilon)$

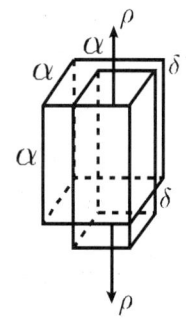

[그림 2.4 면적변형율과 체적변형율]

$\epsilon_A = \dfrac{\Delta A}{A} = \dfrac{A_2 - A_1}{A_1} = \dfrac{a^2(1-2\mu\varepsilon)-a^2}{a^2}$

$\quad = 1-2\mu\varepsilon -1 = |-2\mu\varepsilon| = 2\mu\varepsilon$

$\varepsilon' = \dfrac{\delta'}{d} \rightarrow \delta' = d\varepsilon' = a\varepsilon' = a\mu\varepsilon$

10 응력과 변형률

$$\varepsilon = \frac{\delta}{\ell} \rightarrow \delta = \ell\varepsilon = a\varepsilon$$

$$V_1 = A_1\ell_1 = a^2 a = a^3$$

$$V_2 = A_2\ell_2 = (a-\delta')^2(a+\delta) = (a-a\mu\varepsilon)^2(a+a\varepsilon) = a^3(1-\mu\varepsilon)^2(1+\varepsilon)$$

$$= a^3(1-2\mu\varepsilon+\mu^2\varepsilon^2)(1+\varepsilon) = a^3(1-2\mu\varepsilon+\mu^2\varepsilon^2+\varepsilon-2\mu\varepsilon^2+\mu^2\varepsilon^3)$$

$$\fallingdotseq a^3(1-2\mu\varepsilon+\varepsilon)$$

$$\varepsilon_v = \frac{\Delta V}{V} = \frac{V_2-V_1}{V_1} = \frac{a^3(1-2\mu\varepsilon+\varepsilon)-a^3}{a^3}$$

$$= 1-2\mu\varepsilon+\varepsilon-1 = \varepsilon(1-2\mu) \quad\cdots\cdots\cdots\cdots\cdots\cdots\cdots\cdots\cdots\cdots\cdots\cdots\cdots (2\text{-}4)$$

EXERCISE 7

변의 길이가 같은 상자형 내압 용기의 체적 탄성 변형은 탄성 변형의 몇 배인가?

① 2배 ② 3배
③ 4배 ④ 5배

해설 : ε_V (체적변형율) $= \dfrac{\Delta V(\text{변화된 체적})}{V(\text{원래의 체적})}$

$\qquad\qquad = \pm 3\varepsilon \quad$ 3방향에서 같은 힘이 작용할 때
$\qquad\qquad = \varepsilon(1-2\mu) \quad$ 1방향으로 작용할 때

해답 : ②

재료역학 11

2.3 응력과 변형률의 관계

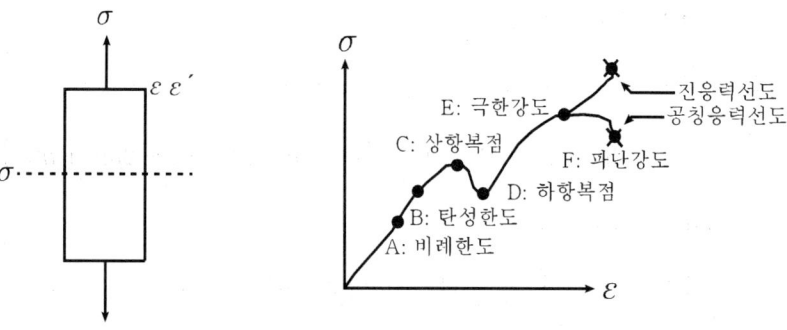

[그림 2.5 응력과 변형율]

$$\gamma = \frac{\delta}{l} \text{rad}$$

$$\sigma \propto \varepsilon \quad \sigma = E\varepsilon \quad \cdots\cdots\cdots\cdots\cdots\cdots\cdots\cdots\cdots\cdots\cdots\cdots\cdots\cdots\cdots\cdots\cdots\cdots (2\text{-}5)$$

E : 종탄성 계수(Young 계수)

연강의 경우 약 $2.1 \times 10^6 \text{kg/cm}^2 \fallingdotseq 210\text{GPa}$

SC 45   SC : 탄소강 주강

　　　　최저 인장강도 45kg/mm^2 (공칭응력선도에서 측정한 극한강도임)

SC400

　　400 : 최저인장강도 400N/mm^2

$\tau = G\gamma$ G : 횡탄성 계수(전단탄성계수)

$G = 80\text{GPa}$ (연강)

$\sigma = E\epsilon = \dfrac{P}{A}$, $\varepsilon = \dfrac{\delta}{l}$ 에서

$$\delta = \frac{Pl}{AE} \text{ (종변형양)} \cdots\cdots\cdots\cdots\cdots\cdots\cdots\cdots\cdots\cdots\cdots\cdots\cdots\cdots (2\text{-}6)$$

$\varepsilon' = \dfrac{\delta'}{d}$, $\mu = \dfrac{\varepsilon'}{\varepsilon}$, $\sigma = E\varepsilon$ 에서

$$\delta' = d\varepsilon' = d\mu\varepsilon = \frac{d\mu\sigma}{E} = \frac{d\sigma}{mE} \text{ (횡변형양)} \cdots\cdots\cdots\cdots\cdots\cdots (2\text{-}7)$$

⬢ 면적변형율 (ε_A)과 체적변형율 (ε_V)을 정리하면

$$\varepsilon_A = \frac{\Delta A}{A} = 2\mu\varepsilon$$

$$\Delta A = 2\mu\varepsilon A = 2\mu \frac{p}{AE} A$$
$$= \frac{2\mu p}{E}$$

$$\varepsilon_v = \frac{\Delta V}{V} \begin{cases} 1\text{방향} \ \varepsilon(1-2\mu) \\ 3\text{방향} \ \varepsilon_x + \varepsilon_y + \varepsilon_z \end{cases}$$

	인장의 경우		압축의 경우
$\mu < 0.5$	$\Delta V > 0$	$\mu < 0.5$	$\Delta V < 0$
$\mu = 0.5$	$\Delta V = 0$	$\mu = 0.5$	$\Delta V = 0$
$\mu > 0.5$	$\Delta V < 0$	$\mu > 0.5$	$\Delta V > 0$

일반적으로 물질의 프아송비는 0.5 이하이므로 인장할 때 체적은 증가하며 압축시는 감소한다.

⬢ 안전율(Safety Factor)

구조물이나 기계를 설게 할 때에는 설계된 무렛의 하중을 탄성영역 내에서 받을 수 있도록 하여야 한다. 그러므로 사용 중에 발생하는 응력을 사용응력(Working Stress) σ_w이라하고 사용응력 선정한 안전한 범위의 상한응력을 허용응력(Allowable Stress)σ_a라고 정한다. 일반적으로 인장강도는 공칭응력선도에서 가장 큰 응력으로서 극한응력(Ultimate Stress)σ_u라고 하면 안전율(Safety Fator)은 다음과 같다.

$$\text{안전율}(S) = \frac{\text{극한응력}(\sigma_u)}{\text{허용응력}(\sigma_a)}$$

EXERCISE 8

지름이 2cm이고 길이가 2m인 원형단면 연강봉에 500kN의 인장하중이 작용하여 길이가 1.5cm 늘어났다. 이 봉의 탄성계수는 몇 GPa인가?

해설 : $\delta = \dfrac{Pl}{AE}$

$$E = \dfrac{Pl}{A\delta} = \dfrac{4Pl}{\pi d^2 \delta} = \dfrac{4 \times 500 \times 10^3 \times 2}{\pi \times 0.02^2 \times 1.5 \times 10^{-2}} \times 10^{-9} = 212\,\text{GPa}$$

EXERCISE 9

지름이 22mm인 재료가 250kN의 전단하중을 받아 0.00075rad의 전단변형도가 생기면 이 재료의 전단탄성 계수는?

① 87GPa   ② 877GPa
③ 8.7GPa   ④ 0.87GPa

해설 : $\tau = G\gamma$ 에서 (G : 전단탄성계수, 횡탄성계수)

$$\therefore G = \dfrac{\tau}{\gamma} = \dfrac{P}{A\gamma} = \dfrac{250 \times 4 \times 10^3 \times 10^{-9}}{\pi \times (22 \times 10^{-3})^2 \times 0.00075} = 877\,\text{GPa}$$

EXERCISE 10

횡탄성계수(modulus of laternal elasticity)의 설명 중 옳게 표현한 것은 어느 것인가?

① 수직응력/전단응력
② 전단응력/수직응력
③ 전단응력/전단변형율
④ 전단변형률/전단응력

해설 : $\tau = G \cdot \gamma$, $G = \dfrac{\tau}{\gamma}$

해답 : ③

EXERCISE 11

지름 2cm 강봉에 50kN의 압축하중이 작용할 경우 봉의 지름은 몇 cm로 되는가(단, $E=200\text{GPa}$, $\mu=0.3$)?

해설 : $\delta' = \dfrac{d\sigma}{mE} = \dfrac{dP}{mEA} = \dfrac{4dP \times 0.3}{200 \times 10^9 \times \pi d^2} = \dfrac{4 \times 0.02 \times 50 \times 10^3 \times 0.3}{200 \times 10^9 \times \pi \times 0.02^2}$

$= 4.8 \times 10^{-6}\,\text{m} = 4.8 \times 10^{-4}\,\text{cm}$

그러므로 $d = 2 + 0.00048\,\text{cm} ≒ 2.00048\,\text{cm}$

EXERCISE 12

지름 22mm의 환봉이 250kN의 전단하중을 받아 0.00175rad의 변형률이 생겼다면 이 재료의 전단 탄성 계수는 몇 GPa인가?

① 8.775×10^2 ② 375
③ 11.4×10^3 ④ 29,300

해설 : $\tau = G(\text{전단탄성계수}) \times \gamma(\text{전단변형율})$

$\therefore G = \dfrac{\tau}{\gamma} = \dfrac{4P}{\pi d^2 \gamma} = \dfrac{4 \times 250 \times 10^3}{\pi \times (22 \times 10^{-3})^2 \times 0.00175} \times 10^{-9} = 375.8\,\text{GPa}$

EXERCISE 13

지름 20mm, 길이 1,000mm의 연강봉이 300kN의 인장하중을 받을 때 발생하는 신장량의 크기는(단, $E=200\,\text{GPa}$)?

① 0.78mm   ② 4.78mm
③ 0.0788mm   ④ 0.00788mm

해설 : $\delta = \dfrac{Pl}{AE} = \dfrac{4 \times 300 \times 10^3}{\pi \times 0.02^2 \times 200 \times 10^9} = 4.78 \times 10^{-3} = 4.78\,\text{mm}$

EXERCISE 14 다음은 실제로 사용되고 있는 안전율에 대한 설명이다. 옳은 설명은 어느 것인가?

① 재료의 탄성한도와 허용응력이 비이다.
② 기준 강도를 항복점으로 하여 허용응력으로 나눈 값이다.
③ 극한강도를 허용응력으로 나눈 것이다.
④ 재료의 탄성한도를 기준강도로 하여 사용응력과 비교한 것이다.

해 설 : 허용안전률= $\dfrac{인장응력}{허용응력}$ 사용안전률= $\dfrac{인장응력}{사용응력}$

인장응력을 극한강도라고도 하며 허용안전율이 사용안전율보다 일반적으로 작다.

해답 : ③

EXERCISE 15 후크의 법칙이 적용되는 구간은?

① O ~ A
② A ~ B
③ B ~ C
④ O ~ B

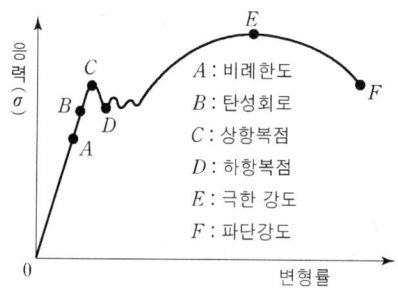

A : 비례한도
B : 탄성회로
C : 상항복점
D : 하항복점
E : 극한 강도
F : 파단강도

해답 : ①

EXERCISE 17 연강의 인장강도가 450MPa일 때, 이것을 안전율 5로 사용하면 허용응력은 얼마인가?

해설 : $\sigma_a = \dfrac{\sigma_u}{S} = \dfrac{450}{5} = 90\text{MPa}$

2.4 응력집중

단면이 균일한 봉이나 판에 인장하중이 작용하면 응력은 단면에 균일하게 분포한다. 그러나 턱, 구멍, 홈 등과 같이 단면의 모양이 급변하는 노치(Notch)가 단면에 있게 되면 이 부분에서는 마치 유체가 넓은 곳에서 좁은 곳으로 흐를 때 생기는 현상과 같이, 외력으로 인하여 발생될 응력분포상태가 대단히 불균일하게 되고 부분적으로 큰 응력이 매우 커진다. 이와 같이 노치가 있는 단면에서 부분적으로 큰 응력이 집중되어 일어나는 현상을 응력집중(Stress Concentration)이라고 한다.

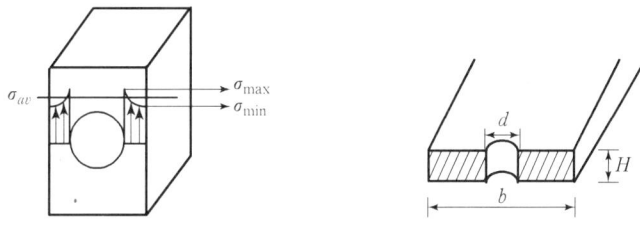

[그림 2.6 응력 집중계수]

$$\sigma_{av} = \frac{P}{A} = \frac{P}{(b-d)H}$$ ·· (2-8)

$$\sigma_{max} = \alpha \sigma_{av}$$

α : 응력집중계수

◈ 응력집중의 완화방안

응력집중을 감소시키는 방법에는 형상의 개선, 응력집중부의 강화, 표면거칠기 개선 등의 방법이 있다.

(1) 형상의 개선

① 가능한 한 각진 부분을 없애고 원활히 연속된 형상으로 한다.
② 단붙이 평판은 필렛부의 형상을 개선하여 응력선의 밀집을 완화한다.
③ 단붙이 봉의 경우 필렛부의 둥글기 반경을 크게 하거나 원둘레 홈을 마련한다.
④ 키홈이 있는 경우 바닥 모서리부의 둥글기 반경을 크게 한다.
⑤ 축에 나사를 깎을 때 응력선이 나사부로 들어가지 않도록 한다.
⑥ 노치부 부근에 제 2, 제 3의 노치부를 추가한다.

(2) 응력집중부의 강화

단면변화부에 상온가공처리(shot peening, sand blasting, 냉간압연)하거나 단면경화 열처리(침탄, 질화, 고주파 quenching)등을 하여 응력집중부를 강화시킨다.

(3) 표면거칠기를 향상시킨다.

EXERCISE 18 노치(notch)가 있는 봉이 인장하중을 받을 때, 노치부의 최대 응력이 60MPa 이었고, 노치부의 공칭응력이 24MPa이었다면 응력집중계수 a_x는 얼마인가?

① 0.4 ② 1.25
③ 2.0 ④ 2.5

해설 : $\sigma_{max} = K\sigma_{av}$, $K = \dfrac{\sigma_{max}}{\sigma_{av}} = \dfrac{60}{24} = 2.5$

해답 : ④

EXERCISE 19 다음 그림은 구멍이 뚫린 평판이 인장하중을 받을 때 생기는 응력의 분포곡선이다. 옳은 것은 어느 것인가?

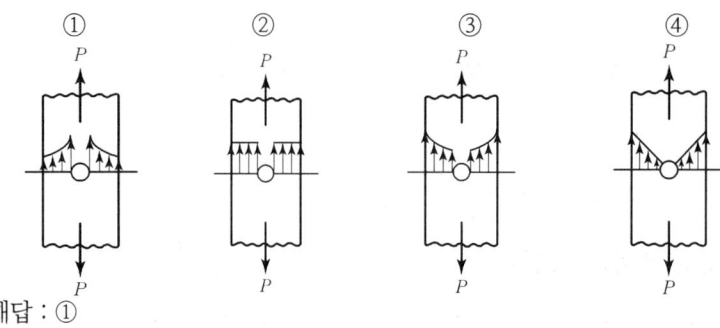

해답 : ①

EXERCISE 20 다음 그림은 노치(notch)가 있는 봉이 인장하중을 받을 때 생기는 응력의 분포 곡선이다. 옳은 분포 곡선은 어느 것인가?

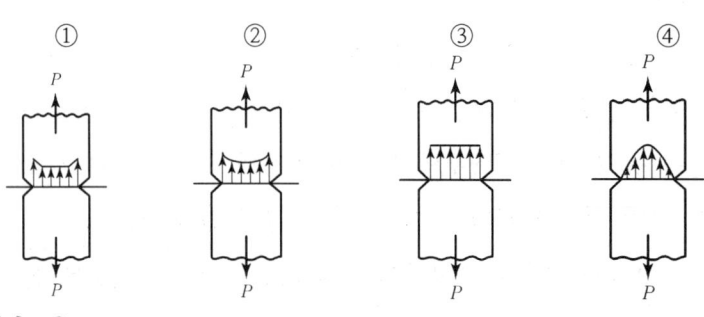

해답 : ②

EXERCISE 21

단면적이 A인 봉이 인장하중 W를 받았을 때 단면적의 감소량 ΔA는 얼마인가? (단, 포아송의 비 : μ, 탄성계수 : E이다)

해설 : ε_A(면적변형율)$= \dfrac{\Delta A}{A} = 2\mu\varepsilon$

$\Delta A = 2A\mu\varepsilon$

$= \dfrac{2A\mu\sigma}{E} = \dfrac{2A\mu W}{AE} = \dfrac{2\mu W}{E}$

EXERCISE 22

지름이 2cm인 강철봉에 축하중 60kN이 작용할 때 봉의 지름의 수축은 몇 cm인가? (단, $E = 205\,\text{GPa}$, $\dfrac{1}{m} = 0.3$이다)

해설 : $\delta' = \dfrac{d\sigma}{mE} = \dfrac{dP}{mEA} = \dfrac{4dp}{mE\pi d^2}$

$= \dfrac{4 \times 0.02 \times 60 \times 10^3 \times 0.3}{205 \times 10^9 \times 0.02^2 \times \pi} = 5.59 \times 10^{-6}\,\text{m} = 0.00056\,\text{cm}$

EXERCISE 23

단면이 $3 \times 5\,\text{cm}$인 각 강봉에 200kN의 전단하중이 작용할 때 봉에 발생하는 변형률은? (단, 횡탄성계수 G는 0.8GPa이다)

해설 : $\tau = G\gamma$ $\gamma = \dfrac{\tau}{G} = \dfrac{P}{AG} = \dfrac{200 \times 10^3}{0.8 \times 10^9 \times 0.03 \times 0.05} = 166 \times 10^{-3}\,\text{rad}$

EXERCISE 24

길이 1m, 직경 4cm인 연강강봉에 150kN의 인장하중이 작용할 경우 단면적 변형량과 체적 변형량을 계산하라.
(단, 종탄성계수 $E = 210\,\text{GPa}$, 포아송의 수 $m = 3$이다)

해설 : 한 방향에 인장하중만 작용하는 경우이므로

$\varepsilon_A = \dfrac{\Delta A}{A} = 2\mu\varepsilon$

$\Delta A = A2\mu\varepsilon = \dfrac{\pi d^2}{4} \times 2 \times \dfrac{1}{3} \times \dfrac{P}{AE} = \dfrac{2P}{3E} = \dfrac{2 \times 150 \times 10^3}{3 \times 210 \times 10^9}$

$= 476 \times 10^{-9} = 0.00476\,\text{cm}^2$

$\Delta V = \varepsilon(1-2\mu)V = \dfrac{P}{AE}(1-2\mu)A \cdot l = \dfrac{P}{E}(1-2\mu)l$

$= \dfrac{150 \times 10^3}{210 \times 10^9} \times \left(1 - \dfrac{2}{3}\right) \times 100^3 = 0.238\,\text{cm}^3$

EXERCISE 25

그림과 같은 단붙임 원축에서 $d_1:d_2=3:2$라 하면 d_1면에 생기는 응력 σ_1 과 d_2면에 생기는 응력 σ_2의 비는 다음 중 어느 것인가?

① 2:7
② 1:5
③ 3:8
④ 4:9

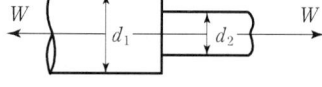

해설 : $d_1 : d_2 = 3 : 2$ $\sigma_1 = \dfrac{4W}{\pi d_1^2}$ $\sigma_2 = \dfrac{4W}{\pi d_2^2}$

$3d_2 = 2d_1$

∴ $\sigma_1 : \sigma_2 = 4 : 9$

∴ $d_2 = \dfrac{2}{3}d_1$

EXERCISE 26

지름이 5cm 길이 1m인 강봉에 10kN의 인장하중을 가할 경우 봉에 발생하는 종변형률과 지름 변화량은?
(단, 종탄성 계수 $E=200\,\text{GPa}$, 프아송의 비 $\mu=1/3$이다)

해설 : $\varepsilon = \dfrac{P}{AE} = \dfrac{4P}{\pi d^2 E} = \dfrac{4 \times 10 \times 10^3}{\pi \times 0.05^2 \times 200 \times 10^9} = 2.55 \times 10^{-5}$

$\qquad = 4.2 \times 10^{-7}\,\text{m} = 4.2 \times 10^{-4}\,\text{mm}$

$\delta' = \dfrac{d\sigma}{mE} = \dfrac{d \times 4P}{mE\pi d^2} = \dfrac{d \times 4P}{3E\pi d^2} = \dfrac{0.05 \times 4 \times 10 \times 10^3}{3 \times 200 \times 10^9 \times \pi \times 0.05^2}$

2.5 자중에 의한 응력과 변형

봉의 자체무게는 외부에서 작용하는 하중에 비해 일반적으로 적으므로 응력의 계산에서는 생략하지만, 단면이 크고 긴 봉의 응력계산에서는 자중의 영향이 크므로 이를 고려해야 한다.

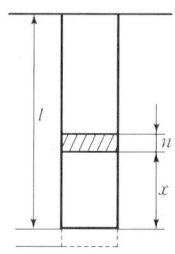 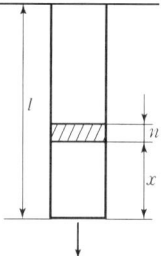

[그림 2.7 자체무게만 고려한봉]   [그림 2.8 자체무게와 하중을 함께 고려한 봉]

하중은 작용하지 않고 자체무게만 고려하는 경우, 봉의 단위체적당의 중량을 γ 라 하면, 하단으로부터 x의 거리에 있는 단면 mn의 아래부분의 중량은 $\gamma A x$가 되므로 mn단면이 받는 인장력은

$$P_x = \gamma A x$$

γ는 비중량으로서 단위 체적당의 중량 N/m^3이며 자중(G)은 $\gamma \cdot V \left(\dfrac{N}{m^3}, m^3 \right)$이다. 이 인장력으로 인한 길이 dx요소의 미소 신장량 $d\delta$는

$$d\delta = \frac{p_x dx}{AE}$$

이 미소 신장량을 전 길이에 걸쳐 적분하면

$$\delta = \int_0^l \frac{P_x}{AE} dx = \int_0^l \frac{\gamma A x}{AE} dx = \frac{\gamma}{E} \int_0^l x dx = \frac{\gamma l^2}{2E} \quad \cdots\cdots\cdots\cdots (2\text{-}9)$$

봉의 전체 중량을 P로 하면 $P = \gamma A l$이므로 윗식에 대입하면

$$\delta = \frac{Pl}{2AE} \quad \cdots\cdots\cdots\cdots\cdots\cdots\cdots\cdots\cdots\cdots\cdots\cdots\cdots (2\text{-}10)$$

이 식은 봉에 하중은 작용하지 않고 자체무게에 의한 신장만을 구하는 식이다. 자체무게와 봉의 하중 P를 함께 고려하는 경우, 그림 1-8에서와 같이 mn단면에서의 응력은 하중 P와 단면 mn아래 부분의 자체무게와 같이 작용하므로

$$\delta = \frac{P+\gamma Ax}{A}$$

또한, 상단에 발생하는 최대응력은

$$\sigma_{max} = \frac{P+\gamma Al}{A} = \frac{P}{A}+\gamma l \dotfill (2\text{-}11)$$

위 식의 σ_{max}을 재료의 허용응력 σ_w로 대치하여 안전 단면적 A를 구하면 다음 식이 된다.

$$A = \frac{P}{\sigma_w - \gamma l}$$

$$\varepsilon_x = \frac{d\delta}{dx} = \frac{\sigma_x}{E} \quad \therefore \quad d\delta = \frac{d\delta}{dx}dx = \frac{P+Arx}{AE}dx \dotfill (2\text{-}12)$$

이 식으로부터 하중과 자중이 함께 작용시의 전체 신장 량을 구하면 다음과 같다.

$$\delta = \int_0^l \frac{P+Arx}{AE}dx = \frac{1}{AE}\left(P_x + \frac{1}{2}Arx^2\right)\bigg|_0^{l_0} \dotfill (2\text{-}13)$$

$$= \frac{l}{AE}\left(P + \frac{1}{2}Arl\right)$$

위의 식을 자중을 무시한 하중만에 의한 신장량 $\delta = \frac{Pl}{AE}$과 비교하면, 봉의 자중 때문에 발생되는 신장량은 자중의 $\frac{1}{2}$과 같은 하중이 봉에 작용할 때 발생되는 신장량과 같음을 알 수 있다.

◈ 균일강도의 봉

자중을 고려할 때 각 단면에 발생하는 수직응력의 크기를 균일하게 하려면 각 단면의 모양을 변화시켜야 된다. [그림 2.9]에서 봉의 자유단으로부터 x만큼 떨어진 단면 mn에서의 면적을 A, mn면에서 dx만큼 아랫방향으로 작용하는 힘은 $A\sigma$되고 $m'n'$면에서 윗 방향으로 작용하는 힘은 $(A+dA)\sigma$가 되며, dx 부분의 자중은 $\gamma A dx$가 된다.

평행조건에서 $(A+dA)\sigma = A\sigma + \gamma A dx$ 양면을 정리하면 $A\sigma$로 나누고 적분하면

$$\int_{A_0}^{A} \frac{dA}{A} = \int_{0}^{x} \frac{\gamma dx}{\sigma}$$

$$\begin{cases} \ln A - \ln A_0 = \frac{\gamma}{\sigma} x \\ \ln \frac{A}{A_0} = \frac{\gamma}{\sigma} x \\ \frac{A}{A_0} = e^{\frac{\gamma}{\sigma} x} \\ A = A_0 e^{\frac{\gamma}{\sigma} x} \end{cases}$$

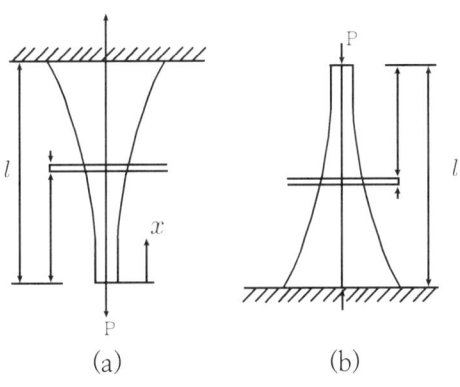

[그림 2.9 균일강도의 봉]

$x=0$에서 봉 하단의 면적을 $A = A_0$, $A_0 = \frac{W}{\sigma}$, $c = \ln A_0$이고,

안전한 단면적을 구하려면 σ 대신 σ_w으로 대입하며, 상용대수로 고치면 $0.4343\log_e A = \log_{10} A$이므로

$$\log A = \log A_0 + 0.4343\frac{\gamma}{\sigma}x$$

$$A = A_0 \times 10^{0.4343\frac{\gamma}{\sigma}l}$$

또한 고정단 $x = \ell$에서 최대 단면적이 되므로

$$(A_l)_{\max} = A_0 \times 10^{0.4343\frac{\gamma}{\sigma}l}$$

전신잔량 δ는 σ가 일정하므로 다음과 같아야 된다.

$$\delta = \frac{\sigma}{E}l \quad \cdots\cdots\cdots\cdots\cdots\cdots\cdots\cdots\cdots\cdots\cdots\cdots\cdots\cdots\cdots\cdots\cdots\cdots\cdots \text{(2-14)}$$

그러나 균일강도의 봉의 형태는 제작하기 힘들므로 아래 그림과 같이 계단적으로 단면을 변화시키는 경우가 많다.

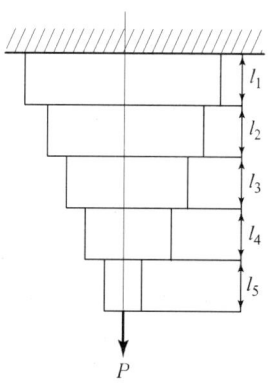

[그림 2.10 계단 단면봉]

계단의 길이를 각각 $l_1, l_2, L_3, \cdots, l_n$이라 하고 단면적을 $A_1, A_2, A_3, \cdots, A_n$, 또 각 계단의 능력을 σ라 하면 봉 l_1에 작용되는 힘의 평형에서

$$\sigma A_1 = P + \gamma A_1 l_1 \quad \therefore A_1 = \frac{P}{\sigma - \gamma l_1}$$

봉 l_2에 작용하는 힘의 평형에서

$$\sigma A_2 = \sigma A_1 + \gamma A_2 l_2$$

$$\therefore A_2 = \frac{A_1 \sigma}{\sigma - \gamma l_2} = \frac{P\sigma}{(\sigma - \gamma l_1)(\sigma - \gamma l_x)}$$

같은 방법으로 x번째의 봉 l_x에 대하여

$$A_x = \frac{P\sigma^{x-1}}{(\sigma - \gamma l_1)(\sigma - \gamma l_2) \cdots (\sigma - \gamma l_x)}$$

만일 $l_1 = l_2 = L_3 = \cdots, l_n = l$이라 하면,

$$A_x = \frac{P}{\sigma}\left(\frac{\sigma}{\sigma - \gamma l}\right)^x$$

이 식의 우변에서 $x = \frac{1}{l}$이며, $l \to 0$인 경우라면 $A_x = A_0 e^{\frac{\sigma}{\gamma}x}$가 되어 위의 식과 일치함을 알 수 있다.

EXERCISE 27

강선을 자중하에 연직하게 매달려고 할 때 재료의 비중량 $\gamma = 8\text{g/cm}^3$, 허용인장응력 $\sigma_w = 120\text{MPa}$이라 하면 얼마나 긴 강선을 매달 수 있는가?

① 1,730m
② 1,530m
③ 173m
④ 153m

해설 : 자중이 작용할 경우이므로 $\gamma = 9,800 \times 8 = 78,400 \text{N/m}^3$

$$\sigma = \gamma l, \quad l = \frac{\sigma}{\gamma} = \frac{120 \times 10^6}{78,400} = 1,530\text{m}$$

EXERCISE 28

다음 그림과 같이 자중을 받는 원추형봉의 길이가 l, 고정단의 직경이 d_0일 때, 이 원추형봉의 신장은?(단, 단위 체적의 중량은 γ이다.)

① 신장은 같은 길이의 균일 단면봉 신장의 $\frac{1}{2}$과 같다.

② 신장은 같은 길이의 균일 단면봉 신장의 $\frac{1}{4}$과 같다.

③ 신장은 같은 길이의 균일 단면봉 신장의 $\frac{1}{3}$과 같다.

④ 신장은 같은 길이의 균일 단면봉 신장의 $\frac{3}{4}$과 같다.

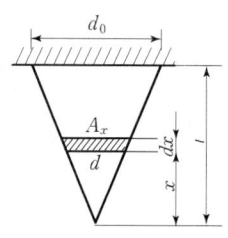

해설 : x단면의 직경 $d = \dfrac{d_0}{l}x$ ∴ $A_s = \dfrac{\pi}{4}\dfrac{d_0^{\,2}}{l^2}x^2$

체적 $V_x = \dfrac{1}{3}A_x \cdot x = \dfrac{1}{3}\dfrac{\pi d_0^{\,2}}{4l^2}x^2$

자중에 의한 응력 $\sigma_x = \dfrac{V_x\gamma}{A_x} = \dfrac{\gamma}{3}x$

$d\lambda = \dfrac{\sigma_x}{E}dx = \dfrac{\gamma}{3E}xdx$ ∴ $\lambda = \dfrac{\gamma}{3E}\displaystyle\int_0^1 xdx = \dfrac{\gamma l^2}{6E}$

균일단면의 봉은 $d\lambda = \dfrac{A\gamma}{AE}xdx = \dfrac{\gamma}{E}xdx$

∴ $\lambda = \dfrac{\gamma}{E}\displaystyle\int_0^1 xdx = \dfrac{\gamma l^2}{2E}$

이 두 신장량을 비교하면 1/3이다.

 다음 그림과 같은 균일강도의 봉 허용응력 $\sigma_a = 260[\text{kPa}]$, 길이 $l = 5\,[5]$, 탄성계수 $E = 200[\text{GPa}]$일 때 전신장량 δ은 몇 [mm]인가?

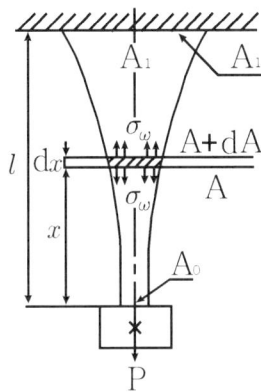

① 0.0143　　　　　　　　　　② 0.213
③ 0.083　　　　　　　　　　④ 0.143

해설 : $x = \dfrac{\sigma_a}{E} l = \dfrac{260 \times 10^3 \times 5}{200 \times 10^9} \times 1000 = 0.0065$

◈ 연속적으로 변하는 치수를 가진 봉의 신장량

미분요소의 신장량

$d\delta = \dfrac{P(x)dx}{EA(x)}$ 이므로 전체 봉의 신장량은 전체 길이에 대하여 적분하여 구한다.

$$\delta = \int_0^l d\delta = \int_0^l \dfrac{P(x)dx}{EA(x)}$$

EXERCISE 30 중실축의 다음과 같은 봉이 자유단 A에서 인장하중 P를 받을 시 봉의 신장량을 구하시오.

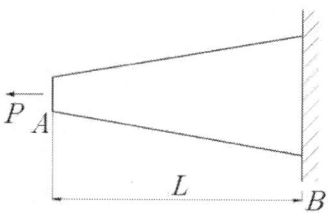

해설 : $L_A : L_B = d_A : d_B$

$$L_B d_A = L_A d_B$$

$$\frac{L_A}{L_B} = \frac{d_A}{d_B}$$

자유단 A에서 지름 d(x)를 원점 O에서부터 계산하면

$$\frac{d(x)}{d_A} = \frac{x}{L_A} \text{에서} \quad d(x) = \frac{d_A \cdot x}{L_A}$$

그러므로 원점에서 길이 x만큼 떨어진 위치의 단면적은 다음과 같다.

$$A(x) = \frac{\pi [d(x)]^2}{4} = \frac{\pi d_A^2 x^2}{4 L_A^2}$$

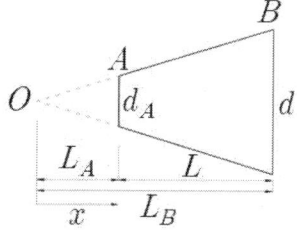

그러므로 처짐식에 대입하면

$$\delta = \int d\delta = \int_{L_A}^{L_B} \frac{P(x)dx}{EA(x)} = \int_{L_A}^{L_B} \frac{Pdx(4L_A^2)}{E(\pi d_A^2 x^2)}$$

$$= \frac{4PL_A^2}{\pi E d_A^2} \int_{L_A}^{L_B} \frac{dx}{x^2} = \frac{4PL_A^2}{\pi E d_A^2} [-\frac{1}{x}]_{L_A}^{L_B}$$

$$= \frac{4PL_A^2}{\pi E d_A^2} (\frac{1}{L_A} - \frac{1}{L_B}) = \frac{4PL_A^2}{\pi E d_A^2} \cdot \frac{L}{L_A L_B}$$

$$= \frac{4PL}{\pi E d_A^2} (\frac{L_A}{L_B}) = \frac{4PL}{\pi E d_A d_B}$$

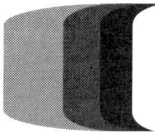

01 직경 $d = 4\,cm$의 원형단면봉에 $P = 30\,kN$의 인장하중이 작용할 때 이 봉에 발생하는 인장응력을 구하여라.
① 2MPa ② 2.4MPa
③ 20MPa ④ 24MPa

1. $\sigma = \dfrac{P}{A} = \dfrac{P}{\dfrac{\pi d^2}{4}}$

 $= \dfrac{4 \times 30 \times 10^3}{\pi \times 0.04^2} = 24\,MPa$

02 길이 3m인 재료가 인장하중을 받고 0.12cm 늘어났다. 변형률은 얼마인가?
① 0.12 ② 0.0012
③ 0.04 ④ 0.0004

2. $\varepsilon = \dfrac{\delta}{l} = \dfrac{0.12}{300} = 0.0004$

03 단면 6×8cm의 짧은 각주가 있다. 여기에 발생하는 응력을 80MPa으로 견디면 몇 kN까지 압축하중이 필요한가?
① 384 ② 38,400
③ 384,000 ④ 38.4

3. $P = \sigma \cdot A = \sigma bh$
$= 80 \times 10^6 \times 0.06 \times 0.08$
$= 384\,kN$

04 길이 2m의 봉이 압축을 받아서 0.0002의 변형률을 일으켰다. 수축량은 얼마인가?
① 0.1mm ② 0.2mm
③ 0.4mm ④ 1mm

4. $\varepsilon = \dfrac{\delta}{l}$ $\delta = \varepsilon \cdot l = 0.0002 \times 2,000$
$= 0.4\,mm$

05 길이 3m, 직경 3cm의 환봉이 축방향으로 하중을 받아서 길이가 0.18cm 늘어났고, 직경 0.0006cm만큼 감소하였다. 이때 종변형률 및 횡변형률을 구하여라.
① 0.06, 0.02 ② 0.6, 0.2
③ 0.006, 0.002 ④ 0.0006, 0.0002

5. $\varepsilon = \dfrac{\delta}{l} = \dfrac{0.18}{300} = 0.0006$

 $\varepsilon' = \dfrac{\delta'}{d} = \dfrac{0.0006}{3} = 0.0002$

06 다음 그림과 같은 리벳(rivert)이음에 있어서 리벳의 직경 $d = 2\,cm$라 하고, 두 판을 인장하는 힘 $P = 10\,kN$이라고 하면 리벳의 단면에 발생하는 전단응력을 구하여라(MPa).

6. $\tau = \dfrac{P}{A} = \dfrac{4P}{\pi d^2} = \dfrac{4 \times 10 \times 10^3}{\pi \times 0.02^2}$
$= 31.83\,MPa$

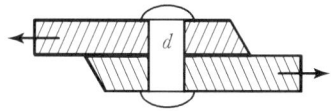

① 3.18 ② 31.8 ③ 318 ④ 0.318

정답 1. ④ 2. ④ 3. ① 4. ③ 5. ④ 6. ②

07 늘어난 길이가 0.06cm, 변형률이 0.0003일 때 원래의 길이를 구하여라.

① 2cm   ② 20cm
③ 200cm ④ 2,000cm

7. $\varepsilon = \dfrac{\delta}{l}$

$l = \dfrac{\delta}{\varepsilon} = \dfrac{0.06}{0.0003} = 200\,cm$
$= 2\,m$

08 그림에 표시한 것처럼 직경 17mm의 펀치(punch)에서 두께 6mm의 연강판에 구멍을 뚫으려고 한다. 이때 펀치에 작용하는 하중과 그것에 발생하는 응력을 구하여라(단, 연강판의 전단강도 τ = 360 MPa이다).

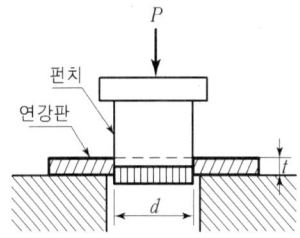

① 11.54kN, 508MPa   ② 11.54kN, 50.8MPa
③ 115.4kN, 508MPa   ④ 1,154kN, 5,080MPa

8. $\tau = \dfrac{P}{A}$ $P = \tau \cdot A = \tau \cdot \pi dt$
$= 360 \times 10^6 \times \pi \times 17 \times 10^{-3} \times 6 \times 10^{-3} = 115.4\,kN$

$\sigma = \dfrac{4P}{\pi d^2} = \dfrac{4 \times 115.4 \times 10^3}{\pi \times 0.017^2}$
$= 508\,MPa$

09 길이 20cm, 한 변의 길이가 4cm인 정사각형 단면의 봉에 800N의 압축하중이 작용할 때 체적의 변화량을 구하여라
(단, 포와송 비 $\mu = \dfrac{1}{m} = \dfrac{1}{4}$, 탄성계수 E = 205GPa이다).

① 0.4 cm³ 감소   ② 0.04 cm³ 감소
③ 0.0004 cm³ 감소 ④ 0.0004 cm³ 증가

9. $\varepsilon_v = \varepsilon(1-2\mu) = \dfrac{\sigma}{E}(1-2\mu)$
$= \dfrac{P}{AE}(1-2\mu) = \dfrac{\Delta V}{V}$

$\Delta V = \dfrac{Pl}{E}(1-2\mu)$
$= \dfrac{800 \times 0.2}{205 \times 10^9} \times \left(1 - 2 \times \dfrac{1}{4}\right)$
$= 3.8 \times 10^{-10}\,m^3$
$≒ 0.0004\,cm^3$

10 직경 3cm인 봉이 인장하중 30kN을 받았을 때, 단면적의 감소량은 얼마인가?
(단, 포와송 비 $\mu = \dfrac{1}{m} = 0.3$, 탄성계수 E = 200 GPa이다)

① 0.0003 cm²   ② 0.0005 cm²
③ 0.0007 cm²   ④ 0.0009 cm²

10. $\varepsilon_A = 2\mu\varepsilon = 2\mu\dfrac{\sigma}{E} = 2\mu\dfrac{P}{AE}$
$= \dfrac{\Delta A}{A}$

$\Delta A = 2\mu \dfrac{P}{E}$
$= 2 \times 0.3 \times \dfrac{30 \times 10^3}{200 \times 10^9}$
$= 9 \times 10^{-8}\,m^2$
$= 0.0009\,cm^2$

정답 7. ③ 8. ③ 9. ③ 10. ④

11 단면적이 10 cm²인 둥근 봉(round bar)이 인장하중을 받을 때 단면적의 감소량을 구하여라

(단, 이 재료의 $\mu = \frac{1}{m} = 0.3$, $\varepsilon = 0.002$이다).

① 0.012 cm² ② 0.021 cm²
③ 0.032 cm² ④ 0.054 cm²

11. $\varepsilon_A = \frac{\Delta A}{A} = 2\mu\varepsilon$
$\Delta A = 2\mu\varepsilon A = 2 \times 0.3 \times 0.002 \times 10$
$= 0.012 \, cm^2$

12 다음 그림과 같이 두 부분으로 이루어진 단붙임 둥근봉(round bar)에 인장하중 P가 작용할 때, A부 및 B부에 생기는 응력의 비 $\frac{\sigma_A}{\sigma_B}$의 값을 구하여라.

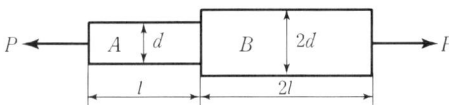

① $\frac{1}{6}$ ② 6 ③ $\frac{1}{4}$ ④ 4

12. $\sigma_A = \frac{P}{A} = \frac{4P}{\pi d^2}$
$\sigma_B = \frac{P}{A} = \frac{4P}{\pi(2d^2)} = \frac{P}{\pi d^2}$
$\frac{\sigma_A}{\sigma_B} = \frac{\frac{4P}{\pi d^2}}{\frac{P}{\pi d^2}} = 4$

13 그림과 같이 볼트(bolt)로 70kN의 하중을 지지하는 데는 볼트 직경(d)과 머리의 높이(h)를 얼마로 하면 좋은가(단, 볼트에 발생되는 응력의 한도를 인장응력은 100MPa, 전단응력은 70MPa까지로 한다)?

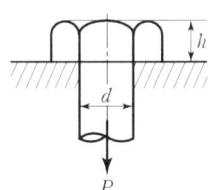

① 30mm, 11mm ② 3mm, 1mm
③ 30cm, 11cm ④ 3cm, 11cm

13. $\sigma = \frac{P}{A} = \frac{4P}{\pi d^2}$
$d = \sqrt{\frac{4P}{\pi\sigma}} = \sqrt{\frac{4 \times 70 \times 10^3}{\pi \times 100 \times 10^6}}$
$= 0.03 \, m = 30 \, mm$
$\tau = \frac{P}{A} = \frac{P}{\pi d h}$
$h = \frac{P}{\pi d \tau}$
$= \frac{70 \times 10^3}{\pi \times 0.03 \times 70 \times 10^6}$
$= 0.011 \, m = 11 \, mm$

14 둥근 봉을 압축하였더니 20cm로 되었다. 수축률이 0.007일 때, 변형전의 길이는 얼마인가?

① 20.14cm ② 20.52cm
③ 21.05cm ④ 22.28cm

14. $\varepsilon = \frac{l - l'}{l}$, $l = \frac{l'}{1-\varepsilon}$
$= \frac{20}{1-0.007} = 20.14 \, cm$

정답 11. ① 12. ④ 13. ① 14. ①

03. 인장압축전단 및 Sin정리

3.1 우력(짝힘)의 능률=Moment=M

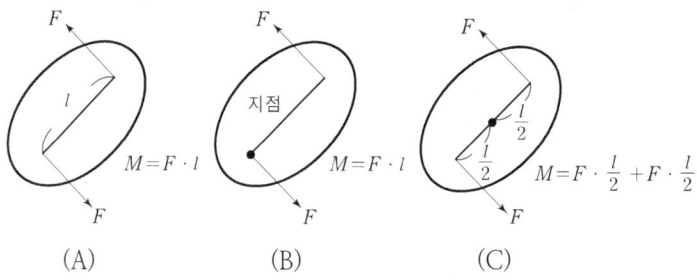

[그림 3.1 우력의 능률]

그림 A에서의 물체는 힘에 의한 이동은 없이 회전만 발생하며 그림 B와 그림 C에서도 같은 모멘트가 발생한다. 그러므로 지점을 아무 곳에 잡아도 모멘트의 크기가 일정하다. 설계에서 문제를 풀이 시 미지수가 있는 곳에 지점을 잡으면 방정식의 수가 줄어서 답을 구하는데 유리하다. 즉, 시간이 적게 소요된다.

EXERCISE 1 다음 그림의 반력 R_A와 R_B를 구하여라.

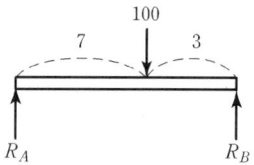

해설 : 그림에서 반력 R_A와 R_B를 구하기 위해서 $\Sigma F=0$, $\Sigma M=0$의 순서보다는 지점을 잘 잡아서 $\Sigma M=0$를 먼저 한다.

$R_A \cdot (7+3) = 100 \times 3$ 다음에 $\Sigma F=0$를 한다.

$100 = R_A + R_B$, $R_B = 100 - R_A = 100 - 30 = 70$

EXERCISE 2

다음 그림의 반력 R_A와 R_B를 구하여라.

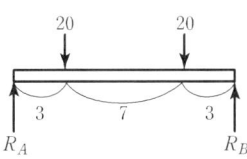

해설 : 지점을 R_B로 택해 $\sum F = 0$

$$R_A \cdot 13 = 20 \times 3 + 20 \times 10$$

$$R_A = \frac{20 \times 3 + 20 \times 10}{13} = 20$$

다음 $\sum F = 0$에서 $R_A + R_B = 20 + 20$, 그러므로 $R_B = 20$

별해 : 좌우대칭이므로 $R_A = 20$, $R_B = 20$ (훨씬 편하다)

EXERCISE 3

다음 그림의 반력 R_A와 R_B를 구하여라.

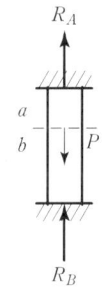

해설 : 단순보의 모양으로 해석하면 편리하다.

$R_A + R_B = P$

$$R_A = \frac{P \cdot b}{a+b}, \quad R_B = \frac{P \cdot a}{a+b}$$

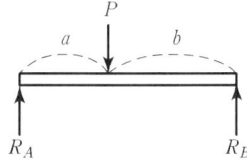

EXERCISE 4

다음 그림의 비틀림 모멘트 T_A와 T_B를 구하여라.

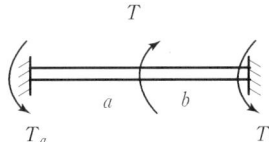

해설 : $T = T_a + T_b$

$$T_a = \frac{T \cdot b}{a+b}, \quad T_b = \frac{T \cdot a}{a+b} \text{ (단순보의 모양으로 해석하면 편리하다)}$$

3.2 사인정리

한 부재에 힘이 작용할 때 평형 방정식 ($\sum F=0$, $\sum M=0$)을 이용하여 반력을 구할 수 있다. 그러나 부재 2개에 다음과 같은 힘이 작용할 때는 사인정리를 이용하여 손쉽게 구할 수도 있다.

$$\frac{F_2}{\sin\alpha} = \frac{P}{\sin\beta} = \frac{F_1}{\sin\gamma} \quad\cdots\cdots\cdots\cdots\cdots\cdots\cdots\cdots\cdots (3-1)$$

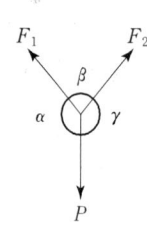 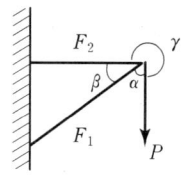

[그림 3.2 사인정리]

EXERCISE 5

그림에서 보여 주는 구조물의 부재 AB에 작용하는 힘은?

① 115N
② 141.4N
③ 200N
④ 283N

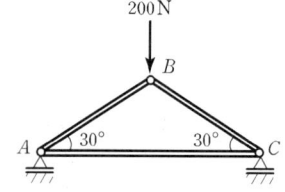

해설 : 중앙에서 하중이 작용하므로
$R_A = R_C = 100$
Sin 법칙에 의하면
$F_{AB} = \dfrac{R_A}{\sin 30} \cdot \sin 90 = 200N$

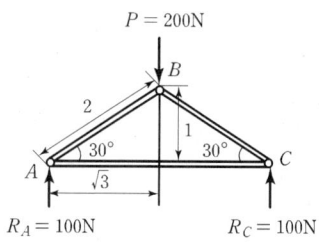

34 응력과 변형률

EXERCISE 6

다음 구조물에 작용하는 힘 F_1과 F_2는 몇 kg인가?

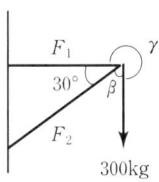

해설: $\alpha = \tan^{-1}\dfrac{1}{\sqrt{3}} = 30$, $\beta = 90 - 30 = 60$, $\gamma = 270$

sin정리를 이용하면 $\dfrac{300}{\sin\alpha} = \dfrac{F_1}{\sin\beta} = \dfrac{F_2}{\sin\gamma}$

$F_1 = \dfrac{300}{\sin\alpha}\sin\beta = \dfrac{300}{\sin 30}\sin 60 = 519.6$

$F_2 = \dfrac{300}{\sin\alpha}\sin\gamma = \dfrac{300}{\sin 30}\sin 270 = -600$

삼각형의 평형식을 이용하면 길이와 하중은 비례한다.

$1 : 2 : \sqrt{3} = 300 : F_2 : F_1$, $\quad F_2 = 600$, $\quad F_1 = 300\sqrt{3}$

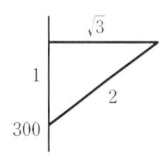

EXERCISE 7

그림과 같은 구조물의 중앙 A점은 P 10,000N 작용할 때 T_1, T_2, T_3, T_4에 각각 인장과 압축이 작용할 것이다. 이때 T_4에 걸리는 힘은 몇 kg인가?

① 1,444N
② 2,334N
③ 2,687N
④ 2,887N

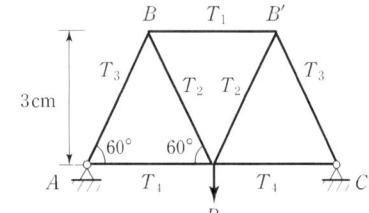

해설: $R_A = 5,000\,\text{N}$

sin정리에 의함

$1 : \sqrt{3} = T_4 : 5,000$

$T_4 = \dfrac{5,000}{\sqrt{3}} = 2,886.75\,\text{N}(인장)$

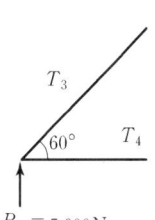 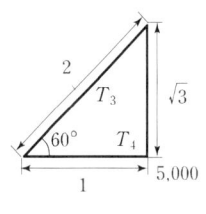

EXERCISE 8

그림과 같은 수평봉(BC)과 경사봉(AC)이 C점에서 집중하중 100N을 받고 있다. 수평봉 BC의 내력을 S_1, 경사봉 AC의 내력을 S_2라 할 때 각각의 내력은 얼마인가?

① $S_1 = 100\sqrt{3}$ 인장, $S_2 = 100$ 압축
② $S_1 = 50$ 인장, $S_2 = 100$ 압축
③ $S_1 = 100\sqrt{3}$ 압축, $S_2 = 200$ 인장
④ $S_1 = 50$ 압축, $S_2 = 150$ 인장

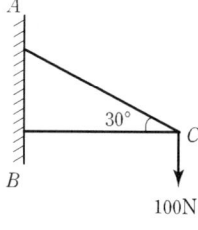

해설 : $1 : \sqrt{3} = 100 : S_1$
∴ $S_1 = 100\sqrt{3}$ (압축)
$2 : 1 = S_2 : 100$
∴ $S_2 = 200$ (인장)

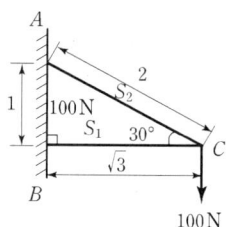

EXERCISE 9

그림과 같이 2개의 봉 AC, BC를 힌지로 연결한 구조물에 연직하중 $P = 800\,\text{N}$이 작용할 때, 봉 AC 및 BC에 작용하는 하중의 크기 T_1, T_2는 어느 것이 옳은가?
(단, $\overline{AC} = 4\,\text{m}$, $\overline{BC} = 3\,\text{m}$, $\overline{AB} = 5\,\text{m}$이며, 봉의 자중은 무시한다)

① $T_1 = 640\,\text{N}$, $T_2 = 480\,\text{N}$
② $T_1 = 480\,\text{N}$, $T_2 = 640\,\text{N}$
③ $T_1 = 800\,\text{N}$, $T_2 = 640\,\text{N}$
④ $T_1 = 800\,\text{N}$, $T_2 = 480\,\text{N}$

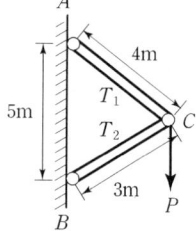

해설 : $5 : 4 = 800 : T_1$ $5 : 3 = 800 : T_2$

$T_1 = \dfrac{3,200}{5} = 640\,\text{N}$ $T_2 = \dfrac{2,400}{5} = 480\,\text{N}$

EXERCISE 10 그림에서 보와 같이 구조물의 AC강선이 받고 있는 힘은 얼마인가?

① 50N
② 60N
③ 30N
④ 40N

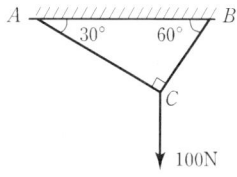

해설 :

$$\frac{\overline{AC}}{\sin 150} = \frac{100}{\sin 90} = \frac{\overline{BC}}{\sin 120}$$

$$\therefore \overline{AC} = 100 \times \frac{\sin 150}{\sin 90} = 50\,\text{N}$$

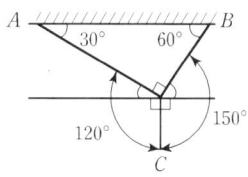

3.3 열응력

물체에 온도를 증가시키면 팽창하고 감소시키면 축소한다. 이 물체를 팽창 또는 수축을 방해하면 그 물체는 응력이 발생한다. 이 응력을 열응력이라 한다.

$$\varepsilon = \alpha \Delta T \quad \varepsilon = \alpha \Delta T \quad \alpha(\text{선팽창계수}) = \frac{\varepsilon}{\Delta T}$$

$$\varepsilon = \alpha \Delta T$$

$$\sigma = E\varepsilon = E\alpha \Delta T$$

$$\delta = l\alpha \Delta T \quad \cdots\cdots\cdots\cdots\cdots\cdots\cdots\cdots\cdots\cdots\cdots\cdots\cdots\cdots\cdots\cdots\cdots\cdots\cdots\cdots (3-2)$$

(1) 조임새

원형봉에 륜을 끼울 때 봉의 크기보다 약간 작게 제작하여 열을 가해 신장을 시켜 끼워 맞춤을 하는 것을 가열끼움이라하며 이때의 변형율을 조임새라고 한다.

$$\varepsilon = \frac{\pi d - \pi d_1}{\pi d_1} = \frac{d - d_1}{d_1} \quad \cdots\cdots\cdots\cdots\cdots\cdots\cdots\cdots\cdots\cdots\cdots\cdots\cdots (3-3)$$

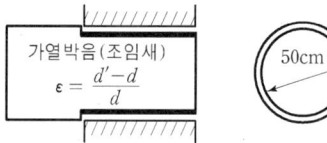

[그림 3.3 열응력]

지름 20mm인 원형단면축에 온도를 20°C 상승시켰다면 온도변화에 따르는 변형율은 얼마인가(단, 선팽창계수는 6.5×10^{-6}이다)?

① 1.3×10^{-4} ② 2.6×10^{-4}
③ 3.9×10^{-4} ④ 5.2×10^{-4}

해설 : $\varepsilon = \alpha \Delta T = 6.5 \times 10^{-6} \times 20 = 0.00013$

EXERCISE 12

탄성계수 $E=210\,\text{GPa}$, 선팽창계수 $\alpha=11\times 10^{-6}$인 철도 레일을 15°C에서 양단을 고정하였다. 허용응력을 85MPa로 제한하려 할 때 열응력에 의한 온도변화의 허용범위는 다음 중 어느 것인가?

① $-10.2° \sim 50.2°$　　　　② $20.2° \sim 30.5°$
③ $-21.82° \sim 51.8°$　　　　④ $-20.2° \sim 30.5°$

해설 : 열응력식에서, $\sigma = E\alpha\Delta T$에서

$$\Delta T = \frac{\sigma}{E\alpha} = \frac{85 \times 10^6}{210 \times 10^9 \times 11 \times 10^{-6}} = 36.8°C$$

$15°C \pm 36.8$　　　　∴ 온도변화의 허용범위는 $-21.8 \sim 51.8$

EXERCISE 13

다음 그림에서 반력 R_1과 R_2의 비를 구하여라.

① $\dfrac{R_1}{R_2} = 1.5$　　② $\dfrac{R_1}{R_2} = 1$

③ $\dfrac{R_1}{R_2} = 2.25$　　④ $\dfrac{R_1}{R_2} = 1.22$

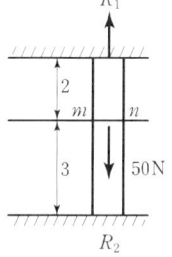

해설 : 보로 생각

$R_1 = \dfrac{50 \times 3}{5} = 30\text{N}$　　$R_2 = \dfrac{50 \times 2}{5} = 20\text{N}$

$\delta_2 = \dfrac{\sigma_1 l_1}{E_1}$　　$\delta_1 = \dfrac{\sigma_2 l_2}{E_2}$　　$\dfrac{R_1}{R_2} = \dfrac{30}{20} = 1.5$

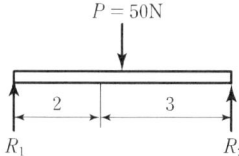

EXERCISE 14

지름 4.5cm, 길이 115cm의 둥근 축이 있다. 그 양단을 수직 벽에 고정하였다. 온도 증가가 70°C일 때 벽에 작용하는 힘 P는 몇 MN인가 (단, 이 봉은 온도가 100°C 올라갈 때 1.4mm 늘어나고, 세로 탄성계수 $E=210\,\text{GPa}$이다)?

① $P = 29$　　　　　　② $P = 2.9$
③ $P = 0.29$　　　　　④ $P = 0.029$

해설 : $\varepsilon = \dfrac{\delta}{l} = \dfrac{0.14}{115} = 1.22 \times 10^{-3}$　　$\alpha = \dfrac{\varepsilon}{\Delta T} = \dfrac{1.22 \times 10^{-3}}{100} = 1.22 \times 10^{-5}$

$\sigma = E\alpha\Delta T$에서　$P = AE\alpha\Delta T = \dfrac{\pi \times 0.045^2}{4} \times 210 \times 10^9 \times 1.22 \times 10^{-5} \times 70$

$= 285227.9\,\text{N} = 0.29\,\text{MN}$

EXERCISE 15 지름 50cm의 연강축에 두께 2cm의 부시를 가열박음시 부시에 생기는 응력을 30MPa이라면 지름은 몇 cm인가(단, $E=110\,\text{GPa}$)?

① 51.24cm ② 50.25cm
③ 49.986cm ④ 48.99cm

해설 : $\sigma = E\varepsilon$에서

$$\sigma = E\frac{\pi d_2 - \pi d_1}{\pi d_1} = E\frac{d_2 - d_1}{d_1}$$

$$30 \times 10^6 = 110 \times 10^9 \times \frac{0.5 - d_1}{d_1}$$

$$d_1 = 49.986\,\text{cm}$$

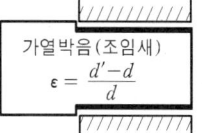
가열박음(조임새)
$\varepsilon = \dfrac{d' - d}{d}$

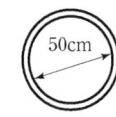
50cm

3.4 에너지

운동에너지 $\left(\dfrac{mV^2}{2}\right)$와 위치에너지 [mgh]는 단위가 [N·m]이다. 그러므로 재료내의 에너지도 단위는 [N·m]이어야 하며 탄성에너지 소성에너지, 파괴에너지로 구분할 수 있다. 탄성에너지에는 인장, 압축, 전단에너지와 비틀림 에너지가 있다. 빗금친 부분이 탄성에너지이다.

$$U = \frac{P\delta}{2}$$

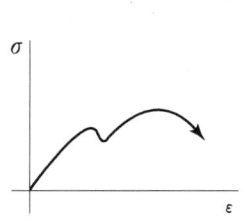
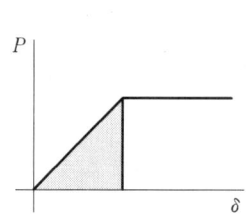
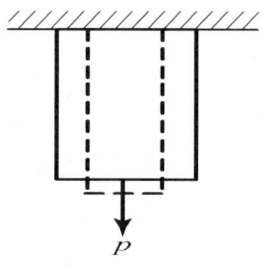

[그림 3.4 인장 또는 압축 시의 탄성에너지]

훅의 법칙 $\left(\delta = \dfrac{Pl}{AE}\right)$을 이용하여 이 식을 다시 쓰면 다음과 같이 된다.

$$u = \frac{P^2 l}{2AE} = \frac{1}{2}\left(\frac{P}{A}\right)^2 \frac{Al}{E} = \frac{\sigma^2}{2E} \cdot Al = \frac{\sigma^2}{2E} V \cdots\cdots\cdots\cdots\cdots\cdots (3\text{-}5)$$

이 식을 레질리언스계수(단위체적당 최대탄성에너지)라고 하며 실제에 있어서는 단위체적에 대한 탄성에너지(u)값이 유용하게 쓰일 경우가 많다. 즉, $u = \dfrac{U}{V}$는 동하중이 작용할 때의 재질에 대한 저항의 대소를 판별하는 데 대단히 중요하다. 또한 탄성한계 내에서 단위체적에 저장할 수 있는 탄성에너지의 최대량은 식에서 σ 대신 그 재료의 탄성점에서의 응력값(σ_e)을 대입함으로써 얻을 수 있으며, 이 단위체적당 탄성에너지의 최대값 $\left(U = \dfrac{\sigma_e^{\,2}}{2E}\right)$을 탄성에너지계수 또는 탄력계수(modulus of resilience)라고 한다. 그러므로 탄력계수는 탄성한계에 비례하며, 탄성계수에 반비례한다. 고무나 스프링은 탄성변화를 크게 일으키므로 외부로부터 에너지를 많이 흡수하게 되어 충격하중을 받을 경우에 큰 완충의 역할을 하게 된다.

◈ 전단력에 의한 탄성에너지

전단력에 의한 탄성에너지도 같은 방법으로 구할 수 있으며, 아래 그림과 같이 전단하중을 P_s, 전단변형률 또는 전단각을 γ, 전단하중의 작용 범위를 l이라 하고 탄성한계 내에서 변형이 일어났다고 하면, 전단하중에 의한 탄성에너지는 다음과 같이 표현할 수 있다.

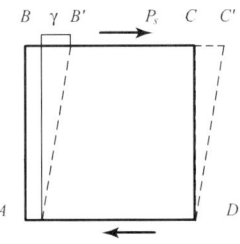

[그림 3.5 전단 받을 때의 탄성에너지]

따라서 전단하중이 작용할 때의 전단 탄성에너지는 다음과 같다.

$$U = \frac{P_s\delta}{2} = \frac{1}{2} \cdot \tau A \cdot \frac{\tau l}{G} = \frac{\tau^2}{2G} Al = \frac{\tau^2}{2G} V \quad \cdots\cdots\cdots\cdots\cdots\cdots (3-5)$$

탄성에너지의 탄력계수는 $U = \frac{\tau^2}{2G}$ 이다.

EXERCISE 16

세로탄성계수가 $E = 2.0 \times 10^6 [\text{kg/cm}^2]$인 강봉이 인장하중을 받았을 때 변형률이 0.0006이 발생하였다. 이 봉의 단위체적 속에 저장된 탄성에너지는 얼마인가?

해설 : $u = \frac{\sigma^2}{2E} = \frac{(Ee)^2}{2E} = \frac{Ee^2}{2} = \frac{2 \times 10^6 \times 0.0006^2}{2} = 0.36$

EXERCISE 17

단면적이 $6[\text{cm}^2]$, 길이가 $60[\text{cm}]$인 연강봉이 인장하중을 받고 $0.06[\text{cm}]$만큼 신장되었다. 이 봉에 저장된 탄성에너지는 얼마인가?
(단, $E = 200[\text{GPa}]$이다.)

해설 : $U = \frac{\sigma^2}{2E} Al = \frac{(Ee)^2}{2E} Al = \frac{Ee^2}{2} Al$

$= \frac{200 \times 10^9 \left(\frac{0.06}{60}\right)^2}{2} \times 6 \times 10^{-4} \times 0.6 = 36[\text{Nm}] = 36[\text{J}]$

EXERCISE 18

그림과 같이 강봉이 하중 P를 받고 있을 때 변형 에너지는 얼마인가?
(단, 자중은 무시하고 탄성계수는 E이다)?

① $U = \frac{2P^2 l}{\pi E d^2}$ ② $U = \frac{P^2 l}{\pi E d^2}$

③ $U = \frac{\pi P^2 l}{2 E d^2}$ ④ $U = \frac{\pi P^2 l}{E d^2}$

해설 : $U = \frac{P\delta}{2} = \frac{P^2 l}{2AE} = \frac{4P^2 l}{2\pi d^2 E} = \frac{2P^2 l}{\pi d^2 E}$

(1) 레질리언스 계수(단위체적당 최대 탄성 에너지)

$$u = \frac{U}{V} = \frac{P\delta}{2Al} = \frac{P^2 l}{2AEAl} = \frac{p^2}{2A^2 E} = \frac{\sigma^2}{2E} \text{(인장, 압축)}$$

$$u = \frac{\tau^2}{2G} \text{(전단)}, \quad u = \frac{\tau^2}{4G} \text{(비틀림)}$$

그러므로 레질리언스 계수는 탄성계수에 반비례하며 탄성한도에 비례한다. 또한, 응력의 제곱에 비례하므로 인장이거나 압축이거나 항상 ⊕값이다.

연강에 인장하중이 작용하여 10MPa의 응력이 발생했다. 단위 체적의 저장에너지는 몇 J/m³ 인가(단, $E=210$ GPa이다)?

해설 : u(단위체적당 최대탄성에너지, 레질리언스 계수)

$$u = \frac{U}{V} = \frac{\sigma^2}{2E} = \frac{(10 \times 10^6)^2}{2 \times 210 \times 10^9} = 238.1 \text{ J/m}^3$$

3.5 충격응력

$$U = W(h+\delta) = \frac{P\delta}{2} = u \times V = \frac{\sigma^2 Al}{2E} = \frac{WV^2}{2g}$$

$$\delta_0 = \frac{Wl}{AE} \qquad \sigma_0 = \frac{W}{A} \text{ (정하중시의 처짐}(\delta_0) \text{ 및 응력}(\sigma_0))$$

$$\frac{AE\delta_0}{l}(h+\delta) = \frac{P\delta^2 AE}{2Pl}$$

$$\delta_0 h + \delta_0 \delta = \frac{\delta^2}{2} \qquad \delta^2 - 2\delta_0 \delta - 2\delta_0 h = 0$$

$$X = \frac{-b \pm \sqrt{b^2 - 4ac}}{2a} \text{ (근의 공식)}$$

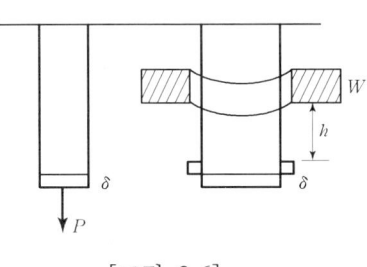

[그림 3.6]

$$\delta = \frac{2\delta_0 \pm \sqrt{4\delta_0^2 + 4 \times 2\delta_0 h}}{2} = \delta_0 \pm \sqrt{\delta_0^2 + 2\delta_0 h}$$

◈ 충격 받을 때의 처짐

$$\delta = \delta_0 \left(1 + \sqrt{1 + \frac{2h}{\delta_0}}\right) \qquad \sigma = \sigma_0 \left(1 + \sqrt{1 + \frac{2h}{\delta_0}}\right)$$

$\delta \gg h$: 급히 가할 때 〈속히 가할 때〉

$\delta_0 \geq 2\delta$,

EXERCISE 20

지름 5cm, 길이 2m의 연강봉에 10kN의 인장하중이 급속하게 가해질 때 생기는 응력은 몇 MPa인가?

① 3.4　　　　　　　　　　　　② 5.6
③ 7.2　　　　　　　　　　　　④ 10.18

해설 : 충격응력 $(\sigma) = 2\sigma_0$

$$\sigma = \sigma_0\left(1 + \sqrt{1 + \frac{2h}{\delta_0}}\right) \quad \delta = \delta_0\left(1 + \sqrt{1 + \frac{2h}{\delta_0}}\right)$$

$$\sigma = \frac{4 \times 10 \times 10^3}{\pi \, 0.05^2} = 5.09 \, \text{MPa} \qquad \therefore \sigma_0 = 2 \times 5.09 = 10.18 \, \text{MPa}$$

EXERCISE 21

그림과 같이 강선위 한 끝에 있는 중량 $W=400[N]$의 물체가 c점에서 자유로이 낙하하여 갑자기 강선의 운동을 정지시킬 때 강선에 생기는 최대인장응력을 구하여라 (단, 높이 $h=12\text{m}$, 단면적 $A=2\text{cm}^2$, 속도 $v=1\text{m/sec}$, 탄성계수 $E=210\text{GPa}$이다).

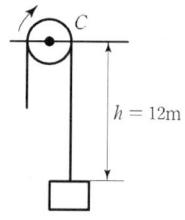

해설 : $\sigma_0 = \dfrac{W}{A} = \dfrac{400}{2 \times 10^{-4}} = 2 \times 10^6 \, \text{Pa}$

$\delta_0 = \dfrac{Wh}{AE} = \dfrac{400 \times 12}{2 \times 10^{-4} \times 210 \times 10^9} = 1.14 \times 10^{-4} \, [\text{m}]$

$V = \sqrt{2gh}$ 에서

$h = \dfrac{V^2}{2g} = \dfrac{1^2}{2 \times 9.8} = 5.1 \times 10^{-2} \, \text{m}$

$\sigma = \sigma_0\left(1 + \sqrt{1 + \dfrac{2h}{\delta_0}}\right) = 2 \times 10^6 \left(1 + \sqrt{1 + \dfrac{2 \times 5.1 \times 10^{-2}}{1.14 \times 10^{-4}}}\right) = 6.2 \times 10^7 \, \text{Pa} = 62 \, \text{MPa}$

3.6 두 개 이상의 재질로 된 직렬, 병렬 봉의 응력과 변형률

그림 3.7은 같은 길이의 봉 A와 원통 B를 같은 축으로 놓고 양쪽 끝을 두터운 판 C로 견고하게 결합한 봉으로, 여기에 압축하중 P를 가한다. 봉과 원통의 단면적을 각각 A_1과 A_2, 탄성계수를 각각 E_1과 E_2, 압축응력을 σ_1과 σ_2하면 힘의 평형조건에서

$$P = \sigma_1 A_1 + \sigma_2 A_2 \quad \cdots\cdots (3-6)$$

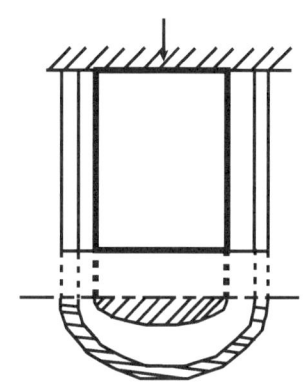

[그림 3.7 병렬 연결의 봉]

봉과 원통의 수축을 각각 δ_1, δ_2이라 하고 원래 길이를 l이라 하면

$$\delta_1 = \frac{\sigma_1 l}{E_1} \quad \delta_2 = \frac{\sigma_2 l}{E_2} \quad \cdots\cdots (3-7)$$

이 되고 이들의 수축은 같아야 하므로 σ_1과 σ_2와의 관계는 다음과 같다.

$$\sigma_1 = \frac{E_1 l}{E_2} \sigma_2 \quad \sigma_2 = \frac{E_2}{E_2} \sigma_1 \quad \cdots\cdots (3-8)$$

식 (3-8)를 식 (3-7)에 대입하면

$$P = \sigma_1 A_1 + \sigma_1 \frac{E_2}{E_1} A_2 = \sigma_1 \left(A_1 + \frac{E_2}{E_1} A_2 \right)$$

$$\sigma_1 = \frac{P E_1 l}{A_1 E_2 + A_2 E_2} \quad \sigma_2 = \frac{P E_2}{A_1 E_1 + A_2 E_2} \quad \cdots\cdots (3-9)$$

따라서 수축량 δ는

$$\delta = \frac{\sigma_1}{E_1}l = \frac{\sigma_2}{E_2}l = \frac{Pl}{A_1E_1 + A_2E_2} \quad \cdots\cdots\cdots\cdots\cdots\cdots\cdots\cdots\cdots\cdots\cdots\cdots\cdots\cdots (3\text{-}10)$$

EXERCISE 22

다음 그림에서 압축판의 면적에 작용하는 하중(P)이 20kN일 때 각 봉에 작용하는 응력과 전체 신장량을 구하시오.

(단, $E_A = 200\,GPa$, $E_B = 100\,GPa$, $E_C = 50\,GPa$, $l = 50cm$, 단면적 $A = 10cm^2$, $B = 20cm^2$, $C = 40cm^2$)

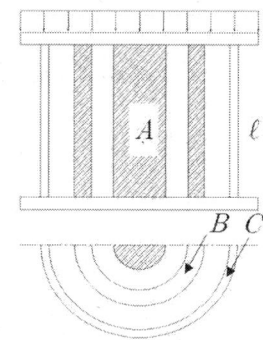

해설 : $\sigma_A = \dfrac{PE_A}{A_AE_A + A_BE_B + A_CE_C}$

$= \dfrac{20 \times 10^3 \times 200 \times 10^3}{1000 \times 200 \times 10^3 + 2000 \times 100 \times 10^3 + 4000 \times 50 \times 10^3}$

$= 6.67 MPa$

$\sigma_B = \dfrac{PE_B}{A_AE_A + A_BE_B + ACE_C}$

$= \dfrac{20 \times 10^3 \times 100 \times 10^3}{1000 \times 200 \times 10^3 + 2000 \times 100 \times 10^3 + 4000 \times 50 \times 10^3}$

$= 3.3 MPa$

$\sigma_C = \dfrac{PE_C}{A_AE_A + A_BE_B + A_CE_C} = 1.67 MPa$

$\delta = \dfrac{Pl}{A_AE_A + A_BE_B + A_CE_C} = 0.0167 mm$

EXERCISE 23

직경 22[mm]의 철근 9개가 박혀있고 유효단면적 1600[cm^2]인 철근 콘크리트의 짧은 기둥이 있다. 콘크리트의 사용응력 σ_c=500[GPa]이라 하면 이 기둥은 얼마의 하중에 견딜 수 있는가?
(단, 콘크리트의 탄성계수 E_c=140[GPa] 철근의 탄성계수 E_s=200[GPa]이다.)

해설 : 콘크리트의 유효단면적은 A_c1600[cm^2]이고 철근 9개의 전체 단면적은
$$A_s = \frac{\pi}{4} \times 2.2^2 \times 9 = 34.2[cm2]$$이므로
$$P = \sigma_c A_c + \frac{E_s}{E_c}\sigma_c A_s = 500 \times 10^9 \times 1600 \times 10^{-4} + \frac{200}{140} \times 500 \times 10^9 \times 34.2 \times 10^{-4}$$
$$= 8.24 \times 10^{10} N = 82.4[GN]$$

3.7 직렬연결의 봉

양단을 고정한 균일단 면봉의 임의단면 mn에서 축하중 W가 작용할 경우를 고찰해 보기로 하자. 하중 W로 인하여 양 고정단에서 발생될 반력을 각각 R_1 및 R_2라 하고, 힘의 평형조건을 이용해서 방정식을 세우면 다음과 같다.

$$W = R_1 + R_2$$

R_1과 R_2의 2개의 미지수를 구하려면 방정식이 한 개 더 필요하게 되며, 이를 위해서 봉의 변형을 고려해 본다. 하중 W는 반력 R_1과 더불어 봉의 윗부분을 신장시키며, R_2와 더불어 봉의 아랫부분을 수축시킨다. 그러나 봉의 양단은 고정되어 있어 길이 l은 변화가 없으므로 윗부분의 늘어난 길이와 아랫부분의 줄어든 길이는 같아야 한다. 따라서

$$\delta = \frac{R_1 a}{AE} = \frac{R_2 b}{AE}$$

$$\therefore \frac{R_1}{R_2} = \frac{b}{a}$$

식 (e)와 (f)를 연립시켜 풀면 반력의 크기는 다음과 같다.

$$R_1 = \frac{b}{a+b}W = \frac{b}{l}W$$

$$R_1 = \frac{b}{a+b}W = \frac{b}{l}W \quad \cdots\cdots\cdots\cdots\cdots\cdots (3-11)$$

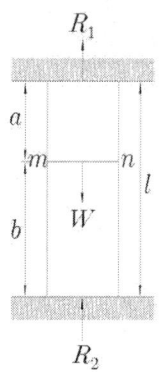

[그림 3.8 직렬연결의 봉]

EXERCISE 24

다음과 같은 봉에 100kN의 압축하중을 받을 시 각 부위의 압축응력과 수축량 및 전체의 수축량을 구하시오.
(단, $d_1 = 30mm$, $d_2 = 200mm$, $l_1 = 200mm$, $l_2 = 300mm$, $E = 200GPa$)

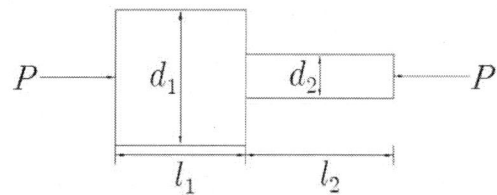

해설: $\sigma_1 = \dfrac{P_1}{A_1} = \dfrac{4 \times 100 \times 10^3}{\pi \times 30^2} = 141.47 N/mm^2 = 141.47 MPa$

$\sigma_2 = \dfrac{P}{A_2} = \dfrac{4 \times 100 \times 10^3}{\pi \times 20^2} = 318.31 N/mm^2 = 318.31 MPa$

$\delta_1 = \dfrac{Pl_1}{A_1 E_1} = \dfrac{\sigma_1 l_1}{E_1} = \dfrac{141.47 \times 200}{200 \times 10^3} = 0.14 mm$

$\delta_2 = \dfrac{\sigma_2 l_2}{E_2} = \dfrac{318.31 \times 300}{200 \times 10^3} = 0.478 mm$

전체 수축량 $\delta = \delta_1 + \delta_2 = 0.618 mm$

EXERCISE 25

다음과 같이 20×20의 단면을 갖는 강봉에 하중이 작용하여 평형을 이루었을 때, 각 단면의 응력과 신장량을 구하고 전체의 신장량을 구하시오.
(단, $l_1 = 1m$, $l_2 = 2m$, $l_3 = 3m$, $E = 200GPa$, $P_1 = 80kN$, $P_3 = 30kN$, $P_4 = 40kN$)

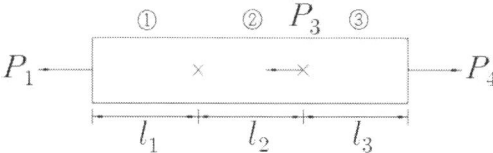

해설: 힘의 평형 ($\sum F = 0$)이 되어야 하므로
$P_2 = P_1 + P_3 - P_4 = 80 + 30 - 40 = 70kN$(우측)

$$\sigma_1 = \frac{80}{20 \times 20} = 0.2 kN/mm^2 = 200 MPa (인장)$$

$$\sigma_2 = \frac{80-70}{20 \times 20} = 0.025 kN/mm^2 = 25 MPa (인장)$$

$$\sigma_3 = \frac{40}{20 \times 20} = 0.1 kN/mm^2 = 100 MPa (인장)$$

$$\delta_1 \frac{P_1 l_1}{A_1 E_1} = \frac{\sigma_1 l_1}{E_1} = \frac{200 \times 1000}{200 \times 1000} = 1 mm (인장)$$

$$\delta_2 \frac{\sigma_2 l_2}{E_2} = \frac{25 \times 2000}{200 \times 1000} = 0.25 mm (인장)$$

$$\delta_3 \frac{\sigma_3 l_3}{E_3} = \frac{100 \times 3000}{200 \times 1000} = 1.5 mm (인장)$$

전체 수축량 $(\delta) = \delta_1 + \delta_2 + \delta_3 = 1 + 0.25 + 1.5 = 2.75 mm$

EXERCISE 26

다음 그림과 같은 양단이 고정된 봉에서 반력 R_1과 R_2를 구하고 각 부분의 응력과 신장량 및 전체 신장량을 구하시오.
(단, 봉의 면적(A)=$100cm^2$, $l_2 = 50cm$, $l_2 = 40cm$, $l_3 = 10cm$, $P_1 = 20kN$, $P_2 = 40kN$, 종단성계수(E)는 200GPa이다.)

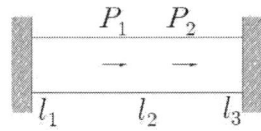

해설: 평형이 되어야 하므로 보(beam)로 생각한다.

$$R_1 = \frac{20 \times 50 + 40 \times 10}{100} = 14kN$$

$$R_2 = 20 + 40 - 14 = 46kN$$

$$\sigma_1 = \frac{R_1}{A_1} = \frac{14 \times 1000}{10000} = 1.4 N/mm^2 = 1.4 MPa (\text{인장})$$

$$\sigma_2 = \frac{(R_1 - P_1)}{A_2} = \frac{14000 \times 2000}{10000} = -0.6 N/mm^2 = 0.6 MPa (\text{인장})$$

$$\sigma_3 = \frac{R_2}{A_3} = \frac{46000}{10000} = 4.6 N/mm^2 = 4.6 MPa (\text{인장})$$

$$\delta_1 = \frac{\sigma_1 l_1}{E_1} = \frac{1.4 \times 500}{200000} = 0.0035 mm (\text{인장})$$

$$\delta_2 = \frac{\sigma_2 l_2}{E_2} = \frac{-0.6 \times 400}{200000} = -0.0012 mm (\text{인장})$$

$$\delta_3 = \frac{\sigma_3 l_3}{E_3} = \frac{4.6 \times 100}{200000} = 0.0023 mm (\text{인장})$$

전체 신장량

$$(\delta) = \delta_1 + \delta_2 + \delta_3 = 0.0035 - 0.0012 + 0.0023 = 0.0046 mm (\text{인장})$$

3.8 내압을 받는 원통($D > 10t$)

압력용기는 대부분 강판으로 이루어지는데, 이 강판이 내압에 견디지 못할 경우에는 파괴가 발생하게 된다. 이 때 원통이 원주방향(축이음)과 축 방향(원주이음)으로 파괴될 두 가지 경우를 생각해 보기로 하자.

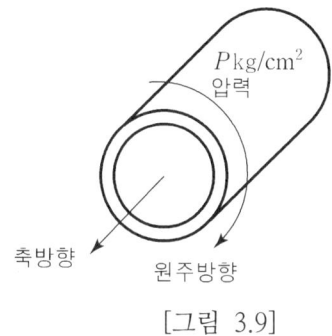

[그림 3.9]

1) 축방향응력

$$W = P \times \frac{\pi D^2}{4}$$

$$\sigma = \frac{W}{A}$$

$$A = \frac{\pi(D+2t)^2}{4} - \frac{\pi D^2}{4} = \pi Dt + \pi t^2$$

πt^2은 작으므로 무시

$$\sigma = \frac{W}{A} = \frac{\frac{P \times \pi D^2}{4}}{\pi Dt} = \frac{PD}{4t} \quad \text{(축방향 응력)}$$

2) 원주방향응력

$P \times Rd\theta l$

$$W = \int_0^\pi dF\sin\theta = \int_0^\pi PRd\theta l \sin\theta$$

$$= PRl \int_0^\pi \sin\theta d\theta = PRl[-\cos\theta]_0^\pi$$

$$= PRl[1+1] = PRl \times 2 = PDl$$

⇒ 투상면적 〈그림자〉

$$\sigma = \frac{PDl}{2tl} = \frac{PD}{2t} \quad (\text{원주방향 응력})$$

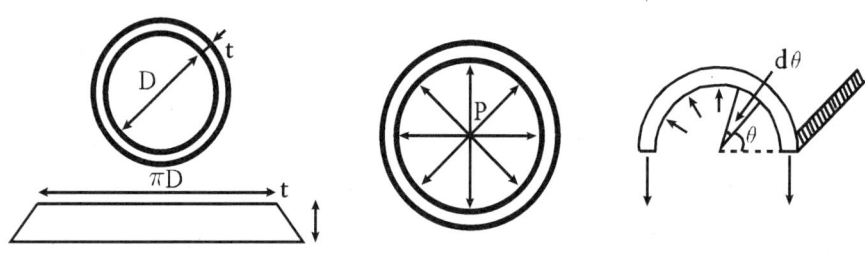

[그림 3.10 내압을 받는 원통]

 원주방향응력이 축방향응력의 2배가 됨을 알 수 있다. 이 응력의 크기를 정확하게 표현한다면 원통벽의 내측에서 가장 크고 외측으로 갈수록 감소한다고 생각할 수 있으나, 원통의 지름에 비하여 두께가 매우 얇을 때는 내·외측의 응력분포가 균일하다고 보는 것이 일반적이다. 이와 같은 원통을 얇은 원통(thin Palled cylinder)이라고 한다. 재료의 파괴에 대한 강도는 약한 쪽에 대해서 우선 생각해야 하며, 외력에 대하여 충분한 강도를 갖도록 해야 한다. 따라서 압력을 받는 얇은 원통의 문제에서는 설계시에 원주방향 응력이 축방향 응력의 2배임에 유의하여 원통관을 리벳이음 또는 용접이음으로 제작할 경우 축방향(longitudinal joint)을 원주방향(girth joint)의 2배의 강도가 되도록 설계해 주어야 한다.

3.9 얇은 회전 원환의 응력

앞의 얇은 원통을 회전시켰다고 생각하면 아래 그림 (a)에서와 같이 내압 대신에 원심력(centrifugal force) q가 발생하는 단면을 생각해 볼 수 있다. 이러한 원심력을 이용하여 원환이 회전체로 작용하는 예로서

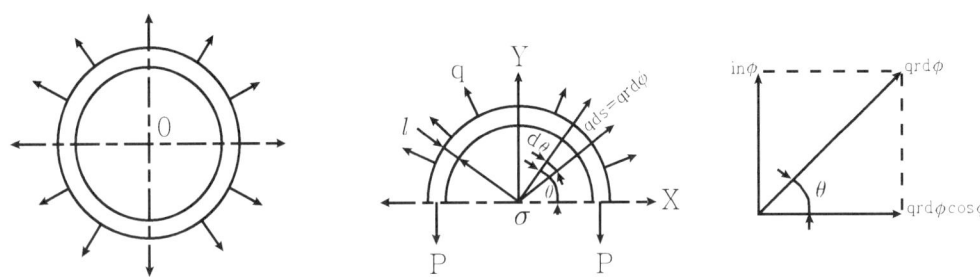

[그림 2.9 얇은 회전 원환]

풀리(pulley)나 플라이휠(flypeel)과 같은 것이 있다. 이 때 회전하는 원환 속에 원심력으로 인해서 발생되는 인장응력, 즉 원심응력(centrifugal stress) 또는 원환응력(hoop stress)에 대해서 생각해 보기로 한다. 단면적이 균일하고 반지름에 비하여 두께가 매우 작은 원환의 둘레에 균일하게 분포된 하중이 반지름방향으로 작용하게 되면, 이로 인해서 원환 속에서 발생하는 응력과 변형률은 각 단면에 균일하게 분포한다고 볼 수 있다. 원환에 작용하는 분포하중은 내압이나 외압, 또는 원심력일 수도 있다. 그러나 이 모든 경우에 대하여 힘은 항상 평형상태로 유지해야만 한다. 원주방향의 인장력을 P, 단위길이에 작용하는 원심력을 q, 반지름을 r이라 하면 임의단면으로 잘라낸 원환의 미소요서 ds에 작용하는 원심력은 $qrd\phi$가 된다. 그림 (b)에서 반원 속에 작용하는 모든 힘들의 수직성분은 평형상태가 되어야 하므로

$$2P = \int_0^\pi qrd\phi \sin\phi = qr\int_0^\pi \sin\phi d\phi = 2qr$$

$$\therefore P = qr \quad \cdots\cdots\cdots\cdots\cdots\cdots\cdots\cdots\cdots\cdots\cdots\cdots\cdots\cdots (3-14)$$

또 원환의 두께를 t라 하면 원심력 q는 원주 위의 모든 단면적 $A(=t \times 1)$에 균일하게 작용하므로 원환응력은 다음과 같다.

$$\sigma = \frac{P}{A} = \frac{qr}{t} = \frac{qd}{2t} \quad \cdots\cdots\cdots\cdots\cdots\cdots\cdots\cdots\cdots\cdots (3-15)$$

이 식은 식 (2-13)에 일치된다. 또 이 때의 변형률은 다음과 같이 표현할 수 있다.

$$e = \frac{\sigma}{E} = \frac{qr}{tE} = \frac{qr}{AE} \quad \cdots\cdots\cdots\cdots\cdots\cdots\cdots\cdots\cdots\cdots\cdots\cdots\cdots\cdots\cdots\cdots\cdots\cdots\cdots\cdots\cdots\cdots (3\text{-}16)$$

한편 원환의 둘레 ℓ과 지름 d의 비는 π가 되므로 원환에서 원주의 변형률 e_c와 지름의 변형률 ϵ_d는 동일하다. 즉, $\epsilon_c = \epsilon_d$이며, 이것은 수축끼워맞춤(shrinkage fit)의 문제를 해석하는 데 중요하다.

이번에는 질량이 m인 원환의 요소가 반지름 γ인 원주의 궤도 위를 일정한 각속도(angular velocity) ω(rad/sec)로 회전운동을 하고 있는 경우를 생각하자. 이 때 요소는 원환의 중심을 향하는 가속도(acceleration) $a = r\omega^2 = v\omega$을 갖게 된다. 요소의 길이가 ds이고 원환의 단위길이에 대한 중량을 w라고 하면, 이 요소에 대한 반지름방향의 단위길이에 작용하는 원심력 q는 다음과 같다.

$$q = ma = \frac{W}{g}v\omega = \frac{W}{g} \cdot \frac{v^2}{r} \quad \cdots\cdots\cdots\cdots\cdots\cdots\cdots\cdots\cdots\cdots\cdots\cdots\cdots\cdots\cdots\cdots\cdots (3\text{-}17)$$

식 (3-14)을 식 (3-17)에 대입하여 정리하면,

$$g\gamma = \frac{W}{g}v^2 \quad \cdots\cdots\cdots\cdots\cdots\cdots\cdots\cdots\cdots\cdots\cdots\cdots\cdots\cdots\cdots\cdots\cdots\cdots\cdots\cdots\cdots\cdots\cdots\cdots\cdots (3\text{-}18)$$

이 된다. 따라서 원환 속의 인장응력 σ는

$$\sigma = \frac{P}{A} = \frac{Wv^2}{Ag} = \frac{\gamma V \cdot v^2}{Ag} = \frac{\gamma}{g}v^2 \quad \cdots\cdots\cdots\cdots\cdots\cdots\cdots\cdots\cdots\cdots\cdots\cdots\cdots (3\text{-}19)$$

(단, $V = A\ell$에서 ℓ은 단위길이)

이 되며, 원환응력은 재료의 밀도$\left(\text{density} : \rho = \frac{m}{V} = \frac{W}{gV} = \frac{\gamma}{g}\right)$ 및 원주속도 ($v = r\omega$)의 제곱에 비례한다는 것을 알 수 있다. 따라서 어떤 물체가 반지름이 큰 원환 속에서 고속으로 회전하는 경우는 속도의 제곱에 비례하여 응력이 증가되기 때문에 예상외의 큰 응력이 발생하게 되어 위험한 상태가 될 수도 있으므로, 안전을 위해서는 회전속도를 적절히 조정해 주어야 한다.

원환의 회전수를 N이라 하면,

$$v = \frac{2\pi rN}{60} = \frac{\pi DN}{60}$$

이 되어 원환응력을 다음과 같이 표현할 수도 있다.

$$\sigma = \frac{\gamma}{g}v^2 = \frac{\gamma}{g}\left(\frac{2\pi rN}{60}\right)^2 \quad \cdots\cdots\cdots\cdots\cdots\cdots\cdots\cdots\cdots\cdots\cdots\cdots (2\text{-}20)$$

EXERCISE 27

원환의 평균 반지름 $R=24$[cm] 반지름방향의 두께가 t인 얇은 원환의 중심축의 주위를 각속도 w[rad/s]로 회전한다. 이 재료의 비중 7.8 사용응력 $\sigma_m = 500$[MPa]일 때 원주속도 v[m/s]를 구하고 N[rpm]을 구하라.

해설 : $\sigma = \frac{\gamma}{g}v^2$에서

$$\therefore v = \sqrt{\frac{g\sigma}{\gamma}} = \sqrt{\frac{9.8 \times 500 \times 10^3}{9800 \times 7.8}} = 8[\text{m/s}]$$

$$v = \frac{2\pi RN}{60}$$

$$\therefore N = \frac{60v}{2\pi R} = \frac{60 \times 8}{2\pi \times 0.24} = 180.96[\text{rpm}]$$

EXERCISE 28

지름 1m의 보일러 동판에 2MPa의 증기 압력이 작용하면 동판의 두께는 몇 mm로 하여야 하는가?(단, 재료의 허용 응력을 85MPa로 한다)

① 11.8 ② 22.4 ③ 7.8
④ 5.8   ⑤ 2.24

해설 : $t = \frac{PD}{2\sigma} = \frac{2 \times 1}{2 \times 85} = 0.0118\text{m} = 11.8\text{mm}$

3.10 정정트러스 구조물의 해석방법

정정트러스의 부재력을 구하는 대표적인 방법에는 절점법과 절단법(단면법)이 있다.

(1) 절점법

부재의 반력을 먼저 구한 후 문제가 되는 절점에서 힘의 평형식을 이용하여 부재력을 산출하는 방법으로 트러스의 반력은 수직력만 작용하라는 원리를 이용한다.

EXERCISE 29 다음 트러스의 부재력을 절점법을 이용하여 구하시오

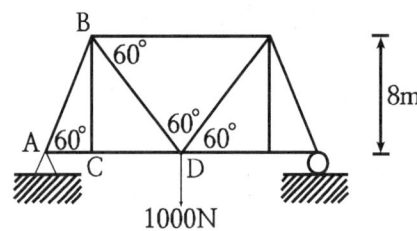

해설:
1) 반력을 구한다.

$$R_A = \frac{1000}{2} = 500N$$

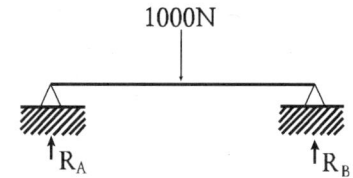

2) 점 A에서 자유물체도를 도시한다.

$$\frac{AB}{\sin 90} = \frac{-500}{\sin 60} = \frac{AC}{\sin 210}$$

$$AB = \frac{-500}{\sin 60}\sin 90 = -577.35N(압축)$$

$$AC = \frac{-500}{\sin 60}\sin 210 = 288.68N(인장)$$

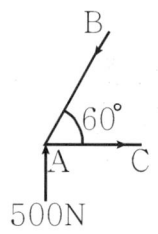

3) 자유물체도에서 힘의 방향이 지점을 향해 들어오면 압축력이 작용하는 것이며 지점에서 나가는 방향이면 인장력이 작용하는 것이다.

(2) 절단법

구하고자 하는 부재력을 포함하는 알맞은 단면에서 트러스를 절단하여 트러스의 한 쪽에 관한 힘의 평형식과 모멘트 평형식을 이용하여 부재력을 산출하는 방법이다.

EXERCISE 30 다음 트러스의 부재력을 구하시오.

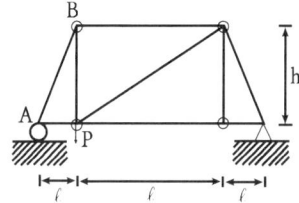

해설 : 절단을 다음과 같이하고 힘을 분해하면
(자른 면에만 힘이 작용함)

$$R_A = \frac{P \cdot 2l}{3l} = \frac{2}{3}P$$

A점에서의 힘의 평형 방정식($\sum F_y = 0$)

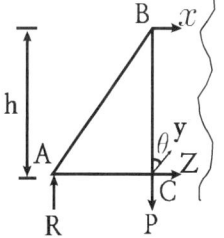

$$\frac{2}{3}P - P + y\cos\theta = 0$$

$$y = \frac{p}{3}\frac{1}{\cos\theta}$$ (힘의 방향이 트러스 절점에서 나가므로 인장력)

C점에서 모멘트 평형 방정식

$$\frac{2}{3}P \times l + xh = 0$$

$$x = -\frac{2Pl}{3h}$$ (힘의 방향이 트러스 절점에서 들어오므로 압축력)

C점에서의 힘의 평형 방정식($\sum F_x = 0$)

$$x + z + y\sin\theta = 0$$

$$-\frac{2Pl}{3h} + z + \frac{P}{3}\frac{1}{\cos\theta}sin\theta = 0$$

$$-\frac{2Pl}{3h} + z + \frac{P}{3}tan\theta = 0 \,(\tan\theta = \frac{\ell}{h})$$

$$-\frac{2Pl}{3h} + z + \frac{P}{3}\frac{l}{h} = 0$$

$$z = \frac{3Pl}{3h} - \frac{Pl}{3h} = \frac{Pl}{3h}$$ (인장력)

EXERCISE 31 다음 트러스의 부재력을 절점법과 절단법을 이용하여 각각 구하시오.

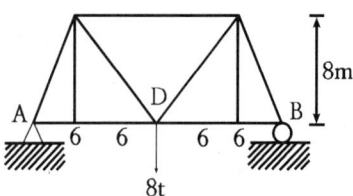

해설 : $R_A = 4t \quad R_B = 4t$

1) 절단법

$\Sigma M_D = 0$

(평평이 되기위해 x의 방향을 정한다.)

$R_A \cdot 12 = x \cdot 8$

$x = \dfrac{R_A \cdot 12}{8} = \dfrac{4 \times 12}{8} = 6 (압축)$

$\Sigma M_C = 0$

$R_A \times 6 = z \cdot 8$

$z = \dfrac{R_A \times 6}{8} = \dfrac{4 \times 6}{8} = 3 (인장)$

$\Sigma M_B = 0$

$4 \times 6 - 6 \times 8 + y \times 8\sin 36.87 = 0$

힘 $\overline{CB}$는 0이다.

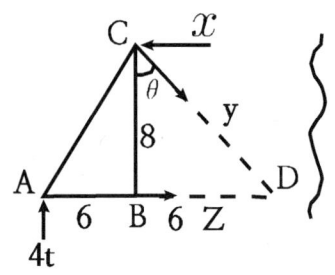

2) 절점법

$\theta = \tan^{-1} \dfrac{6}{8} = 36.87$

$x = 90 - 36.87 = 53.13°$

sin정리

$\dfrac{R_A}{\sin 53.13} = \dfrac{F_{AC}}{\sin 90} = \dfrac{F_{AB}}{\sin 216.87}$

$F_{AC} = \dfrac{-4}{\sin 53.13} = -5 (압축)$

$F_{AB} \dfrac{-4\sin 216.87}{\sin 53.13} = +3 (인장)$

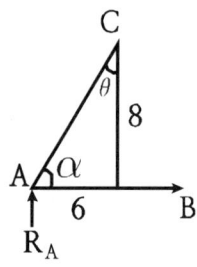

EXERCISE 32

아래 그림과 같은 트러스에서 부재력을 격점법(질점법)으로 구하시오.

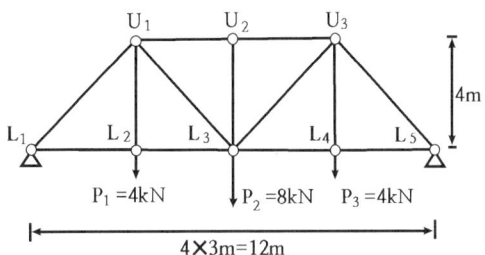

1. L_1U_1 부재력을 구하시오.
2. L_2U_1 부재력을 구하시오.
3. U_1L_3 부재력을 구하시오.
4. U_1U_2 부재력을 구하시오.

해설 :

1. • $R_U = \dfrac{4\times9+8\times6+4\times3}{12} = 8kN$

   • $L_1U_1 = -8\times\dfrac{5}{4} = -10kN$(압축)

   답 : $L_1U_1 = -10$(압축)kN

2. $L_2U_1 = P_1 = 4kN$(인장)

   답 : $L_2U_1 = 4$(인장)kN

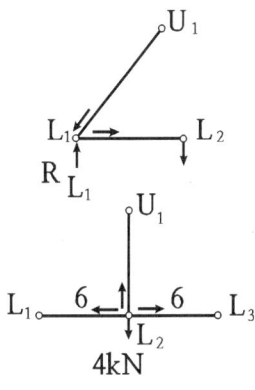

3. • $\sum V_{U_1} = -10\times\dfrac{4}{5}+4+U_1L_3\times\dfrac{4}{5} = 0$

   • $U_1L_3 = \dfrac{5}{4}\times(10\times\dfrac{4}{5}-4) = 5kN$(인장)

   답 : $U_1L_3 = 5$(인장)kN

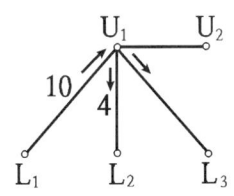

4. • $\sum H_{U_1} = 10\times\dfrac{3}{5}+5\times\dfrac{3}{5}+U_1U_2 = 0$

   • $U_1U_2 = -10\times\dfrac{3}{5}+5\times\dfrac{3}{5}+U_1U_2 = 0$

   답 : $U_1U_2 = -9$(압축)kN

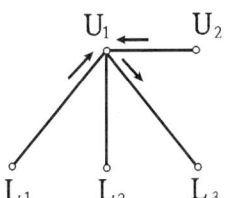

EXERCISE 연습문제

01 길이와 단면이 같은 두 개의 봉이 그림과 같이 정삼각형으로 설치되어 있을 때 봉에 생기는 힘 X와 Y는 하중 P로 인하여 얼마나 발생되는가?

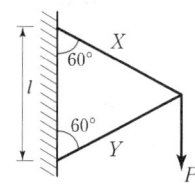

① 인장력 P, 압축력 $\dfrac{P}{2}$

② 인장력 $\dfrac{P}{2}$, 압축력 $\dfrac{P}{2}$

③ 인장력 P, 압축력 P

④ 인장력 $2P$, 압축력 P

1. $\dfrac{P}{\sin 60} = \dfrac{X}{\sin 60°}$,

   $\dfrac{P}{\sin 60} = \dfrac{Y}{\sin 240°}$

   $\therefore X = P\,\text{kg}(\text{인장력})$,
   $Y = -P\,\text{kg}(\text{압축력})$

02 외경이 80mm인 축방향으로 50kN의 압축하중을 작용시킬 때 내부에 발생하는 응력을 60MPa 이내로 하려면 내경은 얼마로 하면 좋은가?

① 73mm ② 65mm ③ 52mm ④ 47mm

2. $\sigma = \dfrac{P}{A} = \dfrac{4P}{\pi(d_1^2 - d_2^2)}$

   $d_2 = \sqrt{d_1^2 - \dfrac{4P}{\pi\sigma}}$

   $= \sqrt{80^2 - \dfrac{4 \times 50 \times 10^3 \times 10^6}{\pi \times 60 \times 10^6}}$

   $= 73\,\text{mm}$

03 그림과 같이 로우프가 천청에 매달려 10kN의 무게를 지탱하고 있다. A, B 부분에서 로프 내에 발생하는 인장응력은 몇 MPa인가? (단, 로프의 직경은 2 cm이다)

① 70.71
② 7.07
③ 22.5
④ 2.25

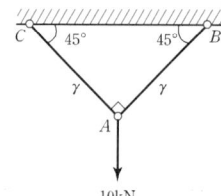

3. $\dfrac{10 \times 10^3}{\sin 90°} = \dfrac{P_{AB}}{\sin 135°}$,

   $P_{AB} = 7,071\,\text{N}$

   $\sigma = \dfrac{P_{AB}}{A} = \dfrac{4P_{AB}}{\pi d^2}$

   $= \dfrac{4 \times 7,071}{\pi \times 0.02^2} = 22.5\,\text{MPa}$

04 직경 2cm, 길이 2m인 연강봉에 30kN의 인장력이 작용시 신장량은 몇 mm인가(단, $E = 205\,\text{GPa}$이다)?

① 93.2 ② 9.32 ③ 0.932 ④ 0.0932

4. $\delta = \dfrac{Pl}{AE}$

   $= \dfrac{30 \times 10^3 \times 2}{\dfrac{\pi \times 0.02^2}{4} \times 205 \times 10^9}$

   $= 0.000913\,\text{m} = 0.913\,\text{mm}$

05 직경 4cm의 강봉에 200kN의 인장하중 가했더니 0.0008cm이 수축량으로 되었다. 이때 포와송 비를 구하여라 (단, $E = 205\,\text{GPa}$이다).

① 0.36 ② 0.26 ③ 2.78 ④ 3.85

5. $\delta' = \dfrac{d\sigma}{mE}$

   $\mu = \dfrac{\delta' E}{d\sigma} = \dfrac{\delta' EA}{dP} = \dfrac{\delta' E\pi d}{4P}$

   $= \dfrac{0.0008 \times 205 \times 10^9 \times 4 \times \pi}{100 \times 100 \times 4 \times 200 \times 10^3}$

   $= 0.257$

정답 1. ③ 2. ① 3. ③ 4. ③ 5. ②

06 직경 2cm의 연강봉에 8,000N의 인장하중을 가할 때 봉의 지름을 구하시오(단, 포와송비 $\frac{1}{m} = \frac{1}{3}$, $E = 200\,\text{GPa}$으로 한다)?

① 1.99cm ② 2.01cm
③ 1.89cm ④ 2.11cm

6. $\delta' = \dfrac{d\sigma}{mE}$
$= \dfrac{4 \times 8,000 \times 10^6}{3 \times 200 \times 10^9 \times \pi \times 20}$
$= 0.00085\,\text{cm}$
$d' = d - \delta'$
$= 2 - 0.00085 = 1.99915\,\text{cm}$

07 직경 $d = 15\,\text{mm}$의 연강봉에 $P = 30\,\text{kN}$의 인장하중이 가하여 졌을 때, 이 봉에 대한 수축된 길이를 구하여라
(단, 연강의 종탄성계수 $E = 205\,\text{GPa}$, 포와송 비 $\mu = 0.3$이다).

① $0.37\,mm$ ② $0.037\,mm$
③ $0.0037\,mm$ ④ $0.00037\,mm$

7. $\delta' = \dfrac{d\sigma}{mE} = \dfrac{4P}{m\pi dE} = \dfrac{\mu 4P}{\pi dE}$
$= \dfrac{0.3 \times 4 \times 30 \times 10^3}{\pi \times 0.015 \times 205 \times 10^9}$
$= 0.0037\,\text{mm}$
$d' = d - \delta' = 15 - 0.0037$
$= 14.9963\,\text{mm}$

08 동일 치수의 강철봉과 구리봉에 동일한 인장력을 가하여 생기게 할 때 신장을 ε_s와 ε_c의 비가 8:15라고 하면, 그 탄성계수의 비 $\dfrac{E_s}{E_c}$의 값은 얼마인가?

① $\dfrac{8}{15}$ ② $\dfrac{16}{15}$ ③ $\dfrac{15}{8}$ ④ $\dfrac{15}{16}$

8. $\varepsilon = \dfrac{\sigma}{E}$, $\varepsilon \propto \dfrac{1}{E}$,
$\therefore \dfrac{E_s}{E_c} = \dfrac{15}{8}$

09 단면적이 $6\,\text{cm}^2$인 봉이 그림과 같이 축하중을 받고 있다. $W = 60\,\text{kN}$, $P = 24\,\text{kN}$, $l = 25\,\text{cm}$일 때 BC 부분의 신장량은 얼마인가? (단, $E = 200\,\text{GPa}$이다)

① 0.015cm
② 0.0015cm
③ 0.075cm
④ 0.0075cm

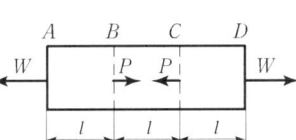

9. $\delta = \dfrac{l}{AE}(W - P)$
$= \dfrac{(60 - 24) \times 10^3 \times 0.25 \times 100}{6 \times 10^{-4} \times 200 \times 10^9}$
$= 0.0075$

정답 6. ① 7. ③ 8. ③ 9. ④

10 그림과 같이 양단이 고정된 균일 단면봉의 중간 단면 $m-n$에 축하중 P가 작용할 때의 반력은?

① $R_1 = \dfrac{Pb}{a+b}$, $R_2 = \dfrac{Pa}{a+b}$

② $R_1 = \dfrac{Pa}{a+b}$, $R_2 = \dfrac{Pa}{a+b}$

③ $R_1 = +P$, $R_2 = -P$

④ $R_1 = \dfrac{a}{b}$, $R_2 = \dfrac{b}{a}$

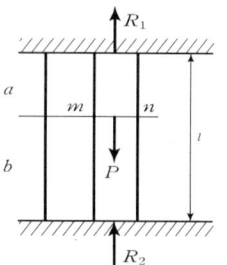

10. $R_1 \times (a+b) = P + b$
$R_1 = \dfrac{Pb}{a+b}$
$R_2 = \dfrac{Pa}{a+b}$

11 수직으로 매달린 균일단명본이 자중으로 인하여 절단되는 길이는 몇 m나 되겠는가? (단, 파괴응력 400MPa, 비중 $S=7.8$이다)

① 3,333
② 4,333
③ 5,233
④ 6,000

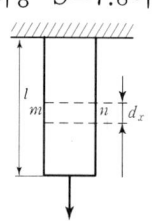

11. $\sigma = \gamma \cdot l$
$l = \dfrac{\sigma}{\gamma} = \dfrac{400 \times 10^6}{7.8 \times 9,800}$
$= 5,233\,\text{m}$

12 그림과 같은 봉에 자중만을 고려했을 때 신장량은? (단, 비중량은 γ이고 P는 자중이다)

① $\dfrac{Pl}{2AE}$

② $\dfrac{2Pl}{AE}$

③ $\dfrac{Pl}{AE}$

④ $\dfrac{Pl}{4AE}$

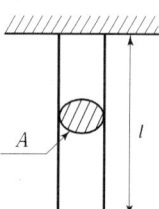

12. $\delta = \dfrac{\gamma l^2}{2E} = \dfrac{\sigma l}{2E} = \dfrac{Pl}{2AE}$

13 그림과 같은 균일단면 강봉의 허용응력 $\sigma_0 = 60\text{MPa}$, 길이 $l = 5\text{m}$, 탄성계수 $E = 205\text{GPa}$일 때 전신장량은 몇 cm인가?

① 0.0143
② 0.213
③ 0.083
④ 0.146

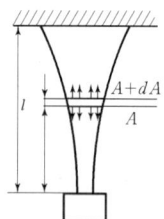

13. $\delta = \dfrac{Pl}{AE} = \dfrac{60 \times 10^6 \times 5}{205 \times 10^9}$
$= 0.00146\,\text{m} = 0.146\,\text{cm}$

정답 10. ① 11. ③ 12. ① 13. ④

14 길이 l, 밑면의 직경 d_0인 원추형 봉이 그림과 같이 연직으로 매달려 있다. 재료의 비중량을 γ라 할 때 자중에 의한 신장은?

① $\dfrac{\gamma l^2}{3E}$

② $\dfrac{\gamma l^2}{4E}$

③ $\dfrac{\gamma l^2}{6E}$

④ $\dfrac{\gamma l^2}{8E}$

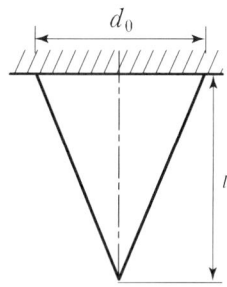

14. $\dfrac{\gamma l^2}{2E} \times \dfrac{1}{3} = \dfrac{\gamma l^2}{6E}$

15 10°C의 경우 길이 2m, 직경 100mm의 연강봉을 1mm만큼 늘어나는 것을 허용할 수 있도록 벽에 고정하였다. 온도 70°C에 상승 시켰을 경우 벽을 미는 힘 kN을 구하여라
(단, $E = 205\,\text{GPa}$, $α = 11.2 \times 10^{-6}$으로 한다).

① 2.77   ② 3.53   ③ 277   ④ 353

15. $ε = αΔT = \dfrac{δ}{l}$

$δ = lαΔT$
$= 200 \times 11.2 \times 10^{-6} \times 60$
$= 0.1344\,\text{cm}$
$δ = 0.1344 - 0.1 = 0.0344\,\text{cm}$

$σ = Eε = E \cdot \dfrac{δ}{l}$
$= 205 \times 10^9 \times \dfrac{0.0344 \times 10^{-2}}{2}$
$= 35.26\,\text{MPa}$

$P = σ \cdot A = σ \cdot \dfrac{\pi d^2}{4}$
$= 35.26 \times 10^6 \times \dfrac{\pi \times 0.1^2}{4}$
$= 277\,\text{kN}$

16 열응력에 대한 다음 설명 중 틀린 것은?
① 재료의 치수에 관계가 있다.
② 재료의 선팽창계수에 관계가 있다.
③ 온도차에 관계가 있다.
④ 세로 탄성계수에 관계가 있다.

17 직경이 $d = 3\,\text{cm}$의 연강봉을 15°C의 벽에 고정하고 온도를 40°C로 상승했을 때 열응력 MPa은 얼마이며, 봉의 단면에서 벽에 미치는 힘 kN은 얼마인가(단, $E = 205\,\text{GPa}$, $α = 11.5 \times 10^{-6}$이다)?

① $σ = 59$, $P = 41.7$
② $σ = 5.9$, $P = 4.17$
③ $σ = 590$, $P = 417$
④ $σ = 5.9$, $P = 417$

17. $σ = α \cdot ΔT \cdot E$
$= 11.5 \times 10^{-6} \times (40 - 15)$
$\times 205 \times 10^9$
$= 59\,\text{MPa}$

$P = σ \cdot \dfrac{\pi d^2}{4}$
$= 59 \times 10^6 \times \dfrac{\pi \times 0.03^2}{4}$
$= 41.7\,\text{kN}$

정답 14. ③   15. ③   16. ①   17. ①

18 양면이 고정된 단면적 20 cm², 길이 1m인 봉이 있다. 온도를 80°C만큼 상승시켰을 때 고정단을 누르는 힘 kN은 얼마인가 (단, E=200GPa, 이 봉의 재료는 온도를 100℃ 상승시키면 1.2mm 만큼 늘어난다)?
① 120 ② 800 ③ 384 ④ 80

19 단면적이 8 cm²인 봉을 30°C에서 연직으로 매달고, 다음에 0°C로 냉각하였을 때 원래의 길이를 유지하려면 봉의 하단에 몇 kN의 추를 달면 되는가
(단, 선팽창계수 $\alpha = 11 \times 10^{-4}$, E=200GPa이다)?
① 52,800 ② 5,280 ③ 528 ④ 52.8

20 10ton의 인장하중을 받고 있는 직경 20mm, 길이 2m인 탄성에너지는 얼마인가 (단, E=205GPa이다)?
① 15.2kJ ② 146J
③ 149J   ④ 146kJ

21 단면적 10 cm², 길이 60cm의 황동봉에 60kN 인장하중이 작용한다. 종탄성계수 E=98GPa일 때 탄성에너지를 구하여라.
① 110J   ② 11J
③ 108J   ④ 10.78J

22 탄성에너지에 대한 다음 글 중 옳은 것은?
① 응력에 비례하고, 탄성계수의 자승에 반비례한다.
② 응력의 자승에 비례하고, 탄성계수에 반비례한다.
③ 응력의 자승에 비례하고, 탄성계수에 비례한다.
④ 응력에 반비례하고, 탄성계수에 비례한다.

18. $\sigma = \dfrac{P}{A} = \alpha \cdot \Delta T \cdot E$
$\alpha = 1.2 \times 10^{-5}$
$P = \alpha\Delta \cdot EA$
$= 1.2 \times 10^{-5} \times 80 \times 200$
$\times 10^9 \times 20 \times 10^{-4}$
$= 384\,\text{kN}$

19. $\sigma = \dfrac{P}{A} = \alpha \cdot \Delta T \cdot E$
$\therefore P = 52.8\,[\text{kN}]$
$P = \alpha \cdot \Delta T \cdot E \cdot A$
$= 11 \times 10^{-4} \times (0-30) \times 200$
$\times 10^9 \times 8 \times 10^{-4}$
$= -5,280,000\,\text{kN}$
$= -5,280\,\text{N}$

20. $u = \dfrac{U}{V} = \dfrac{\sigma^2}{2E} = \dfrac{P^2}{2EA^2}$
$U = \dfrac{P^2 l}{2EA}$
$= \dfrac{(10^4 \times 9.8)^2 \times 2 \times 4}{2 \times 205 \times 10^9 \times \pi \times 0.02^2}$
$\fallingdotseq 149\,\text{N} \cdot \text{m(J)}$

21. $U = \dfrac{P^2 l}{2AE}$
$= \dfrac{(60 \times 10^3)^2 \times 0.6}{2 \times 10 \times 10^{-4} \times 98 \times 10^9}$
$= 11\,\text{N} \cdot \text{m(J)}$

정답 18. ③ 19. ② 20. ③ 21. ② 22. ②

23 탄성에너지에 대한 설명 중 옳은 것은?

① 탄성한도가 크고, 세로탄성계수의 값이 작을수록 최대탄성에너지의 값이 크다.

② 탄성한도가 높고, 세로탄성계수의 값이 클수록 최대탄성에너지의 값이 크다.

③ 탄성한도가 작고, 세로탄성계수의 값이 클수록 최대탄성에너지의 값이 크다.

④ 탄성한도가 낮고, 세로탄성계수의 값이 작을수록 최대탄성에너지의 값이 크다.

24 탄성한도 150MPa, 탄성계수 210,000MPa의 연강재가 압축하중을 받아서 200J의 탄성에너지를 축적하려고 할 때 필요한 체적을 다음 중 골라라.

① $373.3\,cm^3$
② $864\,cm^3$
③ $962\,cm^3$
④ $3,733\,cm^3$

24. $u = \dfrac{U}{V} = \dfrac{\sigma^2}{2E}$

$V = \dfrac{U \times 2E}{\sigma^2}$

$= \dfrac{200 \times 210000 \times 10^6 \times 2}{(150 \times 10^6)^2}$

$= 0.0037\,m^3 = 3733\,cm^3$

25 길이가 l이고, 단면적이 A인 균일단면봉이 자중하에서 연직하게 매달려 있다. 그 재료의 단위체적마다의 중량이 γ일 때, 그 봉 속에 저장된 변형 에너지를 구하여라.

① $\dfrac{A\gamma^2 l^3}{3E}$

② $\dfrac{A\gamma l}{3E}$

③ $\dfrac{A\gamma^2 l^3}{6E}$

④ $\dfrac{A\gamma l}{6E}$

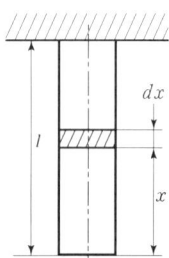

25. 자중에 의한 처짐

$\delta = \int_0^l \dfrac{\gamma x}{E}\,dx = \dfrac{\gamma l^2}{2E}$

자중에 의한 에너지

$U = \dfrac{P\delta}{2} = \int_0^l \dfrac{\gamma Ax}{2} \cdot \dfrac{\gamma x\,dx}{E}$

$= \dfrac{\gamma^2 A}{2E} \cdot \dfrac{l^3}{3} = \dfrac{\gamma^2 A l^3}{6E}$

26 축 인장력(인장, 압축)으로 인하여 부재에 발생하는 탄성에너지 U는?

① $\dfrac{Pl^2}{2AE}$

② $\dfrac{P^2E}{2Al}$

③ $\dfrac{Pl}{2AE}$

④ $\dfrac{P^2 l}{2AE}$

26. $U = \dfrac{P\delta}{2} = \dfrac{P^2 l}{2AE}$

27 연강의 탄성한도가 200MPa, 영계수 200GPa일 때 최대탄성에너지는 몇 J/m³인가?

① 2×10^5 ② 10^5
③ 4×10^5 ④ 4×10^3

27. $u = \dfrac{U}{V} = \dfrac{\sigma^2}{2E}$

$= \dfrac{(200 \times 10^6)^2}{2 \times 200 \times 10^9}$

$= 10^5 \text{ J/m}^3$

28 그림과 같은 2개의 연강제 환봉이 같은 인장하중을 받을 때, 각 봉의 탄성 에너지의 비 $U_1 : U_2$는 얼마인가?

① 2:5
② 3:7
③ 5:2
④ 7:3

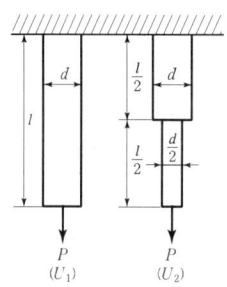

28. $U_1 = \dfrac{P\delta}{2} = \dfrac{P^2 l}{2AE}$

$= \dfrac{P^2 l}{2 \cdot \dfrac{\pi d^2}{4} E}$

$U_2 = \dfrac{\left(\dfrac{P}{2}\right)^2 \cdot \dfrac{1}{2}}{2 \dfrac{\pi \left(\dfrac{d}{2}\right)^2}{4} E}$

$U_1 : U_2 = 2:5$

29 초속도 없이 갑자기 하중이 가해졌을 때의 응력은 같은 하중을 정하중으로 가했을 때의 응력의 몇 배가 되는가?

① 1.5 ② 2 ③ 2.5 ④ 3

30 100kN의 정하중으로 0.25cm 늘어나는 강봉이 있다. 지금 30kN의 하중을 20cm 높이에서 낙하시켰을 때 최대 신장량은 얼마인가?

① 180.9mm ② 18.09mm
③ 2.526cm ④ 25.26mm

30. 탄성영역이므로
$100 : 2.5 = 30 : \delta_0$

$\delta_0 = \dfrac{2.5 \times 30}{100} = 0.75$

$\delta = \delta_0 \left(1 + \sqrt{1 + \dfrac{2h}{\delta_0}}\right)$

$= 0.75 \left(1 + \sqrt{1 + \dfrac{2 \times 200}{0.75}}\right)$

$= 18.09$

31 직경 5cm, 길이 2m인 연강봉에 10kN의 충격하중이 축 방향으로 가하여질 때 생기는 충격응력의 크기는 몇 MPa인가?

① 5.1 ② 10.2 ③ 51 ④ 102

31. $\sigma = \dfrac{P}{A} = \dfrac{4P}{\pi d^2}$

$= \dfrac{4 \times 10 \times 10^3}{\pi \times 0.05^2}$

$\fallingdotseq 5.1 \text{ MPa}$

$\sigma_{충격} = 2\sigma = 2 \times 5.1$

$= 10.2 \text{ MPa}$

정답 27. ② 28. ① 29. ② 30. ② 31. ②

32 길이 $l=3$m, 단면적 $A=10\text{cm}^2$의 연강봉에 6kN의 인장하중을 갑자기 가할 때 봉에 생기는 최대 신장 mm을 구하여라 (단, $E=205$GPa로 한다).

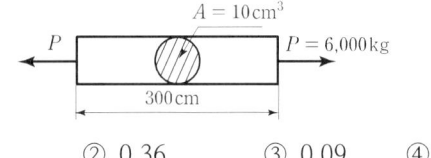

① 0.18 ② 0.36 ③ 0.09 ④ 0.27

33 탄성한도 내에서 인장하중을 받는 봉에 발생하는 응력이 2배가 되면 단위체적당에 저장되는 탄성에너지는 몇 배가 되는가?

① $\frac{1}{2}$배 ② 2배
③ $\frac{1}{4}$배 ④ 4배

34 단면적 600mm^2, 길이 500mm인 연강봉이 탄성한도 내에서 인장하중을 받아 200MPa의 응력이 생겼다면, 이 봉에 저장된 탄성에너지는 몇 J인가 (단, 탄성계수 $E=205$GPa이다)?

① 2.93 ② 29.3
③ 293 ④ 3,000

35 내경 50cm의 얇은 원통용기에 250kPa의 가스를 넣으려면 판의 두께는 얼마쯤 하면 좋은가(단, 허용응력은 60 MPa로 한다)?

① 0.11mm ② 1.1mm
③ 11mm ④ 110mm

---

32. $\sigma = \frac{P}{A} = \frac{6 \times 10^3}{10 \times 10^{-4}}$
$= 6\text{MPa}$
$\sigma' = 2\sigma = 12\text{MPa}$
$\delta = \frac{Pl}{AE} = \frac{\sigma' l}{E}$
$= \frac{12 \times 10^6 \times 3}{205 \times 10^9}$
$= 0.18 \times 10^{-3}\text{m}$
$= 0.18\text{mm}$

33. $u = \frac{\sigma^2}{2E}$
∴ 4배

34. $u = \frac{U}{V} = \frac{\sigma^2}{2E}$
$U = \frac{\sigma^2 Al}{2E}$
$= (200 \times 10^6)^2 \times 600 \times 10^{-6}$
$\times 0.5 / 2 \times 205 \times 10^9$
$= 29.3\text{J}$

35. $\sigma = \frac{PD}{2t}$
$t = \frac{PD}{2\sigma}$
$= \frac{250 \times 10^3 \times 0.5}{2 \times 60 \times 10^6} \times 10^3$
$= 1.05\text{mm}$

정답 32. ① 33. ④ 34. ② 35. ②

36 다음 그림과 같이 두께가 얇은 원환에 내압 p가 균일하게 작용할 때 생기는 후우프응력(Hoop stress) σ_1를 나타내는 식은 어느 것인가(단, t는 두께, R은 원환의 반경이다)?

① $\sigma_1 = \dfrac{PR}{l}$

② $\sigma_1 = \dfrac{PR}{t}$

③ $\sigma_1 = \dfrac{PR}{2t}$

④ $\sigma_1 = \dfrac{PR}{2l}$

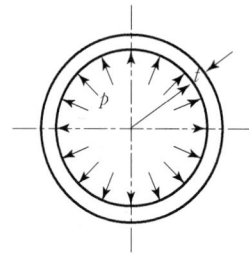

37 림(rim)의 평균 직경이 2m인 주철제 플라이 휘일(fly wheel)이 1,000rpm으로 회전할 때, 림에 생기는 응력은 몇 MPa인가? (단, 비중은 7.2이다)?

① 69   ② 79   ③ 89   ④ 99

38 내경 25cm, 두께 5mm의 얇은 원통에 내압 1,000kPa이 작용할 때 축방향과 원둘레 방향의 응력은 몇 MPa인가?

① 25, 12.5   ② 50, 25

③ 12.5, 25   ④ 25, 50

39 두께 10mm의 연강판으로 내경 1,000mm의 보일러를 만들려고 한다. 이때 허용응력이 70MPa, 이음 효율이 70%이면 몇 KPa의 내압까지 사용되는가?

① 49   ② 490

③ 98   ④ 980

---

36. $\sigma_{원주} = \dfrac{PD}{2t} = \dfrac{PR}{t}$

37. $\sigma = \dfrac{\gamma v^2}{g}$
$= 7.2 \times 9,800$
$\times \left(\dfrac{\pi \times 2 \times 1,000}{60}\right)^2 / 9.8$
$≒ 79\,MPa$

38. $\sigma_{원주} = \dfrac{PD}{2t}$
$= \dfrac{1,000 \times 10^3 \times 0.25}{2 \times 0.005}$
$= 25\,[MPa]$

$\sigma_{축} = \dfrac{PD}{4t} = \dfrac{1,000 \times 10^3 \times 0.25}{4 \times 0.005}$
$= 25\,MPa$

39. $\sigma = \dfrac{PD}{2t\eta}$, $P = \dfrac{\sigma 2t\eta}{D}$
$= \dfrac{70 \times 10^6 \times 2 \times 0.01 \times 0.7}{1}$
$\times 10^{-3}$
$= 980\,kPa$

정답 36. ②   37. ②   38. ③   39. ④   40. ①

40 500rpm으로 회전하는 주철계 풀리(pulley)의 허용응력을 7MPa로 하면 이 풀리의 직경은 몇 cm로 하면 되는가?
(단, 비중은 7.2이다)

① 119
② 138
③ 156
④ 236

40.
$$\sigma = \frac{\gamma v^2}{g} = \frac{\gamma \cdot \pi^2 D^2 \cdot N^2}{g \cdot 60^2}$$

$$D = \sqrt{\frac{\sigma \cdot g \cdot 60^2}{\gamma \pi^2 N^2}}$$

$$= \sqrt{\frac{7 \times 10^6 \times 9.8 \times 60^2}{7.2 \times 9,800 \times \pi^2 \times 500^2}}$$

$$= 1.19 \, m = 119 \, cm$$

정답 40. ①

Theme
04. 조합응력과 모어원

4.1 부호 개념

응력에는 인장을 받을시 ⊕, 압축을 받을시 ⊖로 표시하나 좌표에 대한 개념을 정해야 한다.

$$\sigma_{xx} = \frac{P_x}{A_x}$$

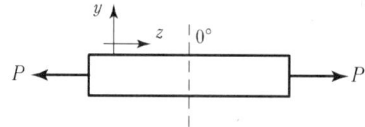

[그림 4.1 1축 응력]

[그림 4.1]에서 기상단면은 x 좌표축을 전단하는 축의 면을 A_x라 하고 P는 힘의 방향으로 표시하여 P_x라고 한다. 그러면 응력 σ는 먼저 면적의 좌표 x를 쓰고 다음 힘의 좌표 x를 쓴다. 그러므로 σ_{xx}라고 하며 좌표가 같을 시 σ_x라고 표기하며 전단 응력도 다음의 규칙에 따른다.

[그림 4.1]를 일축(단축)응력, [그림 4.2]를 2축 응력, [그림 4.3]를 평면 응력이라 한다.

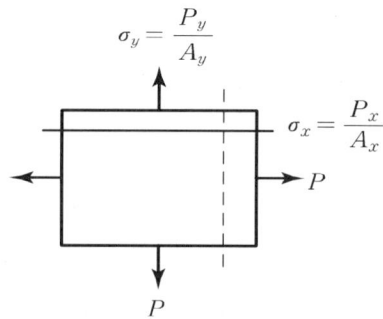

[그림 4.2 2축 응력]

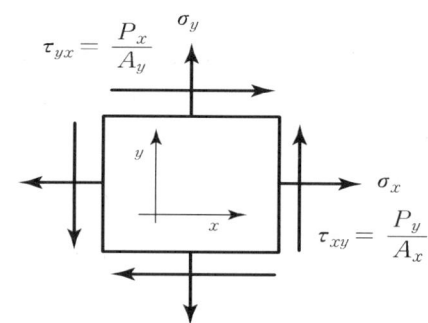

[그림 4.3 평면 응력]

4.2 일축 응력(경사단면 위의 응력)과 모어원

$A_n \cos\theta = A_x$

$P\cos\theta = N$

$P\sin\theta = Q$

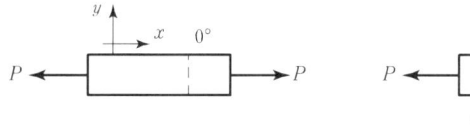

[그림 4.4 일축 응력]

(1) 경사단면의 응력

$$\sigma_n = \frac{N}{A_n} = \frac{P\cos\theta}{\dfrac{A_x}{\cos\theta}} = \frac{P(\cos\theta)^2}{A_x} = \sigma_x \cos^2\theta$$

$$\tau_n = \frac{Q}{A_n} = \frac{P\sin\theta}{\dfrac{A_x}{\cos\theta}} = \frac{P}{A_x}\sin\theta\cos\theta = \sigma_x \frac{\sin 2\theta}{2} = \frac{\sigma_x}{2}\sin 2\theta$$

(2) 일축 응력식과 공액 응력

$\sigma_n = \sigma_x \cos^2\theta$

$\tau_n = \dfrac{\sigma_x}{2}\sin 2\theta = \sigma_x \sin\theta\cos\theta$

최대·최소 응력을 구해보면 각도가 원의 성질임을 알 수 있다.

$(\sigma_n)_{max} = \sigma_x$	$(\sigma_n)_{min} = 0$	$(\tau_n)_{max} = \dfrac{\sigma_x}{2}$	$(\tau_n)_{min} = -\dfrac{\sigma_x}{2}$
$\cos\theta = 1$	$\cos\theta = 0$	$\sin 2\theta = 1$	$\sin 2\theta = -1$
$\theta = 0$	$\theta = 90$	$2\theta = 90$	$2\theta = 270$
		$\theta = 45$	$\theta = 135$

단축 응력 Mohr's circle(도시방법은 뒷장의 2축 응력을 참조할 것)

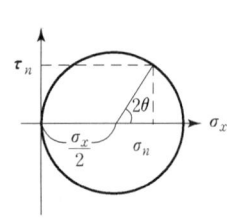

$$\tau_n = R\sin 2\theta = \frac{\sigma_x}{2}\sin 2\theta \qquad \sigma_n = \frac{\sigma_x}{2} + \frac{\sigma_x}{2}\cos 2\theta$$

공칭(액)응력
$$= \sigma_x \left(\frac{1 + \cos 2\theta}{2} \right)$$

$$\sigma_n + \sigma_n = \sigma_x + \sigma_y = \sigma_1 + \sigma_2 \qquad = \sigma_x \cos^2\theta$$

$$\tau_n + \tau_n{'} = 0$$

EXERCISE 1

다음 그림에서 하중을 급히 가할 때의 최대 전단 응력을 구하여라.

해설 : $\sigma_0 = 10$ $\sigma(충격) \geq 2\sigma_0$

  $\sigma(충격) = 20$

  $\tau_{max} = \frac{\sigma_0}{2} \times 2 = 10$ (충격 전단 응력)

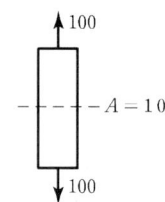

EXERCISE 2

직경 4cm의 봉에 120kN의 인장력이 작용하였을 경우 봉내에 생긴 최대 전단 응력의 크기는?

① 4.77MPa   ② 9.55MPa
③ 47.7MPa   ④ 95.5MPa

해설 : $\tau = \frac{\sigma}{2} = \frac{4P}{\pi d^2} \times \frac{1}{2} = \frac{4 \times 120}{\pi \times 0.04^2} \times \frac{1}{2} = 47,746 \, kPa = 47.7 \, MPa$

EXERCISE 3

인장하중 2kN을 받는 원형단면을 만들고자 한다. 이 재료의 허용 전단 응력을 60MPa으로 하려면 필요한 봉의 직경은 몇 cm인가?

① 0.23   ② 0.39
③ 0.46   ④ 0.92

해설 : $\sigma = 2\tau = 2 \times 60 = 120$

  $\sigma = \frac{4 \times 2 \times 1,000}{\pi \times d^2}$

  $\therefore d = \sqrt{\frac{4 \times 2 \times 1,000}{60 \times 10^6 \times 2\pi}} = 0.0046 = 0.46 \, cm$

4.3 이축 응력(2軸 應力)과 모어원

이축 응력 상태는 한 요소에 작용하는 수직응력들이 x축 y축 방향으로 동시에 작용하는 상태로서 내압을 받는 용기 또는 회전체 및 보(Beam) 등의 임의요소에 작용하는 응력들을 고찰하여 보면, 직각방향으로 인장력과 압축력이 동시에 작용하게 되므로 이에 대응되는 반력인 인장응력과 압축응력, 즉 조합응력이 동시에 작용하게 된다.

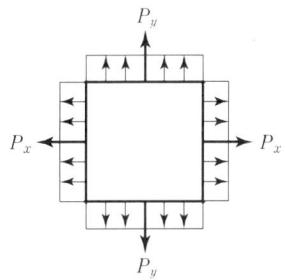

[그림 4.5 이축 응력]

즉 위의 그림처럼 두 방향으로의 하중이 작용하는 경우 임의의 각도에 발생하는 응력을 이축 응력이라 한다. 미소면적의 힘의 분포는 [그림 4.6]과 같다.

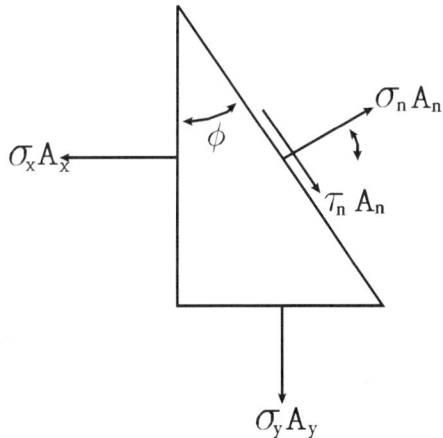

[그림 4.6 이축 응력의 응력분포]

[그림 4.6]과 같은 재료의 한 요소에 x, y축 방향으로 수직응력 σ_x 및 σ_y가 동시에 작용하는 경우를 1차원응력 또는 단순응력 상태와 구별하기 위하여 2축 응력(Biaxial Stress)이라고 한다. 이때 σ_z는 무시하고 $\sigma_x > \sigma_y$라고 가정한다.

법선방향 n축이 x축과 ϕ를 이루는 경사면 ac에서의 응력을 고찰하기 위하여 그림과 같은 3각형 abc를 분리한 후, 이 3각형 요소에서의 힘의 평형관계를 고려해 보기로 한다. 면 ab, bc 및 ca에서의 면적을 각각 A_x, A_y, A_n이라 하면, 면 ab, bc 및 ca의 전체 면 위에 작용하는 힘은 $\sigma_x A_x$ 및 $\sigma_n A_n$이 된다. 이들 힘들을 법선방향과 전단방향의 성분으로 분해한 후 힘의 평형관계를 작용하면 다음과 같다. 즉, 법선성분(n축 방향)의 힘들의 평형조건에서

$$\sigma_n A_n - \sigma_x A_x \cos\phi - \sigma_y A_y \sin\phi = 0$$

$$\sigma_n A_n = \sigma_x A_x \cos\phi + \sigma_y A_y \sin\phi = \sigma_x (A_n \cos\phi)\cos\phi + \sigma_y (A_n \sin\phi)\sin\theta$$

$$= \sigma_x A_x \cos^2\phi + \sigma_y A_y \sin^2\phi$$

$$\sigma_n = \frac{\sigma_x + \sigma_y}{2} + \frac{\sigma_x - \sigma_y}{2} \cos 2\theta \quad \cdots\cdots\cdots\cdots (4\text{-}3)$$

$$\tau_n = \frac{\sigma_x - \sigma_y}{2} \sin 2\theta \quad \cdots\cdots\cdots\cdots (4\text{-}4)$$

1축 응력과 마찬가지로 최대 응력은 45°에서 발생한다.

(1) 모어원으로 표시하는 방법

① 최대 응력인 σ_x를 도시

② 최소 응력인 σ_y를 도시

③ 평균 응력 $\sigma_a = \dfrac{\sigma_x + \sigma_y}{2}$를 도시

④ 평균 응력을 중심점으로 원을 그림

⑤ 2θ의 각도를 취해 원과 교점을 잡음

⑥ σ 축의 교점이 σ_n, τ축의 교점이 τ_n이 됨

⑦ 연장선이 원과 만나는 교점의 좌표가 공액응력이 됨

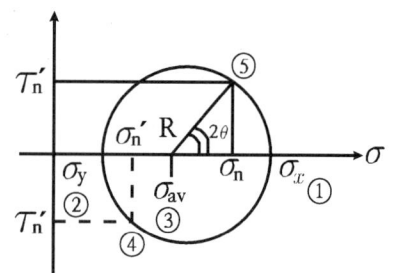

EXERCISE 4

$\sigma_x = 120\,\text{MPa}$, $\sigma_y = -40\,\text{MPa}$이 직각으로 작용하는 2축 응력상태하에서 생기는 최대 전단 응력은 몇 MPa인가?

① 40MPa ② 80MPa
③ 120MPa ④ 180MPa

해설 : $\tau = \dfrac{\sigma_x - \sigma_y}{2} = \dfrac{120 - (-40)}{2} = 80\,\text{MPa}$

EXERCISE 5

푸와송의 수를 m, 영계수를 E, 전단탄성계수를 G라 할 때, G는 다음 중 어느 것으로 표시되는가?

① $G = \dfrac{m+1}{2mE}$ ② $G = \dfrac{3(m+2)}{mE}$
③ $G = \dfrac{mE}{3(m+2)}$ ④ $G = \dfrac{mE}{2(m+1)}$

해설 : G(전단탄성계수) $= \dfrac{mE}{2(m+1)} = \dfrac{E}{2(1+\mu)}$ (암기해야 함)

4.4 순수전단응력상태

순수전단응력상태

순수전단응력 상태를 2축 응력에서 표현하면 $\sigma_x = -\sigma_y$ 이며 각도가 45°의 경사면에서 발생하며 도시하면 다음과 같다.

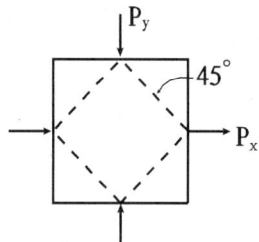

$$\varepsilon_x = \frac{1}{E}(\sigma_x - \mu\sigma_y) = \frac{\sigma_x}{E}(1-\mu)$$

$$\varepsilon_y = \frac{1}{E}(\sigma_y - \mu\sigma_x) = \frac{-\sigma_x}{E}(1-\mu)$$

45°의 면에서의 수직응력은 $\sigma_n = \frac{\sigma_x + \sigma_y}{2} + \frac{\sigma_x - \sigma_y}{2}\cos 2\theta = 0$

전단응력은 $\tau_n = \frac{\sigma_x - \sigma_y}{2}\sin 2\theta = \sigma_x \sin 90° = \sigma_x$

45°의 면의 응력분포는 다음과 같이 표현된다.

$\tau = \sigma_x$

$$\varepsilon_x = \frac{1}{E}(\sigma_x - \mu\sigma_y - \mu\sigma_z)$$
$$= \frac{P}{E}(1-2\mu)$$

위의 그림을 45° 회전하면

$\tau = G\gamma$

$r = \varepsilon_x - \varepsilon_y = \frac{2\sigma}{E}(1-\mu) = \frac{\tau}{G} = \frac{\sigma}{G}$

$G = \frac{E}{2(1+\mu)}$

$K = \frac{\Delta P}{\varepsilon_v} = \frac{P}{\varepsilon_x + \varepsilon_y + \varepsilon_z}$

$= \frac{P}{\frac{3P}{E}(1-2\mu)}$

$K = \frac{E}{3(1-2\mu)}$

4.5 평면응력(平面應力)과 모어원

단순응력이나 2축 응력 상태도 사실은 평면응력(Plane Stress)이라고 불리는 좀 더 일반적인 응력상태의 특별한 경우였으나 복잡성을 피하고 평면응력에 대한 이해를 돕기 위해서 분리하여 고찰하였던 것이다. 여기서는 실제 문제에 해당되는 두 직각방향의 응력과 전단응력의 합성에 대해서 살펴보기로 한다.

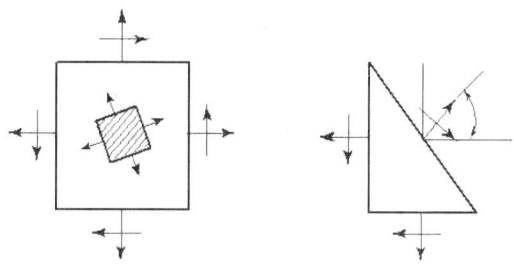

[그림 4.8 평면응력의 응력분포]

[그림 4.8]과 같은 구형요소에서 x축과 ϕ의 각을 이루는 경사단면에 작용하는 법선응력 σ_n과 전단응력 τ를 고찰해 봄으로써 이들의 최대응력의 크기와 방향을 구할 수 있다. 앞 절에서와 동일한 방법으로 3각형요소로 분리하여 법선방향과 전단방향의 힘들이 평형상태에 있어야 한다는 조건을 이용하자.

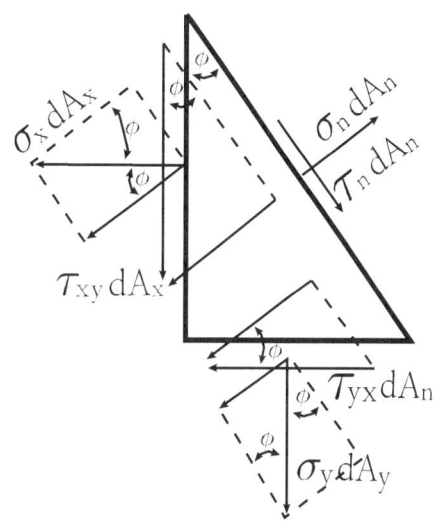

[그림 4.9 삼각 단면에서의 평면응력 분포]

즉, 법선성분의 힘들의 형평조건에서

$$\sigma_n A_n - \sigma_x A_x \cos\phi - \sigma_y A_x \sin\phi + \tau_{xy} A_x \sin\phi + \tau_{xy} A_y \cos\phi = 0$$

$$\sigma_n A_n - \sigma_x (A_n \cos\phi)\cos\phi - \sigma_y (A_n \sin\phi)\sin\phi + \tau_{xy}(A_n \cos\phi)\sin\phi - \tau_{xy}(A_n \sin\phi)\cos\phi = 0$$

여기서, $\tau_{xy} = -\tau_{xy}$는 공액전단응력이다.

$$\therefore \sigma_n = \sigma_x \cos^2\phi + \sigma_y \sin^2\phi - 2\tau_{xy}\sin\phi\cos\phi$$

$$= \sigma_x(\frac{\cos2\phi+1}{2})+\sigma_y(\frac{1-\cos2\phi}{2})-2\tau_{xy}(\frac{\sin2\phi}{2})$$

$$= \frac{\sigma_x+\sigma_y}{2}+\frac{\sigma_x-\sigma_y}{2}cos2\phi-\tau_{xy}\sin2\phi \quad \cdots\cdots (4\text{-}5)$$

같은 방법으로 전단 성분의 힘들의 평형조건에서

$$\tau A_n - \sigma_x A_x \sin\phi - \sigma_y A_y \cos\phi - \tau_{xy} A_x \cos\phi - \tau_{yx} A_Y \sin\phi = 0$$

$$\tau A_n - \sigma_x(A_n\sin\phi)\cos\phi + \sigma_y(A_y\sin\phi)\cos\phi - \tau_{xy}(A_n\cos\phi)\cos\phi - \tau_{yx}(A_n\sin\phi)\sin\phi = 0$$

$$\therefore \tau = \sigma_x\sin\phi\cos\phi - \sigma_y\sin\phi\cos\phi + \tau_{xy}\cos^2\phi - \tau_{xy}\sin^2\phi$$

$$= (\sigma_x - \sigma_y)\sin\phi\cos\phi + \tau_{xy}(\cos^2\phi - \sin^2\phi)$$

$$= \frac{\sigma_x - \sigma_y}{2}sin2\phi + \tau_{xy}\cos2\phi \quad \cdots\cdots (4\text{-}6)$$

가 되면, 식(4-5) 및 식(4-6)에서 $\tau_{xy}=-\tau_{xy}=0$이면 두 축에 대한 응력의 식인 2축 응력식에 일치함을 알 수 있다. 한편 x축으로부터 각 $\phi+90°$ 만큼 회전한 평면 위에 작용하는 응력 $\sigma_n{'}$ 및 τ'는 위의 식에 ϕ대신 ($\phi+90°$)를 대입함으로써 다음과 같이 구해진다.

$$\sigma_n{'} = \frac{\sigma_x+\sigma_y}{2} - \frac{\sigma_x-\sigma_y}{2}cos2\phi + \tau_{xy}\sin2\phi \quad \cdots\cdots (4\text{-}7)$$

$$\tau' = \frac{\sigma_x-\sigma_y}{2}sin2\phi - \tau_{xy}\cos2\phi \quad \cdots\cdots (4\text{-}8)$$

◎ 주면(主面)의 경사각(傾斜角)과 주응력(主應力)

임의점, 임의단면에 작용하는 응력을 고찰해 보면 일반적으로 수직응력과 전단응력으로 이루어져 있고, 그 점을 지나는 무수한 면에 대한 응력의 크기는 각각 다른 값을 갖게 되며, 그 중에는 수직응력만이 작용하고 전단응력은 전혀 작용하지 않는 면이 반드시 있는데, 이와 같은 면을 주면(Principal Plane)이라 하고, 주면에 작용하는 응력을 주응력(Principal Stress)이라고 한다.

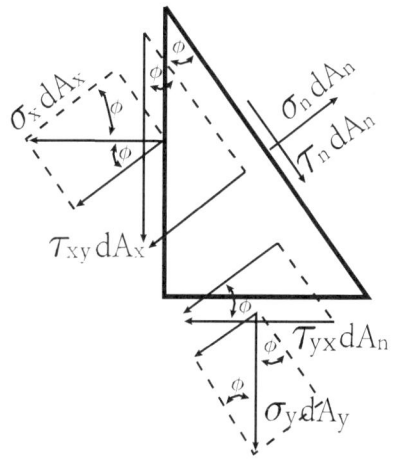

[그림 4.10 평면응력의 응력분포]

법선응력의 최대값을 취하는 주면의 경사각을 결정하기 위하여 식 (4-5)을 미분하여 0으로 놓으면,

$$\frac{d\sigma_n}{d\phi} = 0$$

$$-(\sigma_x - \sigma_y)\sin 2\phi - 2\tau_{xy}\cos 2\phi = 0$$

$$\therefore \tan 2\phi = -\frac{2\tau_{xy}}{\sigma_x - \sigma_y} \quad \cdots\cdots\cdots (4-9)$$

가 된다. 또 주면에서는 전단응력이 0이므로 식(4-6)을 0으로 놓고 정리해도 역시 같은 결과를 얻을 수 있다.

식 (4-9)은 ϕ가 0°에서 360°까지의 어떤 값에 대하여도 $\tan 2\phi$는 존재하므로 σ_x, σ_y, τ_{xy}의 값에 대하여도 주면은 존재한다. 2ϕ의 값은 2개이며, 그들 사이에는 180°의 각도차가 있으므로 결국 90°의 차를 갖는 2개의 ϕ값을 얻게 된다. 그 하나는 0°에서 90°사이에서 발생되는 최대주응력이 되고, 다른 하나는 90°에서 180°사이에서 발생되는 최소주응력으로서 이들은 직교평면 위에서 발생하게 된다. 결국 90°의 차를 갖는 다음과 같은 2개의 ϕ값을 얻게 된다.

$$\phi = -\frac{1}{2}\tan^{-1}\frac{2\tau_{xy}}{\sigma_x - \sigma_y} \quad \cdots\cdots\cdots\cdots\cdots\cdots\cdots (4\text{-}10)$$

$$\phi' = -\frac{1}{2}\tan^{-1}\frac{2\tau_{xy}}{\sigma_x - \sigma_y} + \frac{\pi}{2}$$

식 (4-10)를 식 (4-9)에 대입하면 2개의 주응력이 구해지며 하나는 최대주응력, 다른 하나는 최소주응력이 된다. 이 주응력의 값을 쉽게 구하기 위하여 $\sin 2\phi$ 및 $\cos 2\phi$, $\tan 2\phi$를 이용해서 표시하면 다음과 같다.

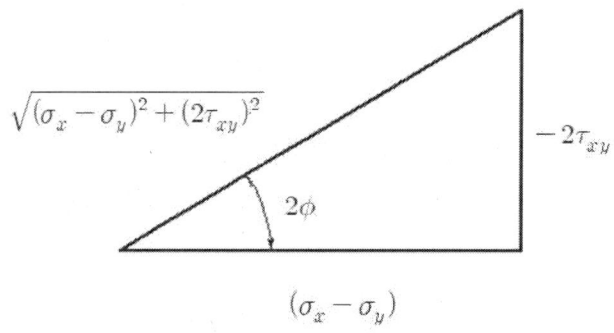

[그림 4.11 주응력선도]

$$\sin 2\phi = -\frac{2\tau_{xy}}{\sqrt{(\sigma_x - \sigma_y)^2}} = -\frac{\tau_{xy}}{\sqrt{(\frac{\sigma_x - \sigma_y}{2})^2 + \tau^2 xy}}$$

$$\cos 2\phi = -\frac{\dot{\sigma}_x - \sigma_y}{\sqrt{(\sigma_x - \sigma_y)^2 + (2\tau_{xy})^2}} = \frac{\sigma_x - \sigma_y}{2 \cdot \sqrt{(\frac{\sigma_x - \sigma_y}{2})^2 + \tau^2 xy}}$$

$$\sin 2\phi' = -\frac{2\tau_{xy}}{\sqrt{(\sigma_x-\sigma_y)^2+(2\tau_{xy})^2}} = \frac{2\tau_{xy}}{\sqrt{(\frac{\sigma_x-\sigma_y}{2})^2+\tau^2 xy}}$$

$$\cos\phi' = -\frac{2\sigma_x-\sigma_y}{\sqrt{(\sigma_x-\sigma_y)^2+(2\tau_{xy})^2}} = \frac{\sigma_x-\sigma_y}{\sqrt{(\frac{\sigma_x-\sigma_y}{2})^2+\tau^2 xy}}$$

위의 식을 식 (4-5)에 대입하여 정리하면 다음과 같다.

$$\sigma_1 = (\sigma_n)_{\max} = \frac{\sigma_x+\sigma_y}{2} + \sqrt{(\frac{\sigma_x-\sigma_y}{2})^2+\tau^2 xy} \quad\cdots\cdots\cdots (4\text{-}11)$$

$$\sigma_2 = (\sigma_n)\min = \frac{\sigma_x+\sigma_y}{2} + \sqrt{(\frac{\sigma_x-\sigma_y}{2})^2+\tau^2 xy}$$

위 식에서 두 주응력의 합은, 즉 $\sigma_1+\sigma_2=\sigma_x+\sigma_y$ 가됨을 알 수 있다. 이번에는 최대전단응력이 작용하는 평면의 경사각을 구하기 위하여 식 (4-6)을 미분하여 0으로 놓으면 다음과 같이 된다.

$$\frac{\delta\tau}{\delta\phi}=0$$

$$(\sigma_x-\sigma_y)\cos 2\phi - 2\tau_{xy}\sin 2\phi = 0$$

$$\therefore \tan 2\phi = \frac{\sigma_x-\sigma_y}{2\tau_{xy}}$$

주응력을 구할 때와 같은 방법으로 $\sin 2\phi$, $\cos 2\phi$를 구한 후 정리하면 다음과 같다.

$$\tau_{\max} = \pm\sqrt{(\frac{\sigma_x-\sigma_y}{2})^2+\tau^2 xy} \quad\cdots\cdots\cdots (4\text{-}12)$$

식 (4-12)에서 (+)부호는 인장, (-)부호는 압축을 의미한다. 또 식 (4-12)를 식 (4-11)에 대입하면,

$$\sigma_1 = \frac{\sigma_x\sigma_y}{2}+\tau_{\max} \qquad \sigma_2 = \frac{\sigma_x\sigma_y}{2}-\tau_{\max}$$

이 되어, 결국 최대전단응력은 다음과 같이 표현할 수 있다.

$$\tau_{max} = \pm \frac{1}{2}(\sigma_1 - \sigma_2)$$

즉, 평면응력을 정리하면 다음과 같다.

2축 응력에 전단 응력이 작용하면 평면 응력이라고 한다.

$$\sigma_{max} = \frac{\sigma_x + \sigma_y}{2} \pm \sqrt{\left(\frac{\sigma_x - \sigma_y}{2}\right)^2 + \tau^2}$$

$$\tau_{max} = \sqrt{\left(\frac{\sigma_x - \sigma_y}{2}\right)^2 + \tau^2} \quad \text{if } \sigma_y = 0$$

$$\tau_{max} = \sqrt{\left(\frac{\sigma}{2}\right)^2 + \tau^2} = \frac{1}{2}\sqrt{\sigma^2 + 4\tau^2} \text{ (설계에서 잘 나옴)}$$

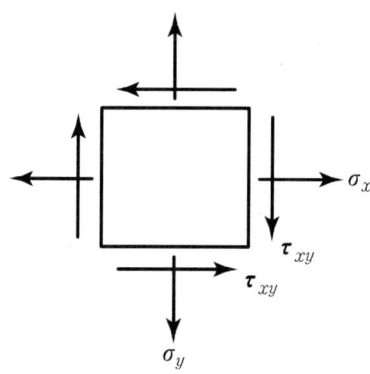

[그림 4.12 평면응력]

⬡ 공칭 응력

공칭 응력이란 경사단면의 응력 또는 전단 응력과 90° 되는 면의 응력이며 공액 응력이라고도 한다.

$$\sigma_n + \sigma_n' = \sigma_x + \sigma_y = \sigma_1 + \sigma_2$$

$$\tau_n + \tau_n' = 0$$

그러므로 주변에는 주응력이 발생하며 그 면에서의 전단 응력은 존재하지 않는다.

EXERCISE 6

σ_x, σ_y, τ_{xy}가 작용하고 있는 상태에서 최대 주응력의 크기를 구하기 위하여 모어 응력 원을 그렸다. 그림에서 최대 주응력의 크기를 나타내는 것은 어느 것인가?

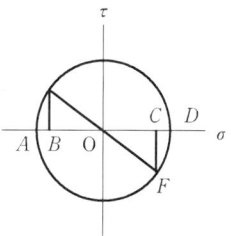

① BC ② AD
③ AD ④ OD

해설 : 최대의 주응력의 크기 : $\overline{OD}$와 $\overline{OA}$

$$\sigma_{1.2} = \frac{\sigma_x + \sigma_y}{2} \pm \sqrt{\left(\frac{\sigma_x - \sigma_y}{2}\right)^2 + \tau^2} \cdot \tan 2\theta = \frac{-2\tau_{xy}}{\sigma_x - \sigma_y}$$

EXERCISE 7

그림과 같이 정방형 단면에 $\sigma_x = 0$, $\sigma_y = 0$, $\tau_{xy} = 15\,\text{MPa}$이 작용할 때 주응력의 값을 다음 중에서 골라라.

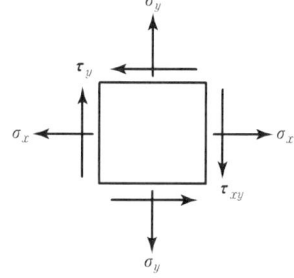

① 150MPa, 0MPa
② 300MPa, 150MPa
③ 150MPa, -150MPa
④ 15MPa, -15MPa

해설 : $\sigma_{1.2} = \dfrac{\sigma_x + \sigma_y}{2} \pm \sqrt{\left(\dfrac{\sigma_x - \sigma_y}{2}\right)^2 + \tau_{xy}^2}$

문제상에 $\sigma_x = 0$, $\sigma_y = 0$이므로

$\sigma_{1.2} = \pm \sqrt{\tau_{xy}^2}$에서 $\tau_{xy} = 15\,\text{MPa}$이므로

$= \pm 15\,\text{MPa}$

EXERCISE 8

주평면(Principal plane)에 대한 다음 설명 중 옳은 것은?

① 주평면에는 전단 응력과 수직 응력의 합이 작용한다.
② 주평면에는 전단 응력만이 작용하고 수직 응력은 작용하지 않는다.
③ 주평면에는 전단 응력은 작용하지 않고 최대 및 최소의 수직 응력만이 작용한다.
④ 주평면에는 최대의 수직 응력만이 작용한다.

해답 : ③ (주평면의 정의임)

EXERCISE 9

어떤 재료가 $\sigma_x = 30\,\text{MPa}$, $\sigma_y = 20\,\text{MPa}$, $\tau = 20\,\text{MPa}$의 응력이 발생하고 있다면 주응력은?

① 25.6MPa   ② 35.3MPa
③ 45.6MPa   ④ 55MPa

해설 : $\sigma_{1.2} = \dfrac{\sigma_x + \sigma_y}{2} \pm \sqrt{\left(\dfrac{\sigma_x - \sigma_y}{2}\right)^2 + \tau^2}$

$\dfrac{30+20}{2} \pm \sqrt{\left(\dfrac{30-20}{2}\right)^2 + 20^2} = 25 \pm 20.6 = 45.6$ 또는 4.4

EXERCISE 10

주평면에 관한 다음 설명 중 옳은 것은 어느 것인가?

① 주평면에서는 전단 응력의 최대값은 주응력의 차의 $\dfrac{1}{2}$과 같다.
② 주평면에서 수직 응력은 작용하지 않고 최대 전단 응력만 작용한다.
③ 주평면은 반드시 한 개의 평면만을 갖는다.
④ 주평면에는 전단 응력은 작용하지 않고 주응력만이 작용한다.

해설 : 주평면에는 전단 응력은 작용하지 않고 주응력만이 작용한다.

EXERCISE 11

그림과 같이 어떤 재료의 평면응력 상태에 있는 미소사각요소에 수직응력 $\sigma_x = 6(\text{MPa})$, $\sigma_y = 4(\text{MPa})$, 전단응력 $\tau_{xy} = 1(\text{MPa})$이 작용하고 있다. 이 때 최대주응력 $\sigma_1(\text{MPa})$, 최대전단응력 $\tau_{\max}(\text{MPa})$의 크기, 최대주응력의 방향 $\theta_1(°, \text{Degree})$을 구하고, 풀이과정과 함께 쓰시오.

(단, 재료는 균질, 등방성, 미소변위상태이다. 최대주응력 방향 θ_1은 $+x$축을 기준으로 시계방향은 (−)이고, 반시계방향은 (+)이다. θ_1의 범위는 $-90° \leq \theta_1 \leq 90°$이다.)

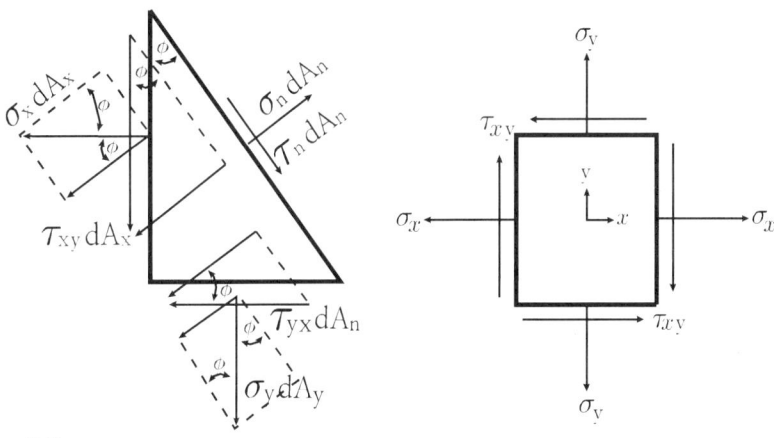

해설 :

$\sigma_n dA_n - \sigma_n dA_x \cos\theta - \sigma_y dA_y \sin\theta + \tau_{xy} dA_x \sin\theta + \tau_{yx} dA_y \cos\theta = 0$

$\sigma_n dA_n - \sigma_x dA_n \cos^2\theta - \sigma_y dA_n \sin^2\theta + \tau_{xy} dA_n \cos\theta\sin\theta$
$+ \tau_{yx} dA_y \sin\theta\cos\theta = 0$

(양) ÷ σ_n

$\sigma_n = \sigma_x \cos^2\theta + \sigma_y \sin^2\theta - \tau_{xy}\cos\theta\sin\theta - \tau_{yx}\cos\theta\sin\theta$

$\cos^2\theta = \dfrac{1+\cos 2\theta}{2}$ $\sin^2\theta = \dfrac{1-\cos 2\theta}{2}$ $\sin\theta\cos\theta = \dfrac{\sin 2\theta}{2}$,

$\tau_{xy} = \tau_{yx}$

$\sigma_n = \sigma_x \left(\dfrac{1+\cos 2\theta}{2}\right) + \sigma_y \left(\dfrac{1-\cos 2\theta}{2}\right) - \tau_{xy}\dfrac{\sin 2\theta}{2} - \tau_{yx}\dfrac{\sin 2\theta}{2}$

$= \dfrac{\sigma_x + \sigma_y}{2} + \dfrac{\sigma_x - \sigma_y}{2}\cos 2\theta - \tau_{xy}\sin 2\theta$

$\tau_n dA_n - \sigma_x dA_x \sin\theta + \sigma_y dA_y \cos\theta - \tau_{xy} dA_n \cos\theta + \tau_{yx} dA_y \sin\theta = 0$

$$\tau_n dA_n - \sigma_x d\sigma_x \cos\theta \sin\theta + \sigma_y dA_y \sin\theta\cos\theta + \tau_{xy} dA_n \cos^2\theta + \tau_{yx} dA_y \sin^2\theta$$
$$- \tau_{yx} dA_n \sin^2\theta$$

$$\tau_n = \sigma_x \cos\theta \sin\theta - \sigma_y \cos\theta \sin\theta + \tau_{xy}(\cos^2\theta - \sin^2\theta)$$

$$= \frac{\sigma_x - \sigma_y}{2} sin2\theta + \tau_{xy}\frac{1+\cos2\theta}{2} - \tau_{xy}\frac{1-\cos2\theta}{2}$$

$$= \frac{\sigma_x - \sigma_y}{2} sin2\theta + \tau_{xy}\cos2\theta$$

주응력이 발생하는 주평면

$$\sigma_n = \frac{\sigma_x + \sigma_y}{2} + \frac{\sigma_x - \sigma_y}{2} cos2\theta - \tau_{xy}\sin2\theta$$

$$\frac{d\sigma_n}{d\theta} = 0 + \frac{\sigma_x - \sigma_y}{2}(-2\sin2\theta) - \tau_{xy}(2\cos2\theta) = 0$$

$$-(\sigma_x - \sigma_y)\sin2\theta - 2\tau_{xy}\cos2\theta = 0$$

$$(\sigma_x - \sigma_y)\sin2\theta = -2\tau_{xy}\cos2\theta$$

$$\frac{\sin2\theta}{\cos2\theta} = \frac{-2\tau_{xy}}{\sigma_x - \sigma_y} = \tan2\theta$$

$$\theta = -\frac{1}{2}tan^{-1}\frac{2\tau_{xy}}{\sigma_x - \sigma_y}$$

[참고] $(\cos2\theta)^2 = \dfrac{(\cos2\theta)^2}{(\cos2\theta)^2 + (\sin2\theta)^2} = \dfrac{1}{1+(\dfrac{\sin2\theta}{\cos2\theta})^2} = \dfrac{1}{1+\tan^2 2\theta}$

$$\cos 2\theta = \frac{1}{\sqrt{1+\tan^2 2\theta}} = \frac{1}{\sqrt{1+(\dfrac{-2\tau_{xy}}{\sigma_x+\sigma_y})^2}} = \frac{1}{\sqrt{1+\dfrac{4\tau_{xy}^2}{(\sigma_x-\sigma_y)^2}}}$$

$$= \frac{\sigma_x-\sigma_y}{\sqrt{(\sigma_x-\sigma_y)^2+4\tau_{xy}^2}}$$

$$\sin 2\theta = \tan 2\theta \cdot \cos 2\theta = \frac{-2\tau_{xy}}{\sigma_x-\sigma_y} \cdot \frac{\sigma_x-\sigma_y}{\sqrt{(\sigma_x-\sigma_y)^2+4\tau_{xy}^2}}$$

$$= \frac{-2\tau_{xy}}{\sqrt{(\sigma_x-\sigma_y)^2+4\tau_{xy}}}$$

$$\sigma_1 = \frac{\sigma_x+\sigma_y}{2} + \frac{\sigma_x-\sigma_y}{2}\frac{(\sigma_x-\sigma_y)}{\sqrt{(\sigma_x-\sigma_y)^2+4\tau_{xy}^2}} - \tau_{xy}\frac{(-2\tau_{xy})}{\sqrt{(\sigma_x-\sigma_y)^2+4\tau_{xy}^2}}$$

$$= \frac{\sigma_x+\sigma_y}{2} + \frac{\dfrac{1}{2}(\sigma_x-\sigma_y)^2 + 2\tau_{xy}^2}{\sqrt{(\sigma_x-\sigma_y)^2+4\tau_{xy}^2}}$$

$$= \frac{\sigma_x+\sigma_y}{2} + \frac{\dfrac{1}{2}[(\sigma_x-\sigma_y)^2+4\tau_{xy}^2]}{\sqrt{(\sigma_x-\sigma_y)^2+4\tau_{xy}^2}} = \frac{\sigma_x+\sigma_y}{2} + \frac{1}{2}\sqrt{(\sigma_x-\sigma_y)^2+4\tau_{xy}^2}$$

$$\cos 2\theta' = \cos 2(\theta+90) = -\cos 2\theta = \frac{-(\sigma_x-\sigma_y)}{\sqrt{(\sigma_x-\sigma_y)^2+4\tau_{xy}^2}}$$

$$\sin 2\theta' = \sin 2(\theta+90) = -\sin 2\theta$$

4.6 3축 응력과 모어원

아래 그림과 같은 재료의 한 요소를 3축 응력(triaxial stress)상태에 있다고 한다. 이 요소에서 그림 3-13처럼 z축에 평행한 경사면을 잘라내면, 그 경사면 위에 작용하는 응력들은 σ_θ와 τ_θ뿐이며 이들은 앞에서 2축응력에 대하여 해석했던 응력들과 같은 응력들이다. 이들 응력은 $x-y$ 평면에서의 평형조건 식으로 구해지므로 응력 σ_z와는 무관하다. 그러므로 응력 σ_θ 및 τ_θ를 결정할 때 Mohr의 응력원은 물론 평면 응력의 식들을 사용할 수 있다. 그 요소에서 x 및 y축에 평행하게 잘라낸 경사평면 위에 작용하는 수직 및 전단응력에 대해서도 같은 결론이 적용된다.

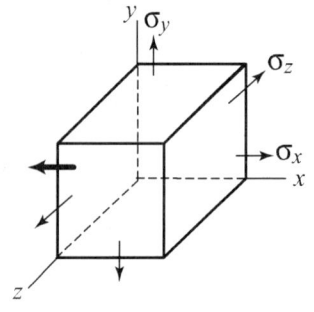 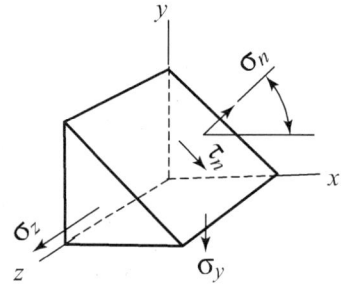

[그림 4.13 3축 응력을 받는 요소]

그림에서 σ_x, σ_y 및 σ_z는 이 요소의 주응력이라는 것을 할 수 있다. 또한 최대전단응력은 한 좌표축에 평행하도록 그 요소에서 잘라낸 45°평면 위에 존재할 것이며, σ_x, σ_y 및 σ_z의 크기에 의하여 좌우될 것이다. 예를 들어, [그림 4.13]처럼 z축에 평행한 평면만을 생각한다면 최대 전단응력의 식은 다음과 같다.

$$(\tau_{\max})_z = \frac{\sigma_x - \sigma_y}{2} \quad \cdots\cdots (4\text{-}13)$$

마찬가지로 x 및 y축에 평행한 평면 위에 최대전단응력들은 다음과 같이 된다.

$$(\tau_{\max})_x = \frac{\sigma_z - \sigma_y}{2} \quad \cdots\cdots (4\text{-}14)$$

$$(\tau_{\max})_y = \frac{\sigma_x - \sigma_z}{2} \quad \cdots\cdots (4\text{-}15)$$

절대 최대전단응력은 위 식으로부터 결정된 응력 중 가장 큰 값이다. 이 응력은 세 주응력 중 대수적으로 가장 큰 것과 가장 작은 것과의 차이의 절반과 같다. 이와 똑같은 결과를 Mohr 응력원에 면에 대하여 의하여 편리하게 나타낼 수 있다.

z축에 평행한 평 σ$_x$ 및 σ$_y$는 모두 인장이고 σ$_x$〉σ$_y$라고 가정하면, 이 원은 아래 그림의 원 A가 될 것이다.

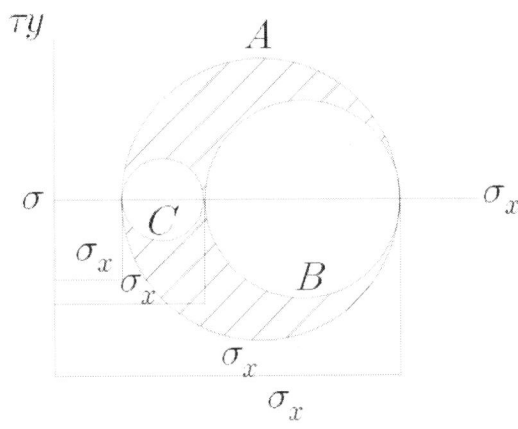

[그림 4.14 3축 응력에 대한 Mohr 응력원]

마찬가지로 x 및 y축에 평행한 평면들에 대하여는 각각 원 B 및 원 C를 얻게 된다. 이 세 원반지름들은 식 a, b, c로 주어지는 최대전단응력들을 나타내며, 절대 최대전단응력들을 가장 큰 원의 반지름과 같다. [그림 4.14]의 요소로부터 비대칭방향으로 절단해 낸 평면 위의 전단 및 수용응력은 좀 더 복잡한 3차원해석에 의하여 구해진다. 비대칭면 위의 수직응력은 항상 대수직으로 최대인 주응력과 최소인 주응력 사이의 값을 가지며, 전단응력은 식에 얻어지는 수치적으로 최대인 전단응력보다 항상 작다.

3축 응력에서의 변형률 3축 응력에 대한 x, y 및 z방향의 변형률은 그 재료가 Hooke의 법칙을 따른다고 하면 2축응력에 대하여 사용했던 것과 똑같은 방법으로 구할 수 있다. 따라서 다음과 같이 된다.

$$\varepsilon_x = \frac{\sigma_x}{E} - \frac{\mu}{E}(\sigma_y + \sigma_z)$$

$$\varepsilon_y = \frac{\sigma_y}{E} - \frac{\mu}{E}(\sigma_z + \sigma_x)$$

$$\varepsilon_z = \frac{\sigma_z}{E} - \frac{\mu}{E}(\sigma_x + \sigma_y)$$

이 식에서 σ와 ε에 부호규약은 일반적인 경우와 같이 인장응력 σ와 늘어나는 변형률 ε을 양(+)으로 잡는다.

앞의 식들을 응력에 대하여 정리하면 다음과 같다.

$$\sigma_x = \frac{E}{(1+\mu)(1-2\mu)}[(1-\mu)\varepsilon_x + \mu(\varepsilon_y + \varepsilon_z)]$$

$$\sigma_x = \frac{E}{(1+\mu)(1-2\mu)}[(1-\mu)\varepsilon_y + \mu(\varepsilon_z + \varepsilon_x)] \quad\cdots\cdots\cdots\cdots\cdots (4\text{-}16)$$

$$\sigma_x = \frac{E}{(1+\mu)(1-2\mu)}[(1-\mu)\varepsilon_z + \mu(\varepsilon_x + \varepsilon_y)]$$

이 요소의 체적변형률은 변형률은 변형된 후의 체적이 V_f이므로 다음과 같다.

$$V_f = (1+\varepsilon_x)(1+\varepsilon_y)(1+\varepsilon_z)$$

$$\frac{\Delta V}{V_0} = \frac{V_f - V_0}{V_0} \approx \varepsilon_x + \varepsilon_y + \varepsilon_z = \varepsilon_v$$

이 ε_x, ε_y, ε_z의 함은 팽창률(dilatation)이라고도 하면, ε_v 혹은 e로 표시된다.

변형률 ε_x, ε_y, ε_z의 값을 체적변형율 식에 대입하면 다음과 같다.

$$\varepsilon_v = \frac{\Delta V}{V_0} = \frac{1-2v}{E}(\sigma_x + \sigma_y + \sigma_z) \quad\cdots\cdots\cdots\cdots\cdots (4\text{-}17)$$

4.7 평면변형에서 변형률과 변위 사이의 관계

변형률 성분을 변위미분계수로 나타내면

$$\varepsilon_x = \frac{e_u}{e_x}, \varepsilon_y = \frac{e_u}{e_y}, \gamma_{xy} = \frac{e_u}{e_x} + \frac{e_u}{e_y}$$

위 식에서 u, v 는 물체각 변위의 성분이며 임의 좌표에서의 변형률 성분으로 정리하면

$$\varepsilon_{x'} = \frac{\varepsilon_x + \varepsilon_y}{2} + \frac{1}{2}(\varepsilon_x - \varepsilon_y)\cos 2\theta + \frac{1}{2}r_{xy}\sin 2\theta$$

$$\varepsilon_{y'} = \varepsilon_{x'} = \frac{\varepsilon_x + \varepsilon_y}{2} + \frac{1}{2}(\varepsilon_x - \varepsilon_y)\cos 2\theta + \frac{1}{2}r_{xy}\sin 2\theta$$

$$\frac{1}{2}r_{x'y'} = \frac{\varepsilon_x + \varepsilon_y}{2} + \frac{1}{2}(\varepsilon_x - \varepsilon_y)\sin 2\theta + \frac{1}{2}r_{xy}\cos 2\theta$$

이 되면 주변 형률은

$$\varepsilon_{1,2} = \frac{\varepsilon_x + \varepsilon_y}{2} \pm \sqrt{(\frac{\varepsilon_x - \varepsilon_y}{2})^2 + (\frac{r_{xy}}{2})^2} \quad \text{가 되며}$$

$$\frac{r_{\max}}{2} = \sqrt{(\frac{\varepsilon_x - \varepsilon_y}{2})^2 + (\frac{r_{xy}}{2})^2}, \theta = \frac{1}{2}tan^{-1}\frac{r_{xy}}{\varepsilon_x - \varepsilon_y}$$

모어원으로 도시하면 다음과 같다.

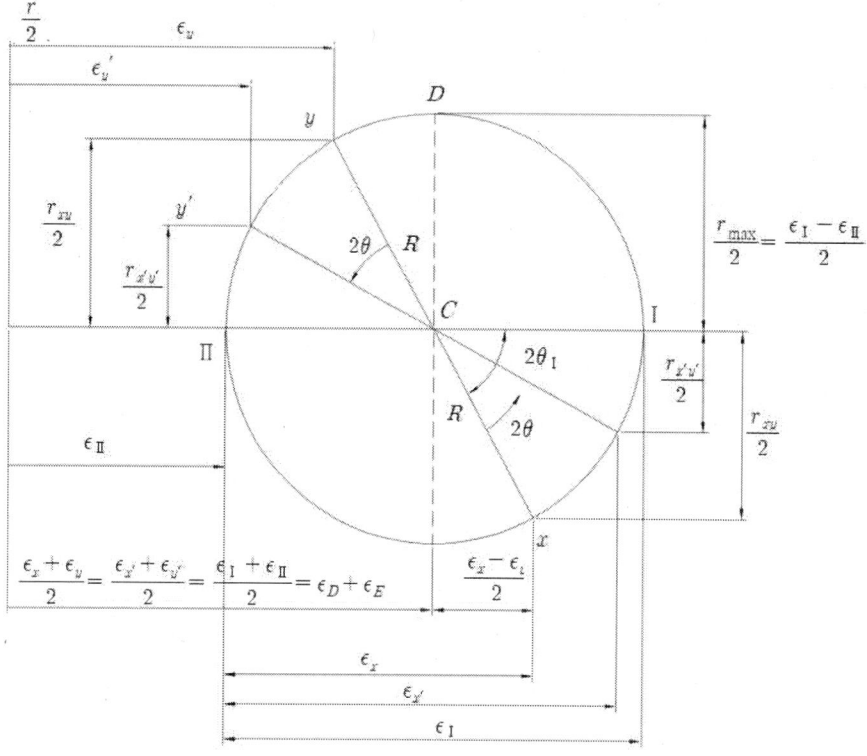

[그림 4.15 평면변형에 대한 모어원]

EXERCISE 12

얇은 금속평판이 그 내면에서 균일하게 변형한다고 가정하고 xy축의 변형률 성분이 다음과 같은 시의 주변형률과 최대전단변형률 및 주변형률의 주축방향을 구하고 모어원을 도시하시오.

$$\varepsilon_x = 800 \times 10^{-6} \quad \varepsilon_y = 100 \times 10^{-6} \quad r_{xy} = -800 \times 10^{-6}$$

해설:

$$\varepsilon_1 = \frac{\varepsilon_x + \varepsilon_y}{2} \pm \sqrt{\left(\frac{\varepsilon_x - \varepsilon_y}{2}\right)^2 + \left(\frac{r_{xy}}{2}\right)^2}$$

$$= \frac{(800+100)}{2} \pm \sqrt{\left(\frac{800-100}{2}\right)^2 + \left(\frac{-800}{2}\right)^2} = 981.5 \times 10^{-6}, -81.5 \times 10^{-6}$$

$$R = \frac{r}{2} = \sqrt{\left(\frac{\varepsilon_x - \varepsilon_y}{2}\right)^2 + \left(\frac{r_{xy}}{2}\right)^2} = \sqrt{\left(\frac{800-100}{2}\right)^2 + \left(\frac{-800}{2}\right)^2} = 531.5$$

$$\theta = \frac{1}{2} tan^{-1} \frac{400}{350} = -24.4°$$

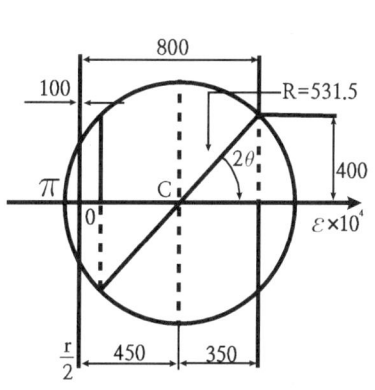
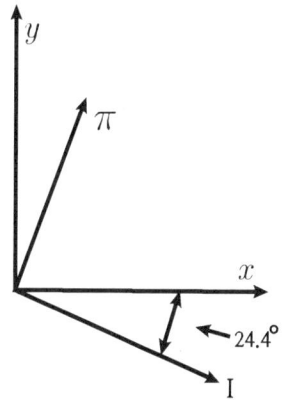

4.8 탄성계수(彈性係數)사이의 관계

(1) E, K, ν의 관계식

아래 그림과 같은 육면체에서 각 면에 W_x, W_y, W_z인 하중이 작용하게 되면 이에 대응되는 힘인 응력, 즉 σ_x, σ_y, σ_z가 각 면에서 발생하게 된다. 한편 X축 방향의 변형률 ε_x는 δ_x의 영향뿐 아니라 푸아송의 효과 때문에 Y축에 수직을 이루는 Y축 및 Z축의 영향도 받게 된다. 즉, X축 방향으로 인장응력이 작용하여 신장을 일으키게 될 때, 이에 수직을 이루는 Y축 및 Z축 방향에서는 압축응력이 작용하게 되어 수축을 일으키게 된다. 재료가 훅의 법칙에 따른다면 σ_x로 인한 X축 방향의 세로변형률은 $\varepsilon_x = \dfrac{\sigma_x}{E}$

[그림 4.16 3축 응력]

이고, σ_y 및 σ_z에 의하여 발생되는 X축 방향의 가로변형률은 푸아송의 비를 이용하면 $\varepsilon' = -\mu\varepsilon = -\dfrac{\mu\sigma_y}{E}$ 및 $-\dfrac{\mu\sigma_z}{E}$로 표시할 수 있다. 따라서 각 면의 변형률은 다음과 같이 표시된다.

$$\varepsilon_x = \frac{\sigma_x}{E} - \frac{\mu}{E}(\sigma_y + \sigma_z)$$

$$\varepsilon_y = \frac{\sigma_y}{E} - \frac{\mu}{E}(\sigma_x + \sigma_z) \quad \cdots\cdots (4\text{-}18)$$

$$\varepsilon_z = \frac{\sigma_z}{E} - \frac{\mu}{E}(\sigma_x + \sigma_y)$$

이 관계식들은 단일 축 방향에 대해서만 고려하였던 식인 훅의 법칙을 3축 방향의 응력과 변형률로 표시한 것이므로 훅의 법칙의 일반형(General form of Hook's Law)이라고 한다. 한편 앞에서 언급한 육면체에 대한 변형률을 고려하면 체적변형률의 식 (4-18)은 다음과 같다.

$$\varepsilon_v = \varepsilon_x + \varepsilon_y + \varepsilon_z$$

$$= \frac{\sigma_x}{E} - \frac{\mu}{E}(\sigma_y + \sigma_z) + \frac{\sigma_y}{E} - \frac{\mu}{E}(\sigma_x + \sigma_z) + \frac{\sigma_z}{E} - \frac{\mu}{E}(\sigma_x + \sigma_y)$$

$$= \frac{1}{E}(\sigma_x + \sigma_y + \sigma_z) - \frac{2\mu}{E}(\sigma_x + \sigma_y + \sigma_z) = \frac{1-2\mu}{E}(\sigma_x + \sigma_x + \sigma_z), \dots$$

$$\dots \dots (4\text{-}19)$$

균일한 유체압력이 작용하는 경우와 같이 특별한 경우에는 다음과 같이 생각할 수 있다.

$$\sigma_x = \sigma_y = \sigma_z = \sigma, \quad \varepsilon_x = \varepsilon_y = \varepsilon_z = \varepsilon$$

따라서 식(4-19)는 다음과 같이 표현된다.

$$\varepsilon_v = 3\varepsilon = \frac{E}{3(1-2\mu)}\sigma$$

식 (4-20)를 식 (4-19)에 대입하여 정리하면 체적탄성계수 (K)는

$$K = \frac{\Delta P}{\varepsilon_v} = \frac{E}{3(1-2\mu)} = \frac{mE}{3(m-2)}$$

가 되며, v와 E만 알면 K를 구할 수 있는 E, K, v의 관계식이 된다.

4.9 재료의 파손

파손이란 부품이 항복(Yield)하거나 적절히 기능을 할 수 없거나 부품의 분리 시 파단 된 상태를 의미한다. 일반적으로 정적 인장하중하에서 연성재료들은 재료의 전단강도에 의해 파손한도를 결정하며 취성재료는 재료의 인장강도에 의해 파손한도가 결정된다. (단, 연성재료가 취성재료처럼 거동할 때는 예외) 연성과 취성을 구분하는 가장 일반적인 방법은 파단 시까지 재료의 연신율이 5%보다 크면 연성으로 하며 그 이하(5% 이하)시 취성재료로 간주한다.

1. 정적하중하의 연성재료의 파괴

연성재료는 정적하중 작용시 인장강도를 초과한 응력을 받음으로써 파단이 일어나게 되나 기계부품에서의 파손은 항복점에 다다랐을 때 일어나는 것으로 간주한다. 연성재료의 항복강도는 인장강도보다 상당히 작다. 최대 주응력설, 최대 주변형률설, 전변형률 에너지설, 전단변형률 에너지설(von Mises-Henchy), 최대 전단응력설(Tresca) 등이 파단을 계산하는 데 사용되며 von Mises-Henchy설이 가장 정확하다.

(1) 최대주응력설(Rankine의 설)

최대주응력이 단순인장이 작용할 때의 파손응력에 이르렀을 때 파손이 발생한다는 이론으로 취성재료에 잘 일치하는 이론이다.

$$\sigma_b = \frac{M}{Z} \quad \sigma_t = \frac{P}{A} \quad \tau = \frac{T}{Z_P}$$

$$\sigma_1 = \frac{\sigma_b + \sigma_t}{2} + \sqrt{\left(\frac{\sigma_b - \sigma_t}{2}\right)^2 + \tau^2}$$

최대주응력이 인장 또는 압축의 한계응력(σ_e, σ_y, σ_B)에 이르렀을 때 파손된다.

(2) 최대전단응력설(트레스카, 게스트)

　단순인장이나 단순압축이 작용할 때의 최대전단응력이 파손응력에 이르렀을 때 파손이 발생한다는 이론으로 연성재료의 강도설계에 이용되는 이론이다. 전단변형 에너지 설보다는 부정확하다.

$$\sigma_b = \frac{M}{Z} \quad \sigma_t = \frac{P}{A} \quad \tau = \frac{T}{Z_P}$$

$$\tau_{\max} = \sqrt{\left(\frac{\sigma_b - \sigma_t}{2}\right)^2 + \tau^2} = \frac{1}{2}\sqrt{(\sigma_b - \sigma_t)^2 + 4\tau^2} = \frac{1}{2}(\sigma_{\max} - \sigma_{\min})$$

　최대전단응력이 단순인장에서의 전단항복응력에 이르렀을 때 파손이 일어난다.

(3) 전단변형에너지설(Mises설)

　전단변형에너지가 단순인장시의 항복점에 있어서의 전단변형 에너지에 이르렀을 때 파손된다는 이론이다. 이 설은 연성재료의 미끄럼파손에 가장 잘 일치하는 이론이다.

$$S_y = \sqrt{\frac{1}{2}\left[(\sigma_1 - \sigma_2)^2 + (\sigma_2 - \sigma_3)^2 + (\sigma_3 - \sigma_1)^2\right]}$$

　　σ_1, σ_2, σ_3 : 3차원 응력

　　S_y : 항복응력

　2차원 응력상태에서는 $\sigma_2 = 0$ 이므로 $S_y = \sqrt{\sigma_1^2 - \sigma_1\sigma_3 + \sigma_3^2}$ 이 된다. $\sigma_3 = 0$ 인 평면응력의 경우 다음과 같은 식이 된다.

$$\sigma_{VM} = \sqrt{\sigma_1^2 + \sigma_2^2 - \sigma_1 \cdot \sigma_2}$$

　　σ_{VM} : 인장 시 항복응력

　2차원 응력 상태에서는 $\sigma_{VM} = \sqrt{\sigma_x^2 + \sigma_y^2 - \sigma_1 \cdot \sigma_2 + 3\tau_{xy}^2}$

위식에서 비틀림 응력과 굽힘 응력이 동시에 작용하는 경우 $\sigma_x = \sigma$, $\sigma_y = 0$, $\tau_{xy} = \tau$가 되어 상당 인장응력은 다음과 같다.

$$\sigma_{VM} = \sqrt{\sigma^2 + 3\tau^2}$$

순수 비틀림 응력 τ만이 작용하는 경우 상당 인장응력은 다음과 같다.

$$\sigma_{VM} = \sqrt{3}\,\tau$$

이 이론에 의하면 단순인장 또는 압축응력에 의한 파괴는 항복전단응력의 $\sqrt{3}$ 배에 도달하면 파괴된다.

(4) 각 이론의 비교

전단변형에너지설에서 2차원 식은 타원으로 표시되며 타원의 내부는 정적하중하에서 안전영역을 나타낸다.

$$\text{순수비틀림} \quad \tau_{ys} = \frac{1}{\sqrt{3}} S_y = 0.577 S_y$$

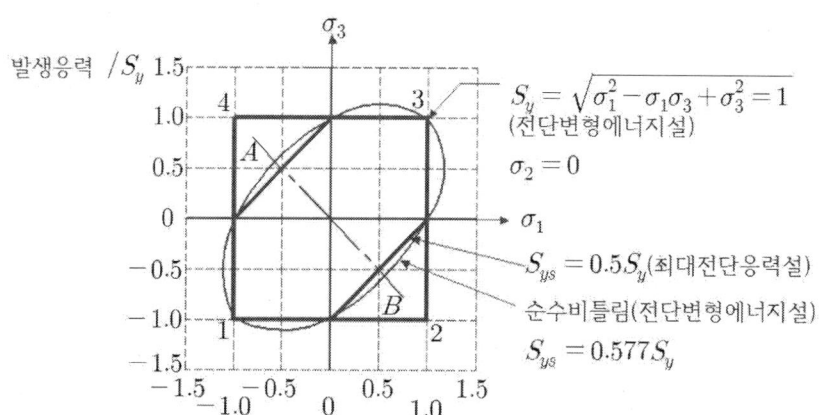

육각형: 2차원 최대전단응력설

순수비틀림 $\tau_{ys} = 0.5 S_y$

큰 정사각형(1 - 2 - 3 - 4): 2차원 최대주응력설이며 제2, 4분면에서는 연성재료에 적합하지 않음

EXERCISE 13

어떤 금속의 항복응력이 $330MN/m^2$이며
$\sigma_x = 140MN/m^2, \sigma_y = -70MN/m^2, \sigma_z = 0, \tau_{xy} = 70MN/m^2, \tau_{yz} = 0,$
$\tau_{zx} = 0$ 일 때 항복여부를 미세스식과 최대전단응력식을 이용하여
판정하시오.

해설 : 1) 최대전단변형에너지설(Mises)

$$\sigma_{1,2} = \frac{\sigma_x + \sigma_y}{2} \pm \sqrt{\left(\frac{\sigma_x - \sigma_y}{2}\right)^2 + \tau_{xy}^2}$$

$$= \frac{140 - 70}{2} \pm \sqrt{\left(\frac{140 + 70}{2}\right)^2 + 70^2} = 35 \pm 126.19$$

$$= 161.19, \ -91.19$$

$$Y = \sqrt{\frac{1}{2}\left(\sigma_1 - \sigma_2\right)^2 + \left(\sigma_2 - \sigma_3\right)^2 + \left(\sigma_3 - \sigma_1\right)^2}$$

$$= \sqrt{\frac{1}{2}\left[(161.19 + 91.19)^2 + (-91.19)^2 + (-161.19)^2\right]}$$

$$= 221.35 < 330$$

항복이 일어나지 않음

2) 최대전단응력설

$$\tau_{max} = \sqrt{\left(\frac{\sigma_x - \sigma_x}{2}\right)^2 + \tau^2} = \sqrt{\left(\frac{140 + 70}{2}\right)^2 + (70)^2} = 126.19$$

$$= \frac{|\sigma_{max} - \sigma_{min}|}{2} = \frac{|161.19 + 91.191|}{2} = 126.19$$

$$2\tau_{max} = 2 \times 126.19 = 252.38 < 330$$

항복이 일어나지 않음

2. 정적하중하의 취성재료의 파괴

(1) 최대수직응력이론

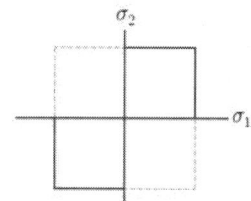

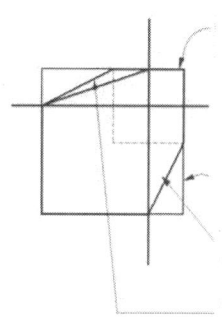

① 평탄취성재료(압축강도와 인장강도가 같은 재료)에 정적하중 작용시의 응력선

② 비평탄 취성재료(압축강도가 인장강도보다 큰 재료)에 적정하중 작용시의 응력선

③ Coulomb-Mohr 이론

④ 수정 Mohr설(Modified-Mohr theory)

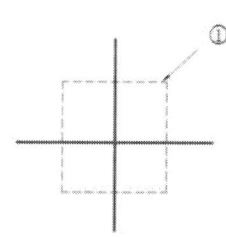

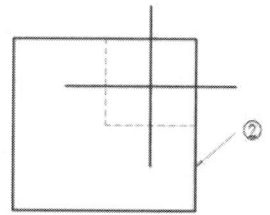

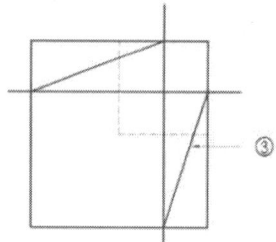

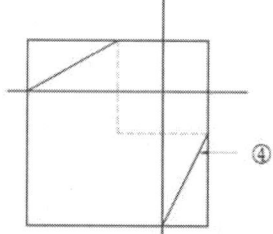

3. 파괴역학(Fracture Mechanics)

파괴이론은 일반적으로 평균응력(정하중)과 응력의 진폭(동하중)의 변화에 따라 일어난다고 추론하며 정하중에 의한 평균응력은 항복응력 또는 파괴응력에 관련되며 동하중에 의한 평균응력은 피로한도에 기인한다.

- 교번응력 : 변동응력의 진폭
- 반복응력 : 평균응력+교번응력

(1) Gerber 포물선

$$\sigma_a = S_e\left[1 - \frac{\sigma_m^2}{S_{ut}^2}\right],\ \frac{\sigma_a}{S_e} + \frac{\sigma_m^2}{S_{ut}^2} = 1$$

(2) 수정 Goodman 포물선

$$\sigma_a = S_e\left[1 - \frac{\sigma_m}{S_{ut}}\right],\ \frac{\sigma_a}{S_e} + \frac{\sigma_m}{S_{ut}} = 1$$

(3) Soderberg선

$$\sigma_a = S_e\left[1 - \frac{\sigma_m}{S_y}\right],\ \frac{\sigma_a}{S_e} + \frac{\sigma_m}{S_y} = 1$$

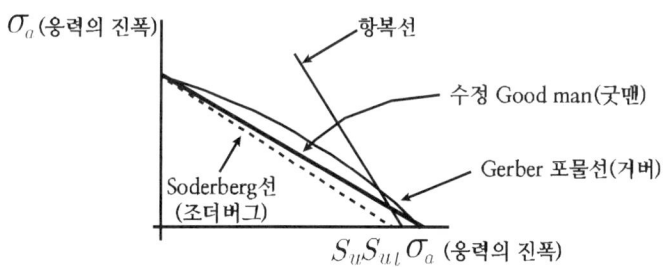

[일반반복응력에 대한 파손선(피로한도선도)]

S_e : 피로한계응력(Fatigue Endurance Stress)

S_y : 항복응력(Yield Stress)

S_{ut} : 파단응력(Ultimate Stress)

*초기하중응력(σ_0)이 있을시 평균응력(σ_m)은 ($\sigma_m - \sigma_0$)로 한다.

EXERCISE 14

원형단면 봉에 작용하는
- 최대인장응력(σ_{max}) 200MPa, 최소인장응력(σ_{min}) 100MPa
- 피로응력집중계수 $K_5 = 1.2$, 평균응력집중계수 $K_m = 1.4$, 피로강도수정계수 $C = 0.8$
- 재료의 파란강도(σ_u) 600MPa, 항복강도(σ_y)=400MPa, 양진피로한도 $\sigma_o = 300MPa$ 수정 Goodman 선도를 이용하여 안전계수를 구하시오.

해설 : 공칭변동응력(공칭교번응력)

$$\sigma_{ao} = \frac{\sigma_{max} - \sigma_{min}}{2} = \frac{200-100}{2} = 50$$

공칭평균응력

$$\sigma_{mo} = \frac{\sigma_{max} + \sigma_{min}}{2} = \frac{200+100}{2} = 150$$

국부적 평균응력에 대한 응력진폭의 비

$$\frac{\sigma_a}{\sigma_m} = \frac{1.2 \times 50}{1.4 \times 150} = \frac{12}{42} = \frac{2}{7}$$

수정피로한도
$\sigma_e = c \cdot \sigma_o = 0.8 \times 300 = 240$

$$\sigma_1 = \frac{\sigma_e}{1 + \frac{\sigma_e}{\sigma_u} \cdot \frac{\sigma_m}{\sigma_a}} = \frac{240}{1 + \frac{240}{600} \cdot \frac{7}{2}} = 100$$

조더버그 선로

$$\sigma_1 = \frac{\sigma_y}{1 + \frac{\sigma_m}{\sigma_a}} = \frac{400}{1 + \frac{7}{2}} = 88.88$$

$$S = \frac{88.88}{1.2 \times 50} = 1.48$$

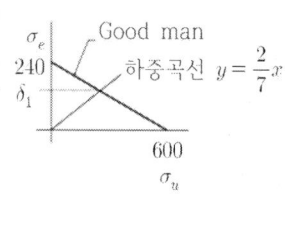

EXERCISE 연습문제

01 축방향에 하중이 작용할 때 임의 각도의 경사단면에 생기는 최대 전단응력에 대한 설명 중 옳은 것은?

① $\theta=90°$의 단면에 생긴다.
② $\theta=45°$의 단면에 생기고, 수직응력과 같다.
③ $\theta=45°$의 단면에 생기고 $\tau_{max}=\sigma_x$이다.
④ $\theta=90°$의 단면에 생기고 $\tau_{max}=\sigma_n$이다.
⑤ $\theta=60°$의 단면에 생기고 수직응력의 2배이다.

02 축방향 하중이 작용할 때 θ만큼 경사된 단면에 생기는 수직응력 중에서 최대값에 대한 설명이 옳은 것은?

① $\theta=45°$의 단면에 생긴다.
② $\theta=90°$의 단면에 생긴다.
③ 전단 응력이 최대로 되는 단면에 생긴다.
④ $\theta=60°$의 단면에 생긴다.
⑤ $\theta=0°$의 단면에 생긴다.

03 다음 그림과 같은 균일단면봉에 인장하중 P가 작용할 때, 세로단면과 $45°$의 각도를 이루는 경사단면에 생기는 수직응력 σ_n과 전단응력 τ 사이에는 다음 중 어느 관계가 성립하는가?

① $\sigma_n = \tau$
② $2\sigma_n = \tau$
③ $\sigma_n = 2\tau$
④ $\sigma_n = 3\tau$
⑤ $\sigma_n = \dfrac{\tau}{2}$

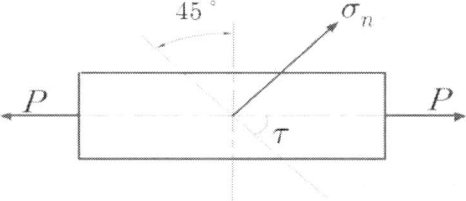

1. $\sigma_n = \sigma_x \cos^2\theta$

$\tau_n = \dfrac{\sigma_x}{2} sin\theta = \sigma_x \sin\theta$

$\sigma_{45} = \sigma_x \cos^2 45° = \dfrac{\sigma_x}{2}$

$\tau_{45} = \dfrac{\sigma_x}{2} sin2\times45 = \dfrac{\sigma_x}{2}$

$\therefore \sigma_{45} = \tau_{45}$

2. $\sigma_n = \sigma_x \cos^2\theta$

$\sigma_0 = \sigma_x \cos^2\theta = \sigma_x$

정답 1. ① 2. ③ 3. ③

04 다음 그림과 같이 종단면 각 θ를 이루는 경사단면 위에 수직응력 $\sigma_n = 1200\,\mathrm{MPa}$, 전단응력 $\tau = 400\,\mathrm{MPa}$가 작용하고 있다. 경사각 θ는 다음 중 어느 것인가?

① $\sin^{-1}\dfrac{1}{3}$

② $\cos^{-1}\dfrac{1}{2}$

③ $\tan^{-1}\dfrac{1}{3}$

④ $\cot^{-1}\dfrac{1}{3}$

⑤ $\sin^{-1}\dfrac{1}{4}$

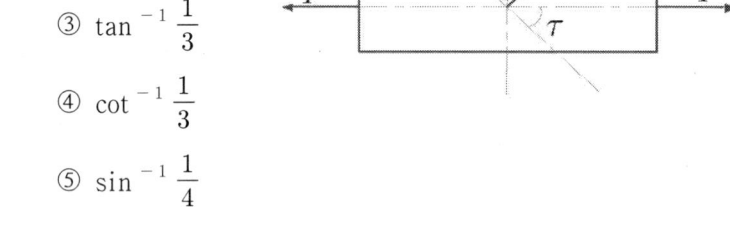

4.
$$\tan\theta = \frac{\tau_n}{\sigma_n}$$
$$= \frac{400}{1200} = \frac{1}{3}$$
$$\therefore \theta = \tan^{-1}\frac{1}{3}$$

05 1변이 10cm인 정 4각형 단면의 기둥이 2MN의 압축하중을 받을 때 기둥 내부에 생기는 전단응력의 최대치는 얼마인가 (MPa)?

① 50
② 100
③ 150
④ 200
⑤ 250

5.
$$\tau_{\max\,(\theta=45°)} = \frac{\sigma_x}{2} = \frac{P}{2A}$$
$$= \frac{2\times 10^6}{2\times 0.1^2}$$
$$= 100\,\mathrm{MPa}$$

06 공액응력(Complementary Stress)의 성질을 정확이 설명한 것은?

① 두 공액법선응력의 합은 언제나 다르다.
② 두 공액법선응력의 차는 항상 같다.
③ 두 공액전단응력의 크기는 같고 부호만 반대이다.
④ 두 공액전단응력은 크기와 부호가 언제나 같다.
⑤ 두 공액법선응력의 합은 두 공액전단응력의 합의 2배이다.

정답 4. ③ 5. ② 6. ③

07 서로 직각인 2방향에서 수직응력 σ_x, σ_y가 작용할 때 θ도의 경사단면에 생기는 전단응력 τ는 다음 식으로 표시된다. 옳은 것을 골라라.

① $\tau = \dfrac{1}{2}(\sigma_x + \sigma_y)\sin 2\theta$

② $\tau = \dfrac{1}{2}(\sigma_x - \sigma_y)\sin 2\theta$

③ $\tau = \dfrac{1}{2}(\sigma_x + \sigma_y)\cos 2\theta$

④ $\tau = \dfrac{1}{2}(\sigma_x - \sigma_y)\cos 2\theta$

⑤ $\tau = \dfrac{1}{2}(\sigma_x + \sigma_y)\tan 2\theta$

08 그림과 같이 60MPa의 인장응력과 40MPa의 압축응력이 서로 직각으로 작용할 때, 인장응력이 작용하는 면과 30°의 각도를 이루는 경사단면 위에 생기는 수직응력은 얼마인가?

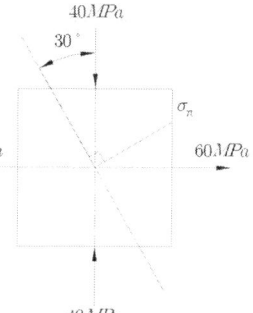

① 20
② 25
③ 30
④ 35
⑤ 40

8.
σ_n
$= \dfrac{\sigma_x + \sigma_y}{2} + \dfrac{\sigma_x - \sigma_y}{2}\cos 2\theta$
$= \dfrac{60 - 40}{2} + \dfrac{60 + 40}{2}\cos 2 \times 30$
$= 35\,\text{MPa}$

09 주평면(Principal Plane)에 대한 다음 글 중 옳은 것을 골라라.
① 주평면에 최대의 수직응력만이 작용하고 최소의 수직응력 및 전단응력은 작용하지 않는다.
② 주평면에 전단응력은 작용하지 않고 최대 및 최소의 수직응력만이 작용한다.
③ 주평면에는 전단응력만이 작용하고 수직응력은 작용하지 않는다.
④ 주평면에는 전단응력과 수직응력의 합이 작용한다.
⑤ 주평면에는 최소의 수직응력이 작용한다.

정답 7. ② 8. ④ 9. ②

10 단면적 $10cm^2$인 균일단면봉에 인장하중 40kN이 작용하고 있다. 이 봉에서 임의의 서로 직교하는 두 경사단면 위에 작용하는 수직응력들의 kq은 얼마인가?

① 10MPa ② 20MPa
③ 30MPa ④ 35MPa
⑤ 40MPa

10.
$\sigma_n + \sigma_{n'} = \sigma_x$

$\sigma_x = \dfrac{40 \times 10^3}{10 \times 10^{-4}} = 40 MPa$

11 σ_x와 σ_y 2축 응력상태에서 모어 원에 관한 다음 설명 중 틀린 것을 골라라.

① 모어 원의 반경은 $\dfrac{1}{2}(\sigma_x - \sigma_y)$이다.
② 최대전단응력은 모어 원의 반경과 같다.
③ 최대수직응령은 σ_x와 σ_y중 큰 값과 같다.
④ 모어 원의 중심이 최대수직응력을 표시한다.
⑤ σ_x와 σ_y가 크기가 같고 부호가 반대일 때 45° 경사 면의 법선응력은 없다.

12 2축 응력에서 $\sigma_x = \sigma_y$일 때 전단응력의 최대 및 최소치는?

① $\tau_{max} \neq \tau_{min}$ ② $\tau_{max} = \tau_{min}$
③ $\tau_{max} > \tau_{min}$ ④ $\tau_{max} \neq 0$
⑤ $\tau_{max} = 2\tau_{min}$

13 서로 직각인 2개의 인장응력 55MPa, 20MPa이 작용할 때 이 재료 내에 생기는 최대전단응력은 어느 것인가?

① 15MPa ② 17.5MPa
③ 20MPa ④ 22.5MPa
⑤ 25MPa

13.
$\tau_{max} = \dfrac{\sigma_x - \sigma_y}{2}$
$= \dfrac{55 - 20}{2} = 17.5 MPa$

정답 10. ⑤ 11. ④ 12. ② 13. ②

14 서로 직각인 두 방향에서 수직응력 σ_x, σ_y가 작용할 때 θ만큼 경사된 면에 생기는 법선응력 σ_n의 값을 표시하는 수식은?

① $\sigma_n = \tau_{xy} \sin 2\theta$

② $\sigma_n = \dfrac{1}{2}(\sigma_x + \sigma_y)$

③ $\sigma_n = \dfrac{1}{2}(\sigma_x - \sigma_y)\cos 2\theta + \tau_{xy} \sin 2\theta$

④ $\sigma_n = \dfrac{1}{2}(\sigma_x + \sigma_y) + \dfrac{1}{2}(\sigma_x - \sigma_y)\cos 2\theta$

⑤ $\sigma_n = \dfrac{1}{2}(\sigma_x - \sigma_y)\cos 2\theta + \tau_{xy} \cos 2\theta$

15 σ_x, σ_y 및 τ_{xy}의 평면응력상태에서 주평면을 정하는 식은?

① $\tan 2\theta = \dfrac{2\tau_{xy}}{\sigma_x - \sigma_y}$

② $\tan 2\theta = \dfrac{-2\tau_{xy}}{\sigma_x - \sigma_y}$

③ $\tan 2\theta = \dfrac{\tau_{xy}}{\sigma_x - \sigma_y}$

④ $\tan 2\theta = \dfrac{-\tau_{xy}}{\sigma_x - \sigma_y}$

⑤ $\tan 2\theta = \dfrac{-4\tau_{xy}}{\sigma_x - \sigma_y}$

16 평면상태의 조건이
$\sigma_x = 40\,\mathrm{MPa}, \sigma_y = -2\,\mathrm{MPa}, \tau_{xy} = 2\,MPa$일 때 주응력의 크기 σ_1, σ_2를 구하여라.

① $20, -2.1$
② $40, -2.1$
③ $-20, 2.1$
④ $-40, 2.1$
⑤ $42, 0$

16.
σ_1
$= \dfrac{\sigma_x + \sigma_y}{2} + \sqrt{\left(\dfrac{\sigma_x - \sigma_y}{2}\right)^2 + \tau^2}$
$= \dfrac{40-2}{2} + \sqrt{\left(\dfrac{40+2}{2}\right)^2 + 2^2}$
$= 40.1\,\mathrm{MPa}$

σ_2
$= \dfrac{\sigma_x + \sigma_y}{2} - \sqrt{\left(\dfrac{\sigma_x - \sigma_y}{2}\right)^2 + \tau^2}$
$= \dfrac{40-2}{2} - \sqrt{\left(\dfrac{40+2}{2}\right)^2 + 2^2}$
$= -2.1\,\mathrm{MPa}$

정답   14. ④   15. ②   16. ②

17 서로 직각인 두 개의 인장응력 55MPa, 25MPa이 작용할 때 이 재료 내에 생기는 최대전단응력은 몇 MPa가 되겠는가?
① 15 ② 25
③ 35 ④ 55
⑤ 60

18 $\sigma_x = 150\,MPa$, $\sigma_y = 30\,MPa$, $\tau_{xy} = -40\,MPa$ 일 때, 최대전단응력을 구하여라.
① 24MPa ② 36MPa
③ 72MPa ④ 96MPa
⑤ 120MPa

17.
$$\tau_{\max} = \frac{\sigma_x - \sigma_y}{2} = \frac{55-25}{2}$$
$$= 15\,MPa$$

18.
$$\tan 2\theta = \frac{-2\tau_{xy}}{\sigma_x - \sigma_y}$$

$$2\theta = \tan^{-1}\frac{-2\tau_{xy}}{\sigma_x - \sigma_y}$$

$$= \tan^{-1}\frac{2\times 40}{150-30}$$

$$= 33.69°$$

$$\therefore\ \theta = 16.85°$$

$\tau_{\max}$
$$= \sqrt{\left(\frac{\sigma_x - \sigma_y}{2}\right)^2 + \tau_{xy}{}^2}$$

$$= \sqrt{\left(\frac{150-30}{2}\right)^2 + (-40)^2}$$

$$= 72.1\,MPa$$

정답 17. ① 18. ③

19 그림의 평면 응력 상태에 대하여 모어원(Mohr's Circle)을 작도하고, 세 축의 주응력과 최대전단응력을 구하시오. 또한 이 재료의 인장항복강도가 $\sigma_Y = 150\,\mathrm{MPa}$라고 할 때 최대전단응력기준(Maximum Shear Stress Criterion, Teresa Criterion)에서의 안전 여부에 대하여 설명하시오.
(단, 그림에 주어진 응력 상태를 모어원에 표기하시오.)

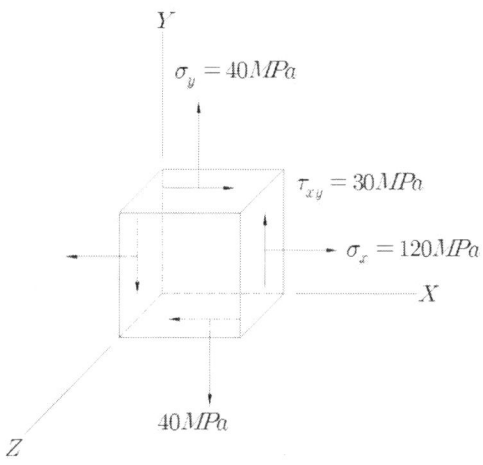

◈ $\sigma_{av} = \dfrac{\sigma_x + \sigma_y}{2} = \dfrac{120 + 40}{2} = 80$

$\sigma_1 = \dfrac{\sigma_x + \sigma_y}{2} + \sqrt{\left(\dfrac{\sigma_x - \sigma_y}{2}\right)^2 + \tau_{xy}^2}$

$= \dfrac{120 + 40}{2} + \sqrt{\left(\dfrac{120 - 40}{2}\right)^2 + 30^2} = 80 + 50 = 130$

$\sigma_2 = \dfrac{\sigma_x - \sigma_y}{2} - \sqrt{\left(\dfrac{\sigma_x - \sigma_y}{2}\right)^2 + \tau_{xy}^2}$

$= \dfrac{120 + 40}{2} - \sqrt{\left(\dfrac{120 - 40}{2}\right)^2 + 30^2} = 80 - 50 = 30$

$\sigma_1 = 130\,\mathrm{MPa} \quad \sigma_2 = 30\,\mathrm{MPa} \quad \sigma_3 = 0$

$\tau_{\max} = \dfrac{|\sigma_1 - \sigma_2|}{2} = \dfrac{|130 - 30|}{2} = 50\,\mathrm{MPa}$

$2\tau_{\max} = 2 \times 50 = 100 < \sigma_y = 150$

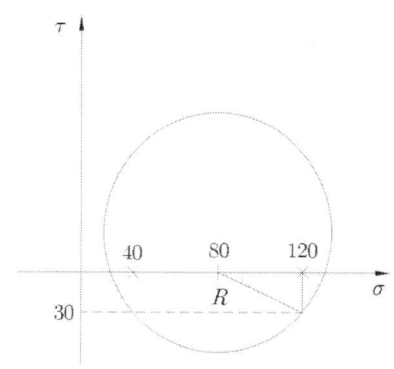

05. 평면도형의 성질

5.1 1차 관성모멘트($G_x = \int y dA$, $G_y = \int x dA$)

$W = \gamma \cdot V = \gamma \cdot A \cdot l = \gamma \cdot A$ (단위 길이임)

$\int dW = \int \gamma dA$

$M = W \overline{X} = \int \gamma dA \cdot x$

$\overline{x} = \dfrac{\int \gamma \cdot x dA}{W} = \dfrac{\gamma \int x dA}{\gamma \cdot A}$

[그림 5.1 1차 관성모멘트]

$\overline{x} = \dfrac{\int x dA}{\int dA}$ ················· $G_y = \int x dA$ (단면1차 관성모멘트)

$\overline{y} = \dfrac{\int y dA}{\int dA}$ ················· $G_x = \int y dA$ (단면1차 관성모멘트)

그러므로 재료역학에서 도심의 정의는 1차관성 모멘트 ($\int x dA$, $\int y dA$)가 0이 되는 위치이다.

 다음 도형의 도심을 구하여라.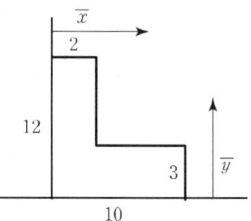

해설 : $\overline{y} = \dfrac{\Sigma A \overline{y}}{\Sigma A} = \dfrac{12 \times 2 \times 6 + 8 \times 3 \times 1.5}{12 \times 2 + 8 \times 3} = 3.75$

$\overline{x} = \dfrac{\Sigma A \overline{x}}{\Sigma A} = \dfrac{12 \times 2 \times 1 + 8 \times 3 \times 6}{12 \times 2 + 8 \times 3} = 3.5$

EXERCISE 2 그림과 같은 반원의 도심을 구하라.

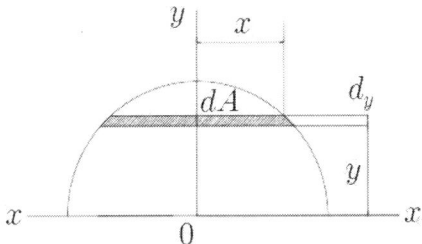

해설 : 그림에서 $y=0$이면 $\phi=0$, $y=R$이면 $\phi=\dfrac{\pi}{2}$이며,

$x=R\cos\phi$, $y=R\sin\phi$, $dy=R\cos\phi d\phi$이다.

$dA=2xdy=2 \cdot R\cos\phi \cdot R\cos\phi d\phi=2R^2\cos^2\phi d\phi$

또 3각함수의 3배각공식에서 $\sin 3\phi=3\sin\phi-4\sin^3\phi$를 참고로 하여 도심을 구한다.

$$G_x=\int_0^R R\sin\phi \cdot 2R^2\cos^2\phi d\phi = 2R^3\int_0^{\frac{\pi}{2}}\sin\phi\cos^2\phi d\phi$$

$$=2R^3\int_0^{\frac{\pi}{2}}\sin\phi(1-\sin^2\phi)d\phi=2R^3\left(\int_0^{\frac{\pi}{2}}\sin\phi d\phi-\int_0^{\frac{\pi}{2}}\sin^3\phi d\phi\right)$$

$$=2R^3\left[\int_0^{\frac{\pi}{2}}\left(\sin\phi d\phi-\int_0^{\frac{\pi}{2}}\left(\frac{3}{4}sin\phi-\frac{1}{4}sin 3\phi d\phi\right)\right)\right]$$

$$=2R^3\left[(-\cos)_0^{\frac{\pi}{2}}-\frac{3}{4}(-\cos\phi)_0^{\frac{\pi}{2}}+\frac{1}{4}\left(\frac{-\cos 3\phi}{3}\right)_0^{\frac{\pi}{2}}\right]$$

$$=2R^3-\frac{6R^3}{4}+\frac{2R^3}{12}=\frac{2R^3}{3}$$

$$\therefore \tilde{y}=\frac{G_x}{A}=\frac{2R^3}{3}\cdot\frac{2}{\pi R^2}=\frac{4R}{3\pi}$$

5.2 단면 2차(斷面 2次) 모멘트

(1) 단면 2차(斷面 2次)모멘트

아래 그림 같이 면적이 A인 도형을 무한히 작은 면적으로 나누어 그 중 임의의 한 미소면적 dA의 도심으로부터 X, Y축에 이르는 거리를 각각 y, x라 할 때 미소면적 dA와 축까지의 거리 x 또는 y의 제곱을 서로 곱해서 도형 전체에 대하여 합해 준 것을 그 도형의 그축에 대한 단면 2차 모멘트(Second Moment of Area : I) 또는 관성모멘트(Moment of Inertia)라고 한다. 이를 식으로 표현하면 다음과 같다.

$$I_X = \int_A y^2 dA \quad I_Y = \int_A x^2 dA \quad \cdots\cdots\cdots (5-1)$$

관성모멘트의 단위는 차원이 L^4이므로 m^4, cm^4, mm^4 등으로 표시된다. 도형이 복잡한 경우에는 간단한 기본도형으로 나누어서 각각의 관성모멘트를 구한 후 이 결과들을 합하여 줌으로써 전체 도형의 관성모멘트를 구할 수 있다.

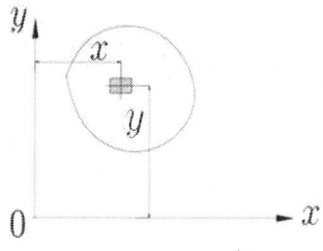

[그림 5.2 2차 관성모멘트]

(2) 평행축 정리(平行軸 整理)

[그림 5.3]과 같은 평면도형에서 도심을 지나는 축 X에 대한 관성모멘트를 I_X, 도형의 면적을 A라 하면, 축 X로부터 거리 d만큼 떨어진 동일 평면 내의 평행축 X'에 관한 관성모멘트 I_X'는 I_X와 면적 A에 평행축 간 거리 y_0의 제곱을 곱한 것의 합과 같다. 이것을 평행축(Parallel Axis Theorem)이라고 한다.

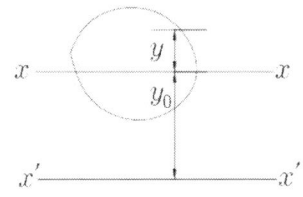

[그림 5.3 평행축정리]

$$I_x = I_x + Ay_0^2 \quad \cdots\cdots (5\text{-}2)$$

이 정리는 다음과 같이 증명할 수 있다.

$$I_X = \int_A (y+y_0)^2 dA = \int_A y^2 dA + 2y_0 \int_A y dA + y_0^2 \int_A dA \quad \cdots (5\text{-}3)$$

도심을 지나는 축에 대한 단면 1차 모멘트 값은 0이 되므로, 위 식으로 두 번째 항은 0이 되므로 정리하면 평행축 이동식에 일치하게 된다. 그러므로 평행축 이동정리식도 다음과 같이 된다.

$$k'^2 = k^2 + y_0^2 \quad \cdots\cdots (5\text{-}4)$$

여기서 k'는 평행축 X'에 대한 회전반지름이고, k는 도심을 지나는 축에 대한 회전반지름이다. 한편 I_X의 값은 $y_0 = 0$일 때 최소가 되고, y_0의 증가에 따라서 증가가 된다는 것을 알 수 있다. 따라서 최소의 관성모멘트는 도심을 지나는 축에 대한 관성모멘트가 된다.

(3) 임의 축에 관한 관성모멘트와 상승모멘트

평면도형의 도심을 지나는 X, Y축에 대한 관성모멘트 및 상승모멘트는 다음과 같다.

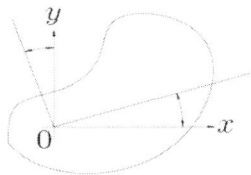

[그림 5.4 임의 축에 대한 2차 관성모멘트]

그림에서 미소면적 dA의 회전축에 대한 좌표는 다음과 같이 표시할 수 있다.

$$x_1 = x\cos\theta + y\sin\theta, \ y_1 = y\cos\theta - x\sin\theta$$

X'축에 관한 관성모멘트는

$$Ix_1 = \int_A y_1^2 dA = \int_A (y\cos\theta - x\sin\theta)^2 dA$$

$$= \cos^2\theta \int_A y^2 dA + \sin^2\theta \int_A x^2 dA - 2\sin\theta\cos\theta \int_A xy dA$$

$$= Ix\cos^2\theta + I\gamma\sin^2\theta - 2Ixy\sin\theta\cos\theta$$

다음 가법정리를 사용하면,

$$\cos^2\theta = \frac{1}{2}(1+\cos^2\theta) \quad \sin^2\theta = \frac{1}{2}(1-\cos^2\theta)$$

$$2\sin^2\theta\cos 2\theta = \sin^2\theta$$

그러므로 식은 다음과 같이 된다.

$$I_X' = \frac{I_X + I_Y}{2} + \frac{I_X + I_Y}{2}\cos 2\theta - I_{XY}\sin 2\theta \quad \cdots\cdots (5\text{-}5)$$

$$I_Y' = \frac{I_X + I_Y}{2} - \frac{I_X + I_Y}{2}\cos 2\theta - I_{XY}\sin 2\theta \quad \cdots\cdots (5\text{-}6)$$

여기서 I_{X^1}와 I_{Y^1}의 합은 다음과 같이 된다.

$$I_{X^1} + I_{Y^1} = I_X + I_Y$$

같은 방법으로 상승모멘트를 구하면

$$I_{X^1} + I_{Y^1} = \int_A x^1 y^1 dA$$

$$= \int_A (x\cos\theta + y\sin\theta)(y\cos\theta - x\sin\theta) dA$$

$$= (I_X - I_Y)\sin\theta\cos\theta + I_{XY}(\cos^2\theta - \sin^2\theta)$$

$$I_{X^1 Y^1} = \frac{I_X - I_Y}{2}\sin 2\theta + I_{XY}\cos 2\theta \quad \cdots\cdots (5\text{-}7)$$

위의 식에서 상승모멘트는 회전각 θ에 따라 변함을 알 수 있으며, $\theta=0°$일 때 $I_{X^1Y^1}=I_{XY}$가 되고 $\theta=90°$일 때 $I_{X^1Y^1}=-I_{XY}$가 된다. 따라서 그 중간 각에서 $I_{X^1Y^1}=0$으로 각 θ가 있다. 바로 이 위치에 있느 ㄴ회전축을 단면의 주축(Principal Axis of Area)이라 한다. 또 회전축이 도심에 원점을 가지면 도심주축(Centroidal Principal Axis)이라 한다. 주축에 대한 상승모멘트는 0이므로, 주축의 방향을 구하려면 $I_{X^1Y^1}=0$으로 놓고 다음과 같이 구한다.

$$\frac{I_X-I_Y}{2}\sin 2\theta + I_{XY}\cos 2\theta = 0 \quad \cdots\cdots (5\text{-}8)$$

$$\tan 2\theta = -\frac{2I_{XY}}{I_X-I_Y} \quad \cdots\cdots (5\text{-}9)$$

여기서 θ는 주축의 각을 말하며, $180°$의 간격을 두고 2θ의 두 값이 계산되므로 θ의 값은 $90°$의 간격을 두고 두 개가 있게 된다. 따라서 θ의 값을 갖는 두 직교축에 관한 관성모멘트는 최대 또는 최소가 된다.

5.3 단면계수(斷面係數)

[그림 5.5]에서 도심을 지나는 X축으로부터 도형의 상단 또는 하단에 이르는 거리를 각각 e_1, e_2라고 하자. 이때 도심을 지나는 축겡 대한관성모멘트 I_x를 거리 e_1 또는 e_2로 나누어 준 것을 이 축에 대한 단면계수(Modulus of Section ; Z)라고 하며, 단위는 차원이 L^3이므로 m^3, cm^3, mm^3 등으로 표시된다.

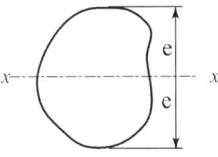

[그림 5.5 단면계수]

$$Z_1 = \frac{I_x}{e_1} \quad Z_2 = \frac{I_x}{e_2} \quad \cdots\cdots (5\text{-}10)$$

만일 도형이 대칭축으로 되었다면 그 축에 대한 단면계수는 하나만이 존재하나, 대칭이 아닐 경우에는 2개의 단면계수가 존재하게 된다.

EXERCISE 3 그림과 같은 3각형 단면에서 밑변 및 꼭지점에 대한 2차모멘트를 구하고, 단면계수도 구하라.

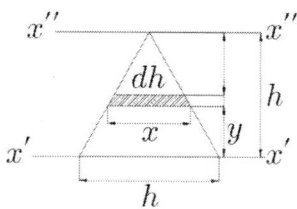

해설 : 1) 삼각형 단면 밑변을 지나는 X'축에 대한 관성모멘트는

$$x = \frac{b}{h}(h-y) \quad \therefore dA = xdy = \frac{b}{h}(h-y)dy$$

$$I_x = \int_A y^2 dA = \int_0^h y^2 \cdot \frac{b}{h}(h-y)dy = \frac{b}{h}\int_0^h (hy^2 - y^3)dy = \frac{bh^3}{12}$$

2) $x : b = y : h$

$$x = \frac{b}{h}y \quad \therefore dA = xdy = \frac{b}{h}ydy$$

$$I_x = \int_A y^2 dA = \int_0^h y^2 \cdot \frac{b}{h}ydy$$

$$= \frac{b}{h}\int_0^h y^3 dy = \frac{bh^3}{4}$$

3) 단면계수는 도심을 지나는 축에 대한 관성모멘트를 도심으로부터 상단 또는 하단까지의 거리로 나눈 것이므로,

$$Z_1 = \frac{I_x}{e_1} = \frac{\frac{hb^3}{36}}{\frac{2h}{3}} = \frac{bh^2}{24}, \quad Z_2 = \frac{I_x}{e_1} = \frac{\frac{bh^3}{36}}{\frac{h}{3}} = \frac{bh^2}{12}$$

EXERCISE 4 그림과 같은 원형단면의 단면계수를 구하라.

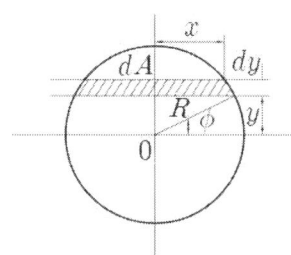

해설 : 1) 삼각형 단면 밑변을 지나는 X'축에 대한 관성모멘트는

$$x = \frac{b}{h}(h-y) \quad \therefore dA = xdy = \frac{b}{h}(h-y)dy$$

$$I_x = \int_A y^2 dA = \int_0^h y^2 \cdot \frac{b}{h}(h-y)dy = \frac{b}{h}\int_0^h (hy^2 - y^3)dy = \frac{bh^3}{12}$$

2) $x : b = y : h$

$$x = \frac{b}{h}y \quad \therefore dA = xdy = \frac{b}{h}ydy$$

$$I_x = \int_A y^2 dA = \int_0^h y^2 \cdot \frac{b}{h}ydy$$

$$= \frac{b}{h}\int_0^h y^3 dy = \frac{bh^3}{4}$$

3) 단면계수는 도심을 지나는 축에 대한 관성모멘트를 도심으로부터 상단 또는 하단까지의 거리로 나눈 것이므로,

$$Z_1 = \frac{I_x}{e_1} = \frac{\frac{hb^3}{36}}{\frac{2h}{3}} = \frac{bh^2}{24}, \quad Z_2 = \frac{I_x}{e_1} = \frac{\frac{bh^3}{36}}{\frac{h}{3}} = \frac{bh^2}{12}$$

구형단면 내용을 정리하면 다음과 같다. **(암기)**

$$I_x = \int y^2 dA, \quad I_y = \int x^2 dA$$

$$I = \int y^2 dA = 2\int_0^{\frac{h}{2}} y^2 bdy = 2b\left[\frac{y^3}{3}\right]_0^{\frac{h}{2}} = \frac{bh^3}{12} \text{(중심)}$$

$$I = \int_0^h ybdy = b\left[\frac{y^3}{3}\right]_0^h = \frac{bh^3}{3} \text{(저변)}$$

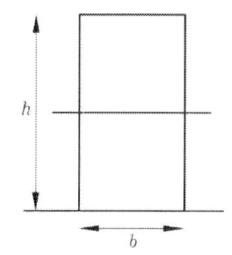

[그림 5.6 구형단면]

(1) 평행축 이동정리

$$I_{임의} = \int (y+y_0)^2 dA = \int (y^2 + 2yy_0 + y_0^2) dA$$

$$= \int y^2 dA + 2y_0 \int y dA + y_0^2 \int dA = \frac{bh^3}{12} + y_0^2 \times A$$

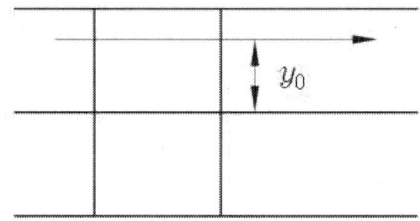

[그림 5.7 평행축 이동정리]

$$\therefore I_{임의} = I_{중심} + A y_0^2 \quad y_0 = 중심축에서 임의축까지 수직길이$$

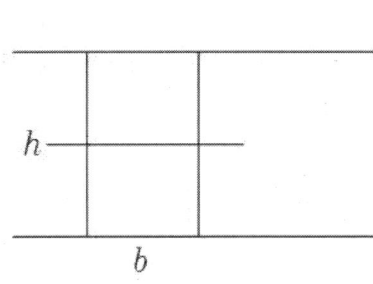

$$I_{윗변} = \frac{bh^3}{3}$$

$$I_{중심} = \frac{bh^3}{12}$$

$$I_{저변} = \frac{bh^3}{3}$$

[그림 5.8 구형 단면의 2차 관성모멘트]

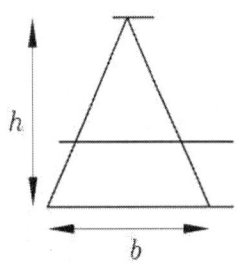

$$I_{임} = \frac{bh^3}{36} + \frac{bh}{2} \times \left(\frac{2h}{3}\right)^2 = \frac{bh^3}{4} \text{ (꼭지점)}$$

$$I_{중} = \frac{bh^3}{36} \text{ (중심)}$$

$$I_{임} = \frac{bh^3}{36} + \frac{bh}{2}\left(\frac{h}{3}\right)^2 = \frac{bh^3}{12} \text{ (저변)}$$

[그림 5.9 삼각형 단면의 2차 관성모멘트]

 면 2차 모멘트의 일반식은?

① $I_x = \int_A xy^2 dA$ ② $I_x = \int_A y^3 dA$

③ $I_x = \int_A y^2 dA$ ④ $I_x = \int_A y^2 x^2 dA$

⑤ $I_x = \int_A xy dA$

해설 : 단면2차 Moment의 일반식
$$I_x = \int_A y^2 dA, \quad I_y = \int_A x^2 dA$$

(2) 단면계수(Z=I/y)

단면계수란 단면중심의 2차 관성모멘트(I)를 중심축에서 끝단까지의 거리로 나눈 값으로 보의 강도 계산에 중요하므로 반드시 숙지하여야 하며 설계에서도 자주 언급된다.

$$Z = \frac{I}{y} = \frac{bh^3 2}{12h} = \frac{bh^2}{6} \text{(구형)}$$

$$Z = \frac{I}{y} = \frac{\pi d^4 2}{64d} = \frac{\pi d^3}{32} \text{(원형)}$$

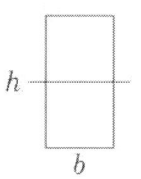
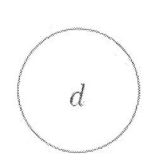

구형단면   원형단면

[그림 5.10]

5.4 극2차 관성모멘트($I_P = \int R^2 dA$)와 극단면계수($Z_P = I_P/y$)

$$I_P = \int R^2 dA = \int (x^2+y^2)dA = \int y^2 dA + \int x^2 dA = I_x + I_y$$

$$I_P = I_x + I_y$$

$$I = \frac{\pi d^4}{64} \quad I_P = \frac{\pi d^4}{32}$$

$$Z = \frac{\pi d^3}{32} \quad Z_P = \frac{\pi d^3}{16}$$

중공축   중실축

$$I = \frac{\pi(d_2^4 - d_1^4)}{64} \quad I_P = \frac{\pi(d_2^4 - d_1^4)}{32}$$

$$Z = \frac{\pi d_2^3}{32}(1-X^4) \quad Z_P = \frac{\pi d_2^3}{16}(1-X^4) \quad (단, \ X = \frac{d_1}{d_2})$$

구형 단면의 극단면계수

$$Z_P = \frac{3b + 1.8h}{b^2 h^2}$$

(1) 회전반경

한편 도형의 전체 면적이 어떠한 일정한 점에 집중하였다고 생각하고, 주어진 축에 대한 이 점의 관성모멘트의 크기가 주어진 축에 대한 분포된 면적의 관성모멘트와 같은 크기가 되는 경우, 이 점을 도형의 단면 2차중심(Center of Gyration of Area)이라고 한다. 또 단면 2차중심으로부터 주어진 축까지의 거리를 단면 2차반지름(Radius of Gyration), 회전반지름은 관성반지름이라고도 하며 k로 표기한다. 즉, 관성모멘트를 단면의 목적으로 나눈 값의 제곱근을 그 단면에 대한 회전반지름이라고 한다. 단위는 차원이 [L]이므로 $m(cm, \ mm)$ 등으로 표시된다.

$$k = \sqrt{\frac{I}{A}} \left(K_x = \sqrt{\frac{I_x}{A}}, \ K_r = \sqrt{\frac{I_r}{A}} \right) \quad \cdots\cdots\cdots\cdots\cdots\cdots\cdots\cdots\cdots\cdots\cdots\cdots\cdots\cdots \text{(5-11)}$$

위 식에서 K_x, K_y는 각각 X, Y축에 대한 회전반지름을 의미한다. 회전반경이란 2차 관성모멘트를 단면적으로 나눈 값의 이승근이다.

$$K = \sqrt{\frac{I}{A}}$$

(2) 원형단면의 회전반경

$$K = \sqrt{\frac{I}{A}} = \sqrt{\frac{\pi d^4 \times 4}{64 \times \pi d^2}} = \frac{d}{4}$$

EXERCISE 6

그림과 같은 4각형 단면에서 X 및 Y'축에 대한 2차모멘트를 구하고, 또 4각형 단면의 회전반지름 및 단면계수도 구하라.

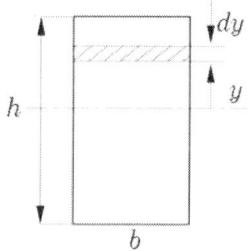

해설 : 1) 구형 단면 밑변을 지나는 X'축에 대한 관성모멘트는

$$I_x = \int_A y^2 dA = \int_0^h y^2 b\,dy = b \left\{ \frac{y^3}{3} \right\}_0^h = \frac{bh^3}{3}$$

2) 도심을 지나는 X축에 대한 관성모멘트는

$$I_x = \int_A y^2 dA = \int_{\frac{h}{2}}^{\frac{h}{2}} y^2 b\,dy = b \left[\frac{y^3}{3} \right]_{\frac{h}{2}}^{\frac{h}{2}} = \frac{bh^3}{12}$$

또는 $I_x = 2 \int_0^{\frac{h}{2}} y^2 b\,dy = \dfrac{bh^3}{12}$

3) 단면계수는

$$Z_x = \frac{I_x}{e_1} = \frac{bh^3}{12} \times \frac{h}{2} = \frac{bh^2}{6}$$

같은 방법으로 Y축에 대해서도 구할 수 있다.

5.5 단면의 관성상승모멘트(Product of Inertia)

평면도형 내의 미소면적 dA에서 X, Y축까지의 거리 x, y의 상승 적을 그 단면의 관성상승모멘트(Product of Inertia) I_{XY}라 한다.

$$I_{XY} = \int_A xy\,dA \quad \cdots\cdots (5-12)$$

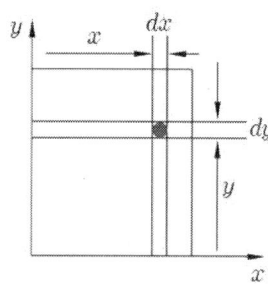

[그림 5.12 단면의 관성상승모멘트]

여기서 두 축 중 어느 한 축이라도 대칭이 있으면, 그 축에 대한 상승모멘트는 0이 된다. 임의 미소단면적 dA에 대하여 대칭 위의 미소면적 dA가 반드시 존재하므로 각 요소의 상승모멘트는 상쇄되기 때문이다.

$$I_{XY} = \int_A xy\,dA = \int_0^{+x} xy\,dA + \int_{-x}^0 -xy\,dA = 0$$

이와 같이 도형의 도심을 지나고 $Ixy = 0$가 되는 직교축을 그 단면의 주축(Principal Axis)이라 한다. 그러므로 도형의 대칭축에 대한 상승모멘트는 반드시 0이 되고, 그 축은 주축이 된다. 또한 도심을 지나고 대칭축에 직각인 축도 주축이 된다. 관성상승모멘트의 평행축 정리는 다음과 같이 된다.

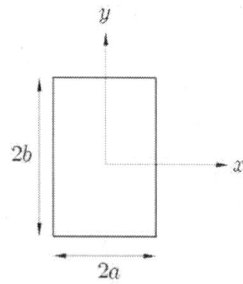

[그림 5.13 평행축 이동정리]

$$I_{XY} = \int_A (x+a)(y+b)dA$$

$$= \int_A xy dA + b\int_A x dA + a\int_A y dA + ab\int_A dA$$

여기서 $\int_A xy dA$는 도심축에 관한 면적의 관성상승모멘트이고 $\int_A y dA$ 및 $\int_A x dA$는 도심 축에 대한 면적 A의 단면 1차 모멘트이므로 0이 된다.

따라서
$$I_{XY} = I_{XY} + abA \quad \cdots\cdots\cdots (5\text{-}13)$$

축, 도심축 X, Y축에 각각 평행하게 a, b만큼 떨어져 있는 X', Y'축에 대한 관성상승모멘트를 구하려면, 그 단면의 도심축에 관한 관성상승모멘트와 이 면적에 도심축으로부터 이동된 거리인 a, b를 곱한 것의 합과 같다.

EXERCISE 7

그림과 같은 4각형의 평면도형에서 두 축 X', Y'에 대한 관성상승모멘트 I_{XY}를 구하라.

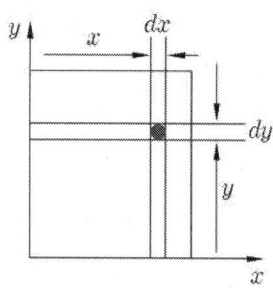

해설 : X, Y축은 대칭축이므로, $I_{XY} = 0$

$$I_{XY'} = I_{XY} + abA = abA$$
$$= \left(\frac{b}{2}\right)\left(\frac{h}{2}\right)(bh) = \frac{b62h^2}{4} = \frac{A^2}{4}$$

또는 다른 식을 이용하여 구할 수도 있다.

$$Ixy = \int_A xy dA = \int_0^b \int_0^h xy dx dy$$
$$= \int_0^b \int_0^h x dy = \left[\frac{x}{2}\right]_0^b \left[\frac{y^2}{2}\right]_0^h$$
$$= \left(\frac{b^2}{2}\right)\left(\frac{h^2}{2}\right) = \frac{b62h^2}{4} = \frac{A^2}{4}$$

구형 단면에서 평행축이 이동정리를 이용하여 중심축에서의 단면상승모멘트를 구하면,

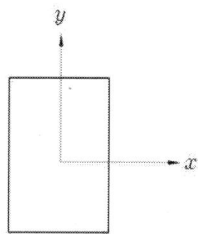

$$I_{xy} = I_{xy(중)} + Aab$$

$$\frac{b^2h^2}{4} = I_{xy(중)} + bh \cdot \frac{b}{2} \cdot \frac{h}{2}$$

그러므로 중심축에서의 단면상승 모멘트는 "0"이다.

EXERCISE 8

그림과 같은 L형 단면의 X, Y 축에 대한 관성상승모멘트 I_{XY}를 구하라.

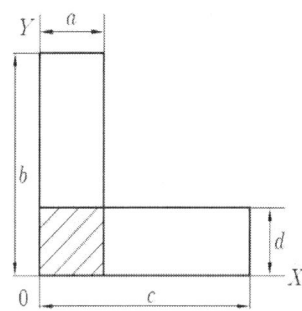

해설 : 두 도형으로 나누어서 각각을 구한 후 합하여 준다.

$$I_{XY_{\rm I}} = \int_0^b \int_0^a xy\,dx\,dy = \int_0^b x\,dx \int_0^a y\,dy = \left[\frac{x^2}{2}\right]_0^b \left[\frac{y^2}{2}\right]_0^a = \frac{a^2 b^2}{4}$$

$$I_{XY_{\rm II}} = \int_0^d \int_0^c xy\,dx\,dy = \int_0^d x\,dx \int_0^c y\,dy = \left[\frac{x^2}{2}\right]_0^d \left[\frac{y^2}{2}\right]_0^c = \frac{d^2 c^2}{4} - \frac{d^2 a^2}{4}$$

$$\therefore I_{XY} = I_{XY_{\rm I}} + I_{XY_{\rm II}} = \frac{a^2 b^2}{4} + \frac{d^2 c^2}{4} - \frac{a^2 d^2}{4} = \frac{1}{4}(a^2 b^2 + d^2 h^2 - a^2 d^2)$$

따라서 $a \times b$와 $d \times c$의 4각형의 상승모멘트의 합에서 중복된 $a \times d$의 4각형 상승모멘트를 뺀 것과 같다.

EXERCISE 9

반지름이 r인 원형 단면의 극단면 2차 모멘트는?

① $\dfrac{\pi r^4}{4}$ ② $\dfrac{\pi r^4}{2}$ ③ $\dfrac{\pi r^4}{16}$

④ $\dfrac{\pi r^4}{32}$ ⑤ $\dfrac{\pi r^4}{64}$

해설 : 극단면 2차 Moment : I_p

원형의 $I_p = \dfrac{\pi d^4}{32}$ 에서

$$= \frac{\pi \times (2r)^4}{32} = \frac{16\pi r^4}{32} = \frac{\pi r^4}{2}$$

EXERCISE 10 바깥지름 $d_2 = 2\,cm$, 안지름 $d_1 = 1\,cm$인 중공 측 단면의 단면 2차 극모멘트 I_P를 구한 값은?

① $0.368\,cm^4$ ② $1.47\,cm^4$ ③ $1.37\,cm^4$
④ $2.94\,cm^4$ ⑤ $3.36\,cm^4$

해설 : $I_P = \dfrac{\pi(d_2^4 - d_1^4)}{32} = \dfrac{\pi(2^4 - 1^4)}{32} = 1.47\,cm^4$

EXERCISE 11 지름 $5\,cm$의 원형 단면의 단면계수는?

① $12.3\,cm^3$ ② $15.4\,cm^3$ ③ $16.2\,cm^3$
④ $17.1\,cm^3$ ⑤ $22\,cm^3$

해설 : $Z = \dfrac{\pi d^3}{32} = \dfrac{\pi \times 5^3}{32} = 12.27 = 12.3$

EXERCISE 12 단면 지름이 $16\,cm$인 도형의 단면 중립축에 대한 회전반경은?

① $16\,cm$ ② $8\,cm$ ③ $4\,cm$
④ $2\,cm$ ⑤ $1\,cm$

해설 : K(회전반경)$= \sqrt{\dfrac{I}{A}}$ 에서 원형의 $I = \dfrac{\pi d^4}{64}$,

원형의 $A = \dfrac{\pi d^2}{4}$

$K = \dfrac{d}{4} = \dfrac{16}{4} = 4\,cm$ $K = \dfrac{d}{4}$ (원형 단면)

EXERCISE 13

그림과 같은 4원분의 0점에 대한 극관성 모멘트는 얼마인가?
(단, 반경은 R)

① $\dfrac{\pi R^4}{2}$ ② $\dfrac{\pi R^4}{4}$

③ $\dfrac{\pi R^4}{6}$ ④ $\dfrac{\pi R^4}{8}$

⑤ $\dfrac{\pi R^4}{12}$

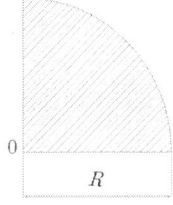

해설 : I_P(극단면 2차 관성 모멘트) $= I_x + I_Y$

$$I_P = \dfrac{\pi d^4}{64} \times \dfrac{1}{4} \times 2 = \dfrac{\pi(2R)^4}{64} \times \dfrac{1}{2} = \dfrac{\pi R^4}{8}$$

EXERCISE 14

다음 그림과 같은 4원분의 도심 G를 지나는 수평축 X에 관한 단면 2차 모멘트를 구하여라.

① $0.549r^4$ ② $0.0549r^4$

③ $0.529r^4$ ④ $0.00549r^4$

⑤ $0.0529r^4$

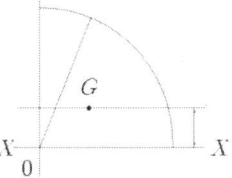

해설 : $I_\text{임} = I_\text{중} + Ay_0$ 에서 $I_\text{중} = I_\text{임} - Ay_0^2$

$$\therefore I_\text{임} = \dfrac{\pi(2r)^4}{64} \times \dfrac{1}{4} - \dfrac{\pi(2r)^2}{4} \times \dfrac{1}{4} \times \left(\dfrac{4r}{3\pi}\right)^2 = r^4$$

$$\left(\dfrac{\pi}{16} - \dfrac{4}{9\pi}\right) = 0.0549 r^4$$

재료역학 127

EXERCISE 15 그림과 같은 도형 X축에 대한 단면 2차 모멘트를 구하여라.
(단, X축은 도심을 지난다).

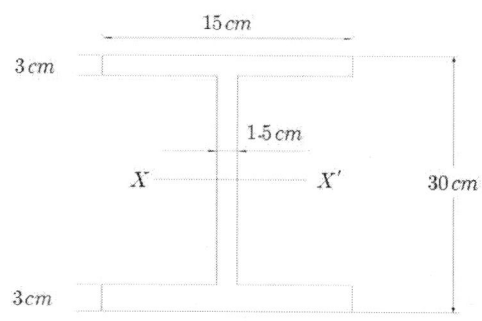

① $18198\,cm^4$ ② $14229\,cm^4$ ③ $11210\,cm^4$

④ $15300\,cm^4$ ⑤ $16000\,cm^4$

해설 : 단면 2차 Moment
$$I = \frac{15 \times 30^3}{12} - \frac{13.5 \times 24^3}{12} = 18,198\,cm^4$$

EXERCISE 16 지름 d인 원의 접선에 대한 단면 2차 모멘트를 구하여라.

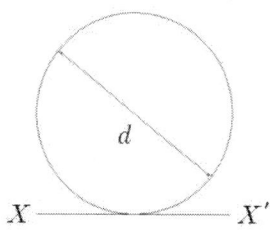

① $I_x = \dfrac{5\pi d^4}{64}$ ② $I_x = \dfrac{3\pi d^4}{64}$ ③ $I_x = \dfrac{\pi d^4}{32}$

④ $I_x = \dfrac{7\pi d^4}{64}$ ⑤ $I_x = \dfrac{5\pi d^4}{32}$

해설 : 평행축 이동정리
$$I_{임의의 축} = I_{중심축} + Ay^2$$
$$= \frac{\pi d^4}{64} + \frac{\pi d^2}{4}\left(\frac{d}{2}\right)^2 = \frac{5\pi d^4}{64}$$

EXERCISE 17 다음 도형의 xy축에 관한 단면상승 모멘트를 구하여라.

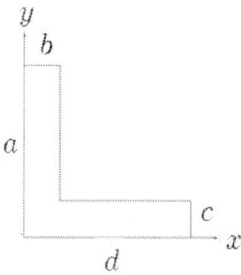

해설 : xy축에 접하게 구형 단면으로 하면

ab단면에서 $I_{xy} = \dfrac{a^2 b^2}{4}$, cd단면에서 $I_{xy} = \dfrac{c^2 d^2}{4}$,

bc단면에서 $I_{xy} = \dfrac{b^2 c^2}{4}$

그러므로 전체 2차 관성모멘트는

$$I_{xy} = \dfrac{a^2 b^2}{4} + \dfrac{c^2 d^2}{4} - \dfrac{b^2 c^2}{4}$$

EXERCISE 연습문제

01 다음 그림과 같이 1변의 길이 20cm의 정방형에서 직경을 10cm로 한 원의 면적을 뺀 빗금부분의 도심의 위치를 구하여라.

① 6.78
② 7.78
③ 8.78
④ 9.78
⑤ 11.22

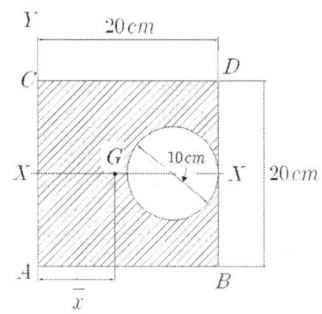

1.
$$\bar{x} = \frac{\sum A\bar{x}}{\sum A}$$
$$= \frac{20^2 \times 10 - \dfrac{\pi \times 10^2}{4} \times 15}{20^2 - \dfrac{\pi \times 10^2}{4}}$$
$$= 8.78 cm$$

02 그림과 같이 큰 원의 반경을 직경으로 하는 원의 면적을 뺀 나머지 면적에 대한 도심을 구하여라.

① $\dfrac{5}{6}R$
② $\dfrac{7}{6}R$
③ $\dfrac{8}{6}R$
④ $\dfrac{7}{8}R$
⑤ $\dfrac{4}{3}R$

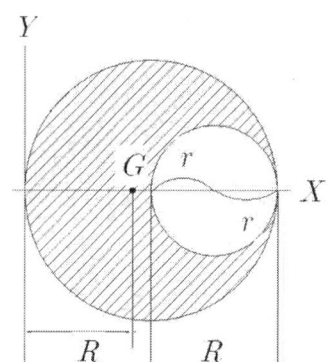

2.
$$\bar{x} = \frac{\sum A\bar{x}}{\sum A}$$
$$= \frac{\pi R^2 \times R - \pi \left(\dfrac{R}{2}\right)^2 \times \left(R + \dfrac{R}{2}\right)}{\pi R^2 - \pi \left(\dfrac{R}{2}\right)^2}$$
$$= \frac{\pi R^3 - \dfrac{3\pi R^3}{8}}{\pi R^2 - \dfrac{\pi R^2}{4}}$$
$$= \frac{\dfrac{5}{8}\pi R^3}{\dfrac{3}{4}\pi R^2}$$
$$= \frac{5}{6}R$$

03 다음 그림과 같은 반지름 R인 반원의 도심 G를 구하여라.

① $\dfrac{R}{3\pi}$ ② $\dfrac{R}{4\pi}$
③ $\dfrac{2R}{3\pi}$ ④ $\dfrac{R}{3\pi}$
⑤ $\dfrac{4R}{3\pi}$

3.
$$\bar{x} = \frac{4R}{3\pi}$$

정답 1. ③   2. ①   3. ⑤

04 다음 그림과 같은 사다리꼴 단면에 x축에 대한 단면 2차 모멘트를 구하여라.

① $\dfrac{h^3}{12}(3a+b)$

② $\dfrac{a^3}{6}(3h+b)$

③ $\dfrac{b^3}{12}(3a+b)$

④ $\dfrac{h^3}{6}(3a+b)$

⑤ $\dfrac{h^3}{8}(3a+b)$

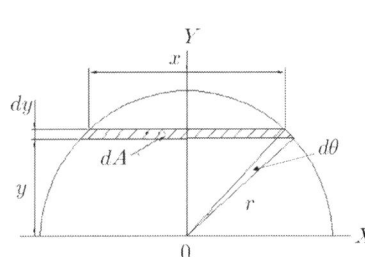

4.
$$I_x = \dfrac{ah^3}{4} + \dfrac{bh^3}{12}$$
$$= \dfrac{h^3}{12}(3a+b)$$

05 반지름 r인 반원의 단면의 축 X에 관한 단면2차 모멘트를 구하여라.

① $\dfrac{\pi d^4}{64}$

② $\dfrac{\pi d^4}{32}$

③ $\dfrac{\pi R^4}{64}$

④ $\dfrac{\pi R^4}{128}$

⑤ $\dfrac{\pi d^4}{128}$

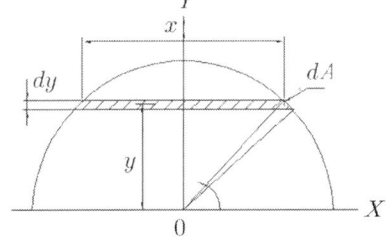

5.
$$I_x = \dfrac{\pi d^4}{64} \times \dfrac{1}{2} = \dfrac{\pi d^4}{128}$$
$$= \dfrac{\pi r^4}{8}$$

정답 4. ① 5. ⑤

06 다음 설명 중 틀린 것은 어느 것인가?
① 단면 2차 모멘트의 단위는 cm^4 이다.
② 삼각형의 도심은 밑변에서 1/3 높이의 위치에 있다.
③ 단면계수는 도심축에 대한 단면 2차 모멘트를 연거리로 나눈 값이다.
④ 회전반경은 도심축에 대한 단면 2차 모멘트를 단면적으로 나눈 값이다.
⑤ 단면계수의 1차 관성모멘트의 차원은 같다.

07 다음 중에서 그 값이 항상 0이 되는 것은 어느 것인가?
① 구형 단면의 회전반경
② 원형 중심축의 단면계수
③ 도심축에 관한 단면 1차 모멘트
④ 도심축에 관한 단면 2차 모멘트
⑤ 원형저변축의 2차 관성모멘트

08 폭×높이 = $b \times h = 6 \times 12\,cm$ 의 구형 단면의 저변에 대한 단면 2차 모멘트는 얼마이겠는가?
① $288\,cm^4$ ② $1152\,cm^4$
③ $3456\,cm^4$ ④ $13824\,cm^4$
⑤ $14976\,cm^4$

8.
$$I = \frac{bh^2}{3} = \frac{6 \times 12^3}{3} = 3456\,cm^2$$

09 폭×높이 = $b \times h = 8 \times 12\,cm$ 인 삼각형 도형의 저변에 대한 단면 2차 모멘트는 얼마이겠는가?
① 1152   ② 4608
③ 1536   ④ 9216
⑤ 73728

9.
$$I = \frac{bh^3}{12} = \frac{8 \times 12^3}{12} = 1152\,cm^4$$

10 바깥지름 $d_2 = 2cm$, 안지름 $d_1 = 1cm$인 중공 축 단면 2차 극 모멘트 I_p를 구한 값은?

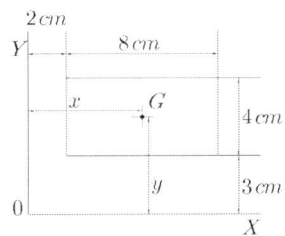

① $0.368cm^4$ ② $1.47cm^4$
③ $1.37cm^4$ ④ $2.94cm^4$
⑤ $3.36cm^4$

11 지름 5cm인 원형 단면의 단면계수는?
① $12.3cm^3$ ② $15.4cm^3$
③ $16.2cm^3$ ④ $17.1cm^3$
⑤ $22cm^3$

12 단면 지름이 16cm인 도형의 단면 중립축에 대한 회전반경은?

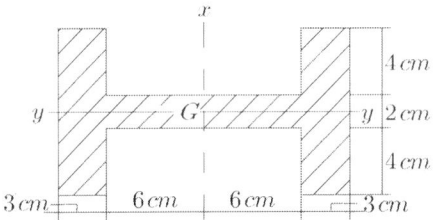

① 16cm ② 8cm
③ 4cm   ④ 2cm
⑤ 1cm

10.
$$I_x = \frac{8 \times 4^3}{12} + 8 \times 4 \times 5^2$$
$$= 842.7 cm^4$$
$$I_y = \frac{4 \times 8^3}{12} + 4 \times 8 \times 6^2$$
$$= 1322.7 cm^4$$
$$\therefore I_y - I_x = 480 cm^4$$

11.
$$I_p = \frac{\pi d^4}{32}$$
$$d = \sqrt[4]{\frac{32 I_p}{\pi}} = \sqrt[4]{\frac{32 \times 600}{\pi}}$$
$$= 8.8 cm$$
$$Z_p = \frac{I_p}{\frac{d}{2}} = \frac{2 \times 600}{8.8}$$
$$= 135.7 cm^3$$

12.
$$Z = \left(\frac{10 \times 18^3}{12} - \frac{4 \times 12^3}{12} \times 2\right)/9$$
$$= 412$$

정답 10. ⑤ 11. ④ 12. ②

13 다음 그림과 같이 직경 d인 원형단면에서 최대단면계수를 갖는 구형 단면을 얻으려면 폭 b와 높이 h의 비를 얼마로 하면 되겠는가?

① $1 : 1$
② $1 : \sqrt{2}$
③ $1 : \sqrt{3}$
④ $1 : 2$
⑤ $\sqrt{3} : \sqrt{2}$

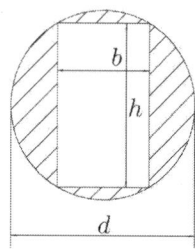

13.
$b^2 + h^2 = d^2,\ h^2 = d^2 - b^2$

$z = \dfrac{bh^2}{6} = \dfrac{b(d^2 - b^2)}{6} = \dfrac{bd^2}{6} - \dfrac{b^3}{6}$

$\dfrac{dz}{db} = 0$일 때

z(단면계수)는 최대치이므로

$\dfrac{dz}{db} = \dfrac{d^2}{6} - \dfrac{3b^2}{6} = 0$

그러므로

$b = \dfrac{d}{\sqrt{3}},\ h = \sqrt{\dfrac{2}{3}}\,d$

$b : h = 1 : \sqrt{2}$

14 단면계수에 대한 다음 설명 중 틀린 것을 골라라.
① 차원은 길이의 3승이다.
② 평면도형의 도심축에 대한 단면 2차 모멘트를 도심에서 외단까지의 거리로 나눈 값이다.
③ 평면도형의 도심축에 대한 단면 2차 모멘트와 면적을 서로 곱한 것을 말한다.
④ 대칭도형의 단면계수의 값은 하나밖에 없다.
⑤ 굽힘응력과 단면계수는 반비례한다.

15 다음 그림과 같은 도형의 X, Y축에 관한 단면 상승 모멘트 I_{xy}를 구하여라.

① $\dfrac{b^2 c^2}{4} + \dfrac{a^2 d^2}{4} - \dfrac{c^2 d^2}{4}$
② $\dfrac{b^2 d^2}{4} + \dfrac{a^2 d^2}{4} - \dfrac{b^2 c^2}{4}$
③ $\dfrac{a^2 d^2}{4} + \dfrac{c^2 d^2}{4} - \dfrac{b^2 c^2}{4}$
④ $\dfrac{a^2 b^2}{12} - \dfrac{(a-c)^2 (b-d)^2}{12}$
⑤ $\dfrac{a^2 b^2 - c^2 d^2}{12}$

정답 13. ② 14. ③ 15. ①

16 그림(a)와 같은 도형의 X, Y축에 관한 단면 상승 모멘트 I_{xy}를 구하여라.

① $\dfrac{hb^3}{12}$

② $\dfrac{bh^3}{12}$

③ $\dfrac{b^2h^2}{6}$

④ $\dfrac{b^2h^2}{3}$

⑤ $\dfrac{b^2h^2}{4}$

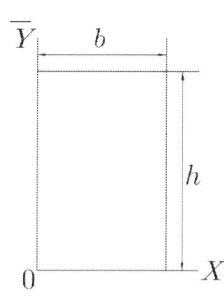

16.

$I_{xy} = \dfrac{b^2h^2}{4}$

17 단면의 주축에 관한 설명 중 옳은 것은?
① 주축에서는 단면 상승 모멘트가 최대이다.
② 주축에서는 단면 상승 모멘트가 최소이다.
③ 주축에서는 단면 상승 모멘트가 0이다.
④ 주축에서는 단면 2차 모멘트가 0이다.
⑤ 주축에서는 단면 2차 모멘트가 최대이다.

정답 16. ⑤   17. ③

18 다음 그림과 같은 단면을 가진 정사각형의 한 변의 길이가 a이고, 도심을 지나는 $X-Y$축에 대한 단면 2차 모멘트 I_x를 구하여라.

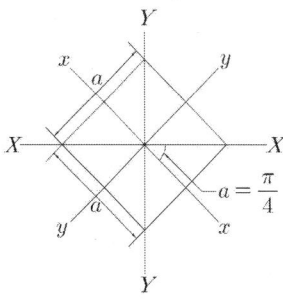

① $\int (y\cos^2 a - x\sin^2 a)dA = \dfrac{a^4}{12}$

② $\int (y\cos a - x\sin a)dA = \dfrac{a^4}{12}$

③ $\int (y\cos a - x\sin a)^2 dA = \dfrac{a^4}{12}$

④ $\int (y^2\cos a - x^2\sin a)dA = \dfrac{a^4}{12}$

⑤ $\int (y^2\cos a - x^2\sin a)^2 dA = \dfrac{a^4}{12}$

18.
$$I = \dfrac{\sqrt{2}a\left(\dfrac{\sqrt{2}}{2}a\right)^3}{12} \times 2 = \dfrac{a^4}{12}$$

19 다음 그림과 같은 사각형의 한 꼭지점 0를 지나는 주축의 방향을 정하는 $\tan 2\theta$의 값은 다음 중 어느 것인가?

① $\dfrac{3bh}{2(b^2-h^2)}$

② $\dfrac{bh}{2(b^2-h^2)}$

③ $\dfrac{bh}{b^2-h^2}$

④ $\dfrac{3bh}{b^2-h^2}$

⑤ $\dfrac{bh(b^2-h^2)}{3}$

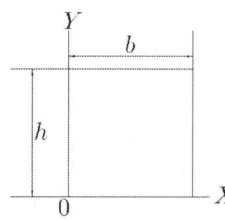

19.
$$I_x = \dfrac{bh^3}{3} \quad I_y = \dfrac{hb^3}{3}$$

$$I_{xy} = \dfrac{b^2h^2}{4}$$

$$\tan 2\theta = \dfrac{-2I_{xy}}{I_x - I_y} = \dfrac{-2\dfrac{b^2h^2}{4}}{\dfrac{bh^3}{3} - \dfrac{hb^3}{3}}$$

$$= \dfrac{-3bh}{2(h^2-b^2)} = \dfrac{3bh}{2(b^2-h^2)}$$

정답 18. ③   19. ①

06. 비틀림

6.1 비틀림의 개요

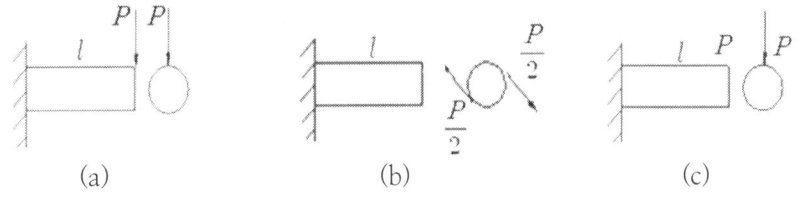

[그림 6.1 굽힘과 비틀림]

그림 A는 $P \times l$의 굽힘모멘트만 받는 축으로서 $M = P \times l$이고 그림(c)는 $\frac{P}{2} \times R \times 2$의 비틀림모멘트만 받는 축으로서 $T = PR$이고 그림(c)는 굽힘과 비틀림이 동시에 작용하는 축이다. 그러므로 동일한 하중을 받는다면 안전하기 위해서는 그림(c)의 축의 직경이 가장 커야 할 것이다.

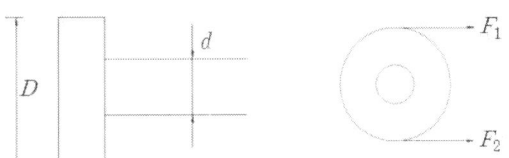

[그림 6.2 벨트에서의 하중]

다음의 풀리를 돌리기 위해서는 벨트에서 F_1과 F_2당겨야 마찰에 의해 회전을 할 것이며 시계방향으로 돌리면 F_1이 F_2보다 커야 한다. 그러므로

$T = PR = (F_1 - F_2)\frac{D}{2}$ 이며 굽힘하중은 $F_1 + F_2$의 합력이 작용한다.

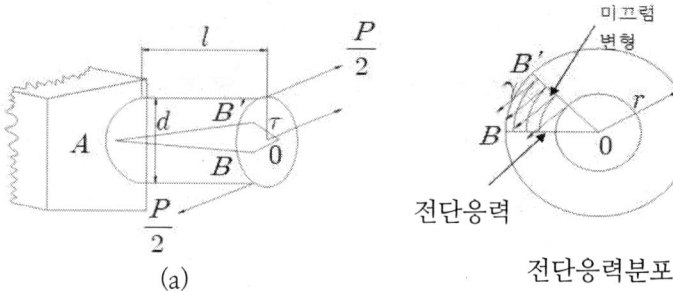

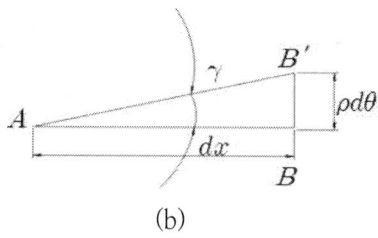

[그림 6.3 비틀림과 응력분포]

$$\tan r = \frac{\rho d\theta}{dx} = p d\theta \quad 여기서 \quad d\varnothing = \frac{d\theta}{dx} \quad (상수)$$

$$r = \frac{P}{A} 에서 \quad dP = \tau \cdot dA$$

위의 식을 정리하면

$$r = \rho \cdot d\theta \qquad \tau = G\gamma \qquad dM = dP \cdot \rho$$

$$T = \int dM = \int dP\rho = \int \tau dA\rho = \int G\gamma dA\rho = \int G\rho d\varnothing \rho dA$$

$$= Gd\varnothing \int \rho^2 dA = Gd\varnothing I_p$$

$$d\varnothing = \frac{T}{GI_p} = \frac{d\theta}{dx}$$

$$\theta = \frac{Tl}{GI_p} rad \times \frac{180}{\pi} \qquad \tau = \frac{T}{Z_p} \quad \cdots\cdots\cdots\cdots\cdots\cdots\cdots\cdots\cdots\cdots\cdots\cdots\cdots (6-1)$$

$$T = PR = \tau Z_P = 71620 \frac{HP}{N} = 97400 \frac{H_{kw}}{N} kg \cdot cm$$

$$1PS = 75 kgm/s \qquad 1kW = 102 kg \cdot m/s$$

$$T = \frac{102H_{kw}}{\omega} = \frac{102H_{kw}}{\frac{2\pi N}{60}} = \frac{102 \times 60 H_{kw}}{2\pi N} = 974 \frac{H_{kw}}{N} \, kg \cdot m$$

$$= 974 \frac{H_{kw}}{N} \times 9.8 \, N \cdot m = \frac{1000kW}{\omega} = \frac{60 \times 1000 kW}{2\pi N} \quad \cdots\cdots\cdots\cdots (6\text{-}2)$$

EXERCISE 1

같은 재료의 원형 중실축의 지름이 두 배로 되면 비틀림 강도는 몇 배로 커지는가?

① 2배　　　　　　② 4배　　　　　　③ 6배
④ 8배　　　　　　⑤ 16배

해설 : $T = \tau Z_P$ 에서

$$T_1 = \tau_1 \frac{\pi d^3}{16}, \quad T_2 = \tau_2 \frac{\pi (2d^3)}{16} \quad \therefore \quad \frac{\tau_1}{\tau_2} = \frac{\frac{16T}{\pi d^3}}{\frac{16T}{8\pi d^3}} = 8$$

EXERCISE 2

지름 d_1인 전동축의 동력을 지름 d_2의 축에 $\frac{1}{8}$로 감속시켜서 전달하려면 d_2는 d_1의 몇 배이어야 하는가? (단, 양축의 허용전단응력은 같다.)

① 1.2　　　　　　② 1.5　　　　　　③ 2
④ 2.5　　　　　　⑤ 3.5

해설 : $T_1 = 716.2 \frac{HP}{N} = \tau \frac{\pi d_1^3}{16}$

$T_2 = 716.2 \frac{8HP}{N} = \tau \frac{\pi d_2^3}{16}$

$\therefore \quad \frac{d_2}{d_1} = \sqrt[3]{8} = 2$

회전수가 많아지면 d는 적어진다.
예) $d_1 \to d_2$가 3배 증가, N은 27배 감속

 연강(Mild Steel)을 파단될 때까지 비틀었을 때 파단형태는 다음 중 어느 것인가?

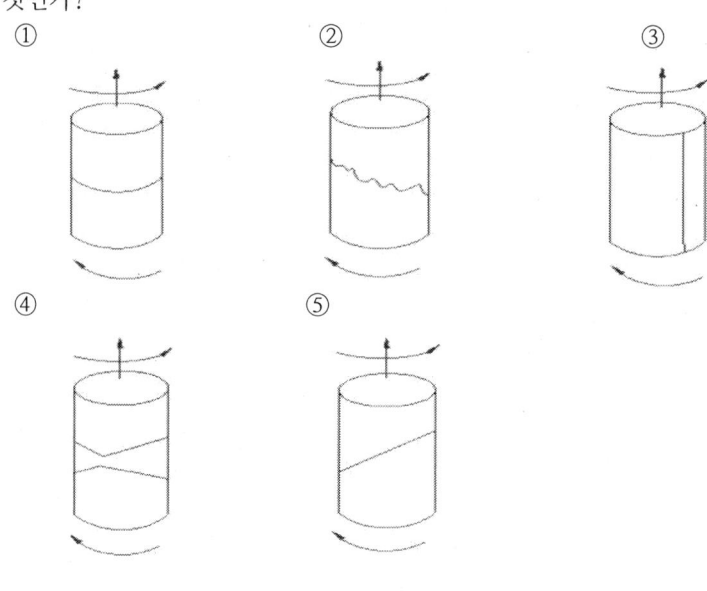

 해설 :

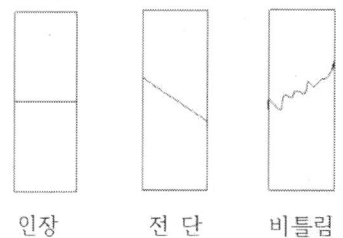

EXERCISE 4

동일 재료로 만들 길이 l, 지름 d인 축 A와 길이 $2l$, 지름 $2d$인 B축을 같은 각도 만큼 비틀림 변형시키는 데 필요한 비틀림 모멘트의 비 T_A/T_B의 값은 다음중 어느 것인가?

① 1/4　　　　　　　② 1/8　　　　　　　③ 1/16
④ 1/32　　　　　　　⑤ 1/64

해설 : $\theta = \dfrac{Tl}{GI_p}$ 에서

$$T_A = \frac{\theta \cdot G \cdot \pi d^4}{32l} \quad T_B = \frac{\theta G \pi 16 d^4}{64l}$$

$$\frac{T_A}{T_B} = \frac{\dfrac{\theta G \pi d^4}{32l}}{\dfrac{\theta G \pi 16 d^4}{64l}} = \frac{64}{16 \times 32} = \frac{1}{8}$$

EXERCISE 5

길이 314cm, 원형 단면축의 지름이 40mm일 때 이 축의 끝에 100J의 비틀림 모멘트를 받는다면 이때의 비틀림각은?
(단, 전단탄성계수 G=80GPa이다.)

① 0.25°　　　　　　② 0.015°　　　　　　③ 0.156°
④ 0.894°　　　　　　⑤ 0.15°

해설 : $\theta = \dfrac{T}{G}\dfrac{l}{I_P}\dfrac{180}{\pi} = \dfrac{100 \times 3.14 \times 180 \times 32}{80 \times 10^9 \times \pi \times 0.04^4 \times \pi} = 0.895°$

EXERCISE 6

직경이 6cm인 축이 길이 1m당 1°의 비틀림각이 생기고 매분 300 회전할 때의 전달마력(PS)은? (단, G=80GPa)

① 26　　　　　　　② 46　　　　　　　③ 76
④ 95　　　　　　　⑤ 120

해설 : $\theta = \dfrac{Tl \, 180}{GI_P \pi}$ 에서

$$T = \frac{\theta GI_P \pi}{180 \, l} = \frac{1 \times 80 \times 10^9 \times \pi \times 0.06^4 \times \pi}{180 \times 1 \times 32} = 1776.53 \, J$$

$T = 716.2 \dfrac{PS}{N} \times 9.8$ 에서

$$PS = \frac{TN}{716.2 \times 9.8} = \frac{1776.53 \times 300}{716.2 \times 9.8} = 75.9 \, PS$$

EXERCISE 7

다음 설명 중 옳지 않은 것은?
① 삼각형의 도심은 밑변에서 1/3 높이에 있다.
② 회전반경은 단면 2차 모멘트를 면적으로 나눈 값이다.
③ 단면 2차 모멘트는 길이의 4승의 차원을 갖는다.
④ 단면계수는 단면 2차 모멘트를 단면의 중심축에서 제일 먼 연직거리로 나눈 값이다.
⑤ 원형단면의 회전반경은 d/4이다.

해설 : 회전반경(K)는 $\sqrt{\dfrac{I}{A}}$ 이다.
해답 ②

6.2 비틀림 탄성에너지

탄성한도 내에서 축이 비틀림을 받으면 비틀림을 받는 축은 토크에 의하여 생긴 에너지를 축 속에 저장시킨다. 이 에너지를 변형에너지 또는 탄성에너지라 한다. 직경 d, 길이가 l인 원형축이 비틀림 모멘트 T를 받아 ϕ만큼 비틀려 졌다면, 이때 T가 축에 한 일과 비틀림으로 인한 탄성에너지는 [그림 6.4]에 나타낸 것과 같이 $T-\phi$선도로 표시할 수 있다. 이 그림에서 삼각형 AOB의 면적은 축에 저장된 전체 탄성에너지의 양을 말하며 다음과 같이 된다.

$$U_1 = \frac{1}{2} T\phi$$

여기서 $\phi = \dfrac{Tl}{GI_P}$ 이므로

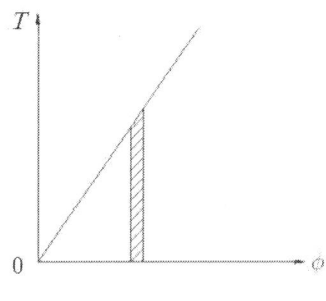

[그림 6.4 $P-\phi$ 선도]

$$U_t = \frac{T^2 l}{2GI_P} \quad\quad\quad\quad\quad\quad\quad\quad\quad\quad\quad\quad\quad\quad\quad (6-3)$$

이 축이 원형단면인 경우 $T = \dfrac{\pi d^3}{16}\tau$, $I_P = \dfrac{\pi d^3}{32}$ 을 대입하면

$$U_t = \frac{(\frac{\pi d^3}{16}\tau)^2 l}{2G(\frac{\pi d^4}{32})} = \frac{\tau^2}{4G} \cdot \frac{\pi d^2}{4} l = \frac{\tau^2}{4G} Al \quad\quad\quad\quad\quad (6-4)$$

그러므로 단위체적당 탄성에너지 u는 다음과 같이 된다.

$$u = \frac{\tau^2}{4G}$$

이 결과, 비틀림에 의한 탄성에너지는 인장, 압축을 받아 저장할 수 있는 탄성에너지 의 $\frac{1}{2}$이 됨을 알 수 있다. 속빈 원형축의 경우 내경을 d_i, 외경을 d_0라 하면

$$T = \frac{\pi(d_0^4 - d_i^4)}{16 d_0}\tau, \quad I_P = \frac{\pi(d_0^4 - d_i^4)}{32}$$를 비틀림 에너지 식에 대입하면

$$U_t = \frac{\left[\dfrac{\pi(d_0^4 - d_i^4)}{16 d_0}\right]^2 \times l}{2G \cdot \dfrac{\pi(d_0^4 - d_i^4)}{32}}$$

$$= \frac{(d_0^2 + d_i^2)\tau^2}{4G d_0^2} \cdot \frac{\pi}{4}(d_0^2 - d_i^2)l$$

$$= \frac{\tau^2}{4G}\left[1 + \left(\frac{d_i}{d_0}\right)^2\right] \cdot \frac{\pi}{4}(d_0^2 - d_i^2)l$$

단위 체적 당 변형에너지는

$$U_t = \frac{\tau^2}{4G}\left[1 + \left(\frac{d_i}{d_0}\right)^2\right]$$ 이 됨을 알 수 있다.

6.3 스프링

비틀림 이론의 한 응용예로 나선형 밀착 코일스프링(Coil Spring)을 들 수 있다. 스프링은 하중의 에너지 저축용으로 자주 쓰이는 기계요소로서, 기본적인 비틀림의 개념을 이용하여 스프링의 응력과 처짐을 계산할 수 있다. 그림과 같이 코일스프링에 축방향으로 인장하중 P가 작용할 때, 코일의 평면이 나선의 축에 거의 수직하다고 하면, 코일의 소선 위에는 수직하중 P와 우력 T = PR이 작용한다. 스프링의 직경을 D, 스프링 소선의 직경을 d라 하면 스프링의 최대비틀림응력 τ_{max} 는 다음과 같다.

여기서 τ_1 은 우력에 의해 발생하는 응력이며, τ_2 는 하중 P에 의해 스프링 소재에서 발생하는 응력이다.

$$\tau_1 = \frac{T}{Z_p} = \frac{PR}{\frac{\pi d^3}{16}} = \frac{16PR}{\pi d^3}$$

$$\tau_2 = \frac{P}{A} = \frac{P}{\frac{\pi d^2}{4}} = \frac{4P}{\pi d^2}$$

$$\tau_{max} = \tau_1 + \tau_2 = \frac{16PR}{\pi d^3} + \frac{4P}{\pi d^2} \quad \cdots\cdots\cdots\cdots\cdots\cdots\cdots\cdots\cdots\cdots (6-5)$$
$$= \frac{16PR}{\pi d^3}(1+\frac{d}{4R})$$

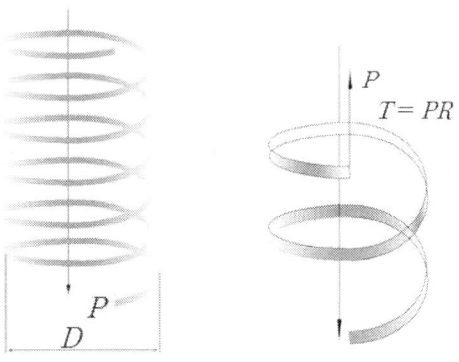

[그림 6.5 스프링]

이 식에서 d/R의 값이 커질수록 전단응력이 증가함을 알 수 있다. [그림 6.6]에서 비틀림에 의한 응력은 소재의 단면에서 중심부터 바깥으로 갈수록 증가함을 알 수 있다.

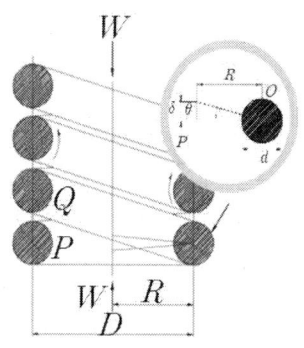

[그림 6.6 코일스프링]

또한 그림에서 미소수직변위량 $d\delta$는 다음과 같다.

$$d\delta = Rd\phi = R \cdot \frac{PRdl}{GI\rho} = \frac{PR^2 dl}{G \cdot \frac{\pi d^4}{32}} = \frac{32PR^2}{\pi Gd^4}dl \quad \cdots\cdots\cdots (6-6)$$

스프링의 전체처짐 δ를 구하기 위하여 전체길이 $2\pi nR$에 걸쳐 적분하면

$$\delta = \int_0^{2\pi nr} \frac{32PR^2}{\pi Gd^4}dl = \frac{64nPR^3}{Gd4} = \frac{8nPD^3}{Gd^4} \quad \cdots\cdots\cdots (6-7)$$

여기에서 구해진 처짐 δ는 스프링상수(Spring Constant)와 같이 쓰이며, k는 스프링의 강성을 나타내는 것으로 다음과 같은 관계식이 성립한다.

$$\kappa = \frac{P}{\delta} = \frac{Gd^4}{64R^3 n} = \frac{Gd^4}{8D^3 n} \quad \cdots\cdots\cdots (6-8)$$

EXERCISE 8

지름이 6cm이고 소선의 지름이 6mm인 코일스프링이 있다. 이 재료의 전단응력이 60kg$_f$/mm^{2}이고 스프링상수 k = 10kg$_f$/cm^{2}일 때, 이 스프링의 안전하중 P와 유효감김수 n을 구하여라. (단, 이 재료의 전단탄성계수 G = $8.4 \times 10^5 kg_f/cm^2$이다.)

해설 : $\tau = \dfrac{16PR}{\pi d^3}$ 에서

$$P = \frac{\pi d^3 \tau}{16R} = \frac{\pi \times 6^3 \times 6000}{16 \times 3} = 84.82 kgf$$

$K = \dfrac{P}{\delta} = \dfrac{Gd^4}{8D^3 n}$ 에서 n $= \dfrac{Gd^4}{8D^3 k} = \dfrac{8.4 \times 10^5 \times 0.6^4}{8 \times 6^3 \times 10} = 6.4$회

요소설계에서는 실험식으로

$$\tau = K \frac{16PR}{\pi d^3}$$

K는 왈의 응력 수정 계수

$$K = \frac{4C-1}{4C-4} + \frac{0.615}{C}$$

여기서, C는 스프링지수로서 $\dfrac{D}{d}$ 이다.

$$U = \frac{P\delta}{2} = \frac{T\theta}{2}, \quad l = 2\pi R n$$

$$\delta = \frac{64nPR^3}{Gd^4} \quad \cdots\cdots (6-9)$$

$$U = \frac{T\theta}{2} = \frac{T^2 l}{2GI_p} = \frac{32P^2 R^2 2\pi R_n}{2G \cdot \pi d^4} \quad \cdots\cdots (6-10)$$

EXERCISE 9

평균직경 24cm 코일수 10 소선의 직경 1.25cm인 원통형 Coil Spring이 200N의 압축 하중을 받을 때 스프링 상수는? (단, G = 80GPa 이다.)

해설 : $P = \kappa\delta \quad \delta = \dfrac{64nPR^3}{Gd^4}$

$$k = \dfrac{Gd^4}{64nR^3} = \dfrac{80 \times 10^9 \times (0.0125)^4}{64 \times 10 \times (\dfrac{0.25}{2})^3} = 1562.5 N/m = 1.563 kN/m$$

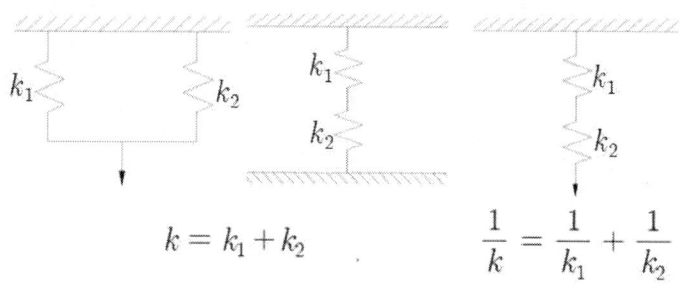

[그림 6.7 조합스프링]

EXERCISE 10

지름 d_1=4cm, d_2=2cm인 두 개의 원형 단면 축에서 같은 길이와 같은 재질로 만들어져 있으며 같은 비틀림 모멘트 T를 받을 때 각 축에 저장되는 탄성에너지의 비 U_1/U_2는 얼마인가?

① U_1/U_2 = 2 ② U_1/U_2 = 4 ③ U_1/U_2 = 8
④ U_1/U_2 = 16 ⑤ U_1/U_2 = 32

해설 : $U = \dfrac{P\delta}{2} = \dfrac{T\theta}{2} = \dfrac{32T^2l}{2G\pi d^4} = \dfrac{16T^2l}{G pi d^2} \quad \theta = \dfrac{Tl}{GI_P}$

$$\dfrac{U_1}{U_2} = \dfrac{\dfrac{16T^2l}{G\pi d_1^4}}{\dfrac{16T^2l}{G\pi d_2^4}} = \dfrac{d_2^4}{d_1^4} = \dfrac{2^4}{4^4} = \dfrac{1}{16}$$

EXERCISE 11

원형 단면 축을 비틀 때 어느 것이 어렵겠는가?
(단, G는 재료의 전단 탄성계수이다.)

① 직경이 작고 G가 작을수록 어렵다.
② 직경이 크고 G가 작을수록 어렵다.
③ 직경이 크고 G가 클수록 어렵다.
④ 직경이 작고 G가 클수록 어렵다.
⑤ 직경과 관계 없으며 G가 클수록 어렵다.

해설 : $\theta = \dfrac{Tl}{GI_P}$ rad 원형의 $I_P = \dfrac{\pi d^4}{32}$ 비틀기가 어렵다는 것은 θ가 작다는 의미이다.

해답 : ③

EXERCISE 12

극 단면 계수 $Z_P = 60\text{cm}^3$인 전동축이 매분 200회전으로 60마력이 전달될 때 이 축의 표면에 일어나는 최대 전단응력은(MPa)?

① 5 ② 10 ③ 15
④ 30 ⑤ 35

해설 : $T = 716.2\dfrac{PS}{N} \times 9.8 = \tau Z_P$에서

$\tau = \dfrac{716.2 PS \times 9.8}{N Z_P} = \dfrac{716.2 \times 60 \times 9.8}{200 \times 60 \times 10^{-6}} \times 10^{-6} = 35\, MPa$

재료역학 149

6.4 임의 단면의 비틀림

(1) 두께가 얇은 관의 비틀림

[그림 6.8]과 같이 내경 (d_i)과 외경(d_0)이 거의 같은 아주 얇은 속이 빈 원형단면이 비틀림을 받는 경우에는 내경과 외경의 중심값을 근사값으로 계산하여 사용할 수 있다.

즉, 원래의 극관성모멘트는 $I_p = \dfrac{\pi(d_2^{\,4} - d_1^{\,4})}{32}$ 가 된다.

그러나 이 식보다는 내경과 외경의 지름의 차가 적기 때문에 근사식인 식 (6-11)을 사용하여 계산하는 것이 좋다.

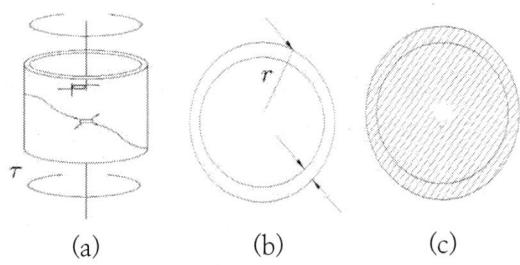

[그림 6.8 얇은관의 비틀림]

$$I_p = \int_a p^2 dA \fallingdotseq r^2 \int_A dA = 2\pi r^3 t \quad \cdots\cdots (6\text{-}11)$$

이 식에서 r은 단면의 평균중심선의 반지름이며, t는 관의 두께이다. 이때 이런 얇은 벽의 관에 대해 전단응력은 그 벽의 두께에 전반적으로 균일하게 작용한다고 가정하면 전단응력은 다음 식으로 구할 수 있다. 여기서 $S = 2r$로서 중심선의 길이를 나타내고, 중심선에 의한 면적은 $A_0 = \pi r^2$이다.

$$T = 2A_0 \tau t = 2\pi r^2 \tau t \quad \cdots\cdots (6\text{-}12)$$

또한, 얇은 관의 비틀림각은 다음 식으로 구해진다.

$$\phi = \frac{Tl}{GI\rho} = \frac{Tl}{G 2\pi r^3 t} = \frac{Tl}{2A_0 rtG} = \frac{2\pi r^2 \tau t l}{2A_0 rtG} = \frac{\tau 2\pi r l}{2A_0 G} = \frac{\tau S l}{2A_0 G} \quad \cdots\cdots (6\text{-}13)$$

(2) 직사각형 단면축 비틀림

그림처럼 직사각형 단면의 축을 비틀면 모서리부분은 변형이 없으나 각 측면의 중심선에서 변형이 최대가 되며 응력도 최대가 된다. 응력분포가 [그림 6.9(b)]와 같다.

$$\tau_{max} = \frac{T}{\alpha_1 bc^2} \quad \text{(점 C, D)}$$

$$\tau_1 = \frac{T}{\alpha_2 bc^2} \quad \text{(점 A, C)}$$

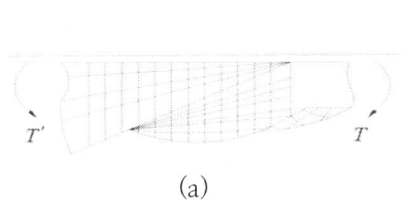
(a)

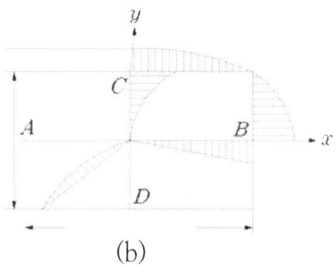
(b)

[그림 6.9 직사각형 단면축 비틀림]

비틀림각 ϕ는

$$\phi = \frac{Tl}{\beta bc^3 G} \quad \cdots\cdots\cdots\cdots\cdots\cdots\cdots\cdots\cdots\cdots\cdots\cdots\cdots\cdots\cdots\cdots\cdots\cdots\cdots\cdots (6-14)$$

여기서 α_1, α_2, β는 비틀림형상계수로 0.1~0.5 정도이며, 변의 길이에 대한 비에 따라 달라진다. 여기서 b는 긴 변의 길이 c는 짧은 변의 길이이다.

EXERCISE
연습문제

01 직경 10mm, 길이 1.5m인 환봉의 일단을 고정하고 자유단이 10° 되게 비틀었다면, 이때 생기는 최대 비틀림 응력을 구하여라. (단, $G = 80\text{GPa}$이다.)

① 23.25   ② 46.5
③ 93   ④ 186
⑤ 250

1.
$$\theta = \frac{T \cdot l}{GI_P} \times \frac{180}{\pi}$$
$$= \frac{\tau \cdot Z_P l}{GI_P} \times \frac{180}{\pi}$$
$$\tau = \frac{\theta \cdot G \cdot d \cdot \pi}{2 \cdot l \cdot 180}$$
$$= \frac{10 \times \pi \times 80 \times 10^9 \times 0.01}{2 \times 180 \times 1.5} \times 10^{-6}$$
$$= 46.5 \text{MPa}$$

02 직경 6cm의 축이 매분 300회전하여 1m에 대하여 0.2°의 비틀림각을 가졌다고 한다. 이때의 동력 kW는 얼마인가? (단, $G = 84\text{GPa}$이다.)

① 3   ② 5.85
③ 11.7   ④ 23.4
⑤ 25

2.
$$\theta = \frac{T \cdot l}{GI_P}, \quad T = 974 \times \frac{H\text{kW}}{N}$$
$$T = \frac{\theta G \cdot I_P}{l}$$
$$= \frac{0.2° \times \pi \times 84 \times 10^9 \times \pi \times 0.06^4}{180 \times 32 \times 1}$$
$$= 373 \text{ J}$$

$H\text{kW}$
$$= \frac{T \cdot N}{974 \times 9.8} = \frac{373 \times 300}{974 \times 9.8}$$
$$= 11.7 \text{kW}$$

03 외경 10cm, 내경 6.4cm의 중공축이 120rpm으로 회전할 때 전달시킬 수 있는 동력은 몇 HP인가? (단, $\tau_w = 20\text{MPa}$이다.)

① 28   ② 32.4
③ 55.87   ④ 112
⑤ 240

3.
$$T = \tau \cdot Z_P = 716.2 \times 9.8 \frac{\text{HP}}{N}$$
$$\text{HP} = \frac{\tau \pi (d_2^4 - d_1^4) \times N}{16 d_2 \times 716.2 \times 9.8}$$

$$= 20 \times 10^6 \times \pi (0.1^4 - 0.064^4)$$
$$\times 120/16 \times 0.1 \times 716.2 \times 9.8$$
$$= 55.87 \text{HP}$$

정답 1. ②   2. ③   3. ③

04 그림과 같은 풀리(Pulley)가 100rpm으로 회전할 때 마력은 얼마로 하면 되겠는가?

① 76
② 114
③ 228
④ 342
⑤ 400

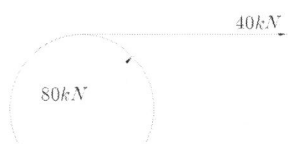

4.
$$T = P \cdot R = 176.2 \times 9.8 \frac{HP}{N}$$
$$HP = \frac{PRN}{716.2 \times 9.8}$$
$$= \frac{(100-40) \times 10^3 \times 0.4 \times 100}{716.2 \times 9.8}$$
$$= 342$$

05 직경이 d_1인 전동축의 동력을 직경 d_2인 축에 1/8로 감속시켜서 전달하려면 d_2는 d_1의 몇 배가 필요한가?
(단, 양축의 허용전단응력은 같은 것으로 한다.)

① 1.2
② 1.5
③ 2
④ 2.5
⑤ 4

5.
$$T = \tau Z_P = 716.2 \times 9.8 \frac{HP}{N}$$
$$\therefore d^3 \propto \frac{1}{N}$$

06 동일 재료로 만든 길이 l 직경 d인 축과 길이 $2l$, 직경이 $2d$인 축을 같은 각도만큼 비트는 데 필요한 비틀림 모멘트의 비 T_1/T_2의 값은 얼마인가?

① $\frac{1}{4}$
② $\frac{1}{8}$
③ $\frac{1}{16}$
④ $\frac{1}{32}$
⑤ $\frac{1}{64}$

6.
$$\theta = \frac{Tl}{GI_P}$$
$$\frac{T_1 l_1}{GI_{P_1}} = \frac{T_2 l_2}{GI_{P_2}}$$
$$\frac{T_1}{T_2} = \frac{l_2 I_{P_1}}{l_2 I_{P_2}} = \frac{2l_1 \cdot d_1^4}{l_1 2^4 d_1^4}$$
$$= \frac{1}{8}$$

07 $500\,rpm$으로 $10\,kW$를 전달하고 있는 축에 작용하는 비틀림 모멘트를 구하여라.(kJ)

① 19.5
② 40
③ 191
④ 0.19
⑤ 0.4

7.
$$T = 974 \times 9.8 \times \frac{Hkw}{N} \times 10^{-3}$$
$$= 974 \times 9.8 \times \frac{10}{500} \times 10^{-3}$$
$$= 0.19\,kJ$$

08 직경이 $100\,mm$의 원형축이 $200\,rpm$으로써 회전할 때 동력 PS을 구하여라. (단, 허용응력 $\tau_w=30\,MPa$이다.)

① 1646.4   ② 823.2
③ 416   ④ 323
⑤ 168

09 직경 d, 길이 l, 비틀림 모멘트 T를 받고 θ만큼 비틀어졌을 때 탄성 에너지 U를 나타낸 것이다. 틀린 식은 어느 것인가?
(단, τ:전단응력, G:가로탄성계수, I_p:극단면 2차 모멘트이다.)

① $U=\dfrac{1}{2}T\theta$ ② $U=\dfrac{T^2 l}{2GI_P}$

③ $U=\dfrac{d^2 l}{2GT^2}$ ④ $U=\dfrac{\tau^2 l}{4G}\times \dfrac{\pi d^2}{4}$

⑤ $\dfrac{\tau^2 Z_p{}^2 l}{2GI_P}$

10 그림과 같이 양단 고정봉에 비틀림 모멘트 $T=100J$를 작용시킬 때, 하중점에서의 비틀림 각을 구하여라.
(단, G=80 GPa, I_P=600cm^{4}이다.)(rad)

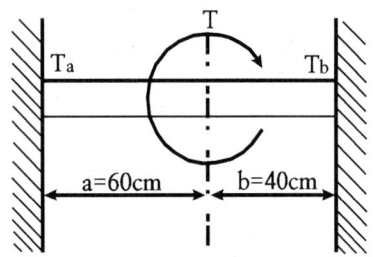

① 1.25×10^{-4}
② 5×10^{-5}
③ 7.5×10^{-5}
④ 1.12×10^{-4}
⑤ 1.52×10^{-5}

8.
$$T=\tau\cdot Z_P=716.2\times 9.8\times\dfrac{HP}{N}$$

$$HP=\dfrac{\tau\cdot \pi d^3\cdot N}{16\times 716.2\times 9.8}$$

$$=\dfrac{30\times 10^6\times \pi\times 0.1^3\times 200}{16\times 716.2\times 9.8}$$

$$=168\,PS$$

9.
$$U=\dfrac{P\cdot\delta}{2}=\dfrac{T\cdot\theta}{2}=\dfrac{T^2 l}{2GI_P}$$

$$=\dfrac{\tau^2 Z_P^2 l}{2GI_P}=\dfrac{\tau^2 \pi d^3 l}{16\times 2G\dfrac{d}{2}}$$

$$=\dfrac{\tau^2 l}{4G}\times\dfrac{\pi d^2}{4}$$

10.
$$\theta=\dfrac{T_a\cdot b}{GI_P}$$

$$=\dfrac{40\times 0.6}{80\times 10^9\times 600\times 10^{-8}}$$

$$=5\times 10^{-5}\,rad$$

11 코일 스프링에서 하중 P, 스프링상수 K, 코일 지름 $D(2R)$, 감김수 n 소선의 직경 d, 처짐량을 δ라 할 때 다음 중 옳지 않은 것은?

① $\delta = \dfrac{n\pi PD^3}{4I_P}$ ② $\delta = \dfrac{64PR^3 n}{Gd^4}$

③ $\delta = \dfrac{8PD^3 n}{Gd^4}$ ④ $\delta = \dfrac{\pi PD^3 n}{4GI_P}$

⑤ $\delta = \dfrac{P}{k}$

12 소선의 직경 8mm, 코일의 평균직경 80mm, 감김수 20의 코일 스프링(Coil Spring)을 제작하였다. 이 스프링에 200N의 하중을 작용시킬 때의 전단응력 및 처짐량은 얼마인가?
(단, $G = 80$GPa이다.)

① $5 cm$, $79.6 MPa$ ② $10 cm$, $79.6 MPa$
③ $5 cm$, $39.8 MPa$ ④ $10 cm$, $39.8 MPa$
⑤ $10 cm$, $79.6 MPa$

13 원통형 코일 스프링의 평균직경이 $25 cm$, 코일의 수 10, 소선의 직경 $1.25 cm$에 200N의 축하중을 받을 때 스프링 상수는 얼마인가?
(단, $G = 85$GPa이다.)

① 200 ② 235
③ 785 ④ 1500
⑤ 1667

14 비틀림 모멘트 T를 받는 원형축의 직경 d는 허용전단응력 τ_w라 할 때 다음 어느 식으로 표시되는가?

① $d = \sqrt[3]{\dfrac{5.1\tau_w}{T}}$ ② $d = \sqrt[3]{\dfrac{10.2\tau_w}{T}}$

③ $d = \sqrt[3]{\dfrac{10.2T}{\tau_w}}$ ④ $d = \sqrt[3]{\dfrac{5.1T}{\tau_w}}$

⑤ $d = \sqrt[4]{\dfrac{5.1T}{\tau_w}}$

11.
$$\delta = \dfrac{64nPR^3}{Gd^4} = \dfrac{64nPD^3}{8Gd^4}$$
$$= \dfrac{8nPD^3}{Gd^4} = \dfrac{n\pi PD^3}{4GI_P}$$

12.
$$\delta = \dfrac{64nPR^3}{Gd^4}$$
$$= \dfrac{64 \times 20 \times 200 \times 0.04^3}{80 \times 10^9 \times 0.008^4}$$
$$= 0.05\,\text{m} = 5\,\text{cm}$$
$$\tau = \dfrac{T}{Z_P} = \dfrac{PR}{Z_P} = \dfrac{8PD}{\pi d^3}$$
$$= \dfrac{8 \times 200 \times 0.08}{\pi \times 0.008^3}$$
$$= 79.6\,\text{MPa}$$

13.
$$\delta = \dfrac{64nPR^3}{Gd^4}$$
$$= \dfrac{64 \times 10 \times 200 \times 0.125^3}{85 \times 10^9 \times 0.0125^4}$$
$$= 0.12\,\text{m}$$
$$k = \dfrac{P}{\delta} = \dfrac{200}{0.12}$$
$$= 1667\,\text{N/m}$$

14.
$$T = \tau \cdot Z_P = \tau \cdot \dfrac{\pi d^3}{16}$$
$$d = \sqrt[3]{\dfrac{16T}{\pi \tau}} = \sqrt[3]{\dfrac{5.1T}{\tau}}$$

정답 11. ① 12. ① 13. ⑤ 14. ④

07. 보(Beam)

7.1 보의 만곡

(1) 지점의 종류

① 가동지점(move) - 1방향 구속, 모멘트 자유

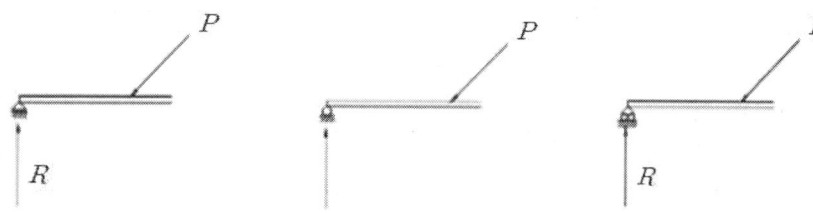

② 회전지점(hinge)-2방향 구속
   모멘트 자유

③ 고정지점(fix)-2방향 구속,
   모멘트 구속

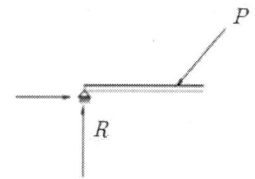 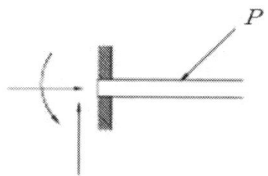

[그림 7.1 지점의 종류]

(2) 보의 종류

보는 정정보와 부정정보로 구분되며 정정보에는 외팔보(Cantilever Beam), 단순(Simple Beam), 돌출보(Overhang Beam), 겔버보(Gerber Beam) 그리고 부정정보에는 고정지지보, 양단고정보, 연속보가 있다. 하중이 작용 시에 힘의 평형식($\Sigma F=0$)과 모멘트 평형식으로 미지수를 해결하는 보가 정정보이고 미지수가 많아서 경계조건이나 초기 조건 등을 이용하여 해결하면 부정정보이다.

정정보

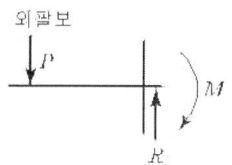 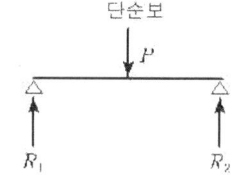 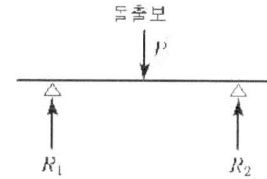

부정정보

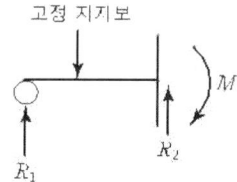 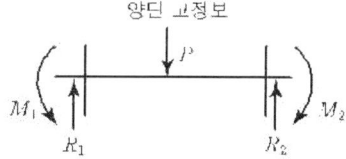 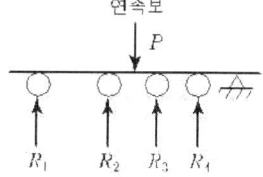

[그림 7.2 보의 종류]

2. 부호규약

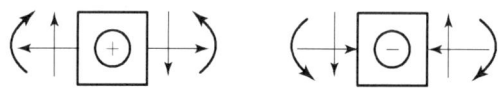

[그림 7.3 부호 규약]

3. 굽힘모멘트를 구하는 방법

단순보의 경우

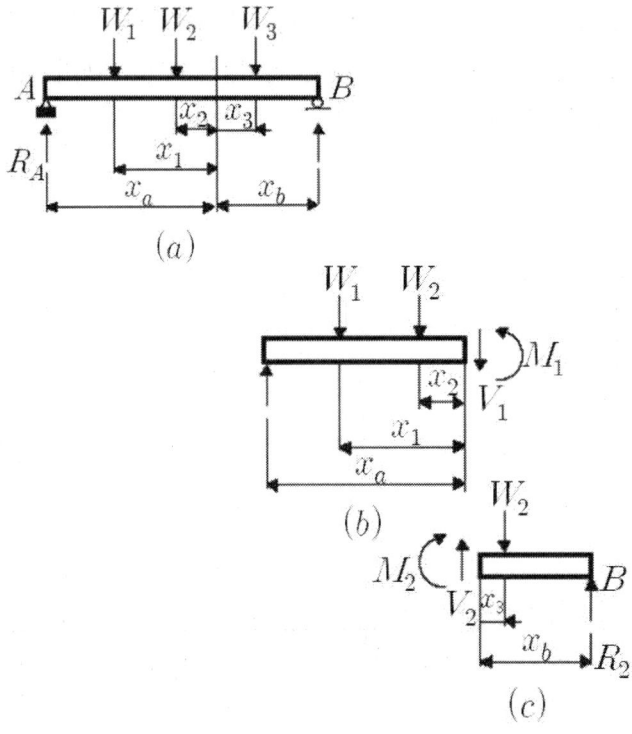

[그림 7.4]

그림에 표시된 바와 같이 단순보에 3개의 집중하중이 작용 할 때 지점 A 및 B에서는 반력 R_A 및 R_B가 발생되며, 이들의 힘들은 서로 평행을 가진다. 즉, 보가 평형이 되어야 하므로 작용하는 모든 힘의 합은 0이 되어야 하고, 임의단면에 대한 힘의 모멘트의 합 역시 0이 되어야 한다. 그러므로 그림 (a)의 임의단면인 mneksaus을 절단하여 자유물체도(free body diagram)로 표시하면 그림 (b) 및 (c)와 같다. 이 자유물체도의 왼쪽 부분과 오른쪽 부분이 사로 평형을 유지하기 위해서는 mn의 단면을 따라 선난력이 삭용하고 동시에 모멘트의 작용이 일어나게 된다.

하중(W)과 반력(R)에 대응되는 임의단면에 발생하는 전단력(V)과 모멘트(M)는 평형조건으로부터 다음과 같이 된다.

$$\sum F = 0, \quad R_A - W_1 - W_2 - W_3 + R_B = 0 \quad \cdots\cdots\cdots\cdots (7\text{-}1)$$

$$\sum M = 0, \ R_A x_a - W_1 x_1 - W_2 x_2 + W_3 x_3 - R_B x_b = 0 \quad \cdots\cdots (7\text{-}2)$$

그림 (b)에서 V_1, M_1은

$$R_A - W_1 - W_2 - V_1 = 0, \quad \therefore V_1 = R_A - W_1 - W_2 \quad \cdots\cdots (7\text{-}3)$$

$$R_A x_a - W_1 x_1 - W_2 x_2 - M_1 = 0$$

$$\therefore M_1 = r_a X_A - w_1 N_1 - W_2 - R_B$$

그림 (c)에서 V_2와 M_2는

$$V_2 - W_3 + R_B = 0 \quad \therefore V_2 = W_3 - R_B$$

$$M_2 + W_3 x_3 - R_B x_b = 0 \quad \therefore M_2 = -W_3 x_3 + R_B x_b$$

식 (c)와 (e)에서 $V_1 = V_2$

식 (d)와 (f)에서 $M_1 = M_2$

여기서 V_1과 V_2 또는 M_1과 M_2는 각각 그 크기가 같고 방향이 반대임을 알 수 있다. V_1 및 V_2를 보의 단면에 작용하는 전단력(Shearing force), M_1 및 M_2를 굽힘모멘트(Bending Moment)라고 한다. 그러므로 전단력과 굽힘모멘트를 구할 때는 임의단면의 왼쪽 또는 오른쪽에 대하여 편리한 쪽을 택하여 계산하면 된다. 부호규약은 일정한 것이 아니고 저서에 따라서 서로 다를 경우도 있다.

◎ 외팔보의 경우

A지점의 모멘트는 [그림 7.5]의 (a)에서는 $M_A = P \cdot l(-)$, [그림 7.5]의 (b)에서는 $M_Z = -\dfrac{Pl}{2}$, 왼쪽을 자유단으로 하여 내려 누르면 $(-)$ 올리면 $(+)$이다.

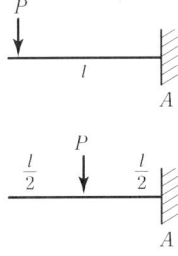

[그림 7.5 외팔보에 집중하중 작용]

분포하중 작용시 ω는 kg/cm로 단위 길이당의 힘이므로 면적이 집중하중이며 면적의 중심에서 작용한다고 가정한다.

$$M = -\omega l \cdot \frac{l}{2} = \frac{-\omega l^2}{2}$$

$$M = -\frac{wl}{2} \cdot \frac{l}{3} = -\frac{wl^2}{6}$$

[그림 7.6 외팔보에 분포하중 작용]

EXERCISE 1

그림과 같은 스팬(span) 길이 L에 생기는 최대 굽힘 모멘트는 얼마인가?

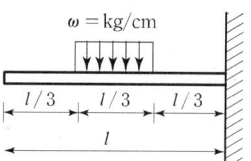

① $M_{max} = \dfrac{\omega L^2}{4}$ ② $M_{max} = \dfrac{\omega L^2}{3}$

③ $M_{max} = \dfrac{\omega L^2}{6}$ ④ $M_{max} = \dfrac{\omega L^2}{24}$

⑤ $M_{max} = \dfrac{\omega L^2}{18}$

해설 : $P = \omega \times \dfrac{l}{3}$

$M = -\dfrac{\omega l}{3} \times \dfrac{l}{2}$

$= \dfrac{-\omega l^2}{6}$

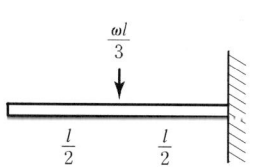

EXERCISE 2 그림과 같은 등분포 하중을 받는 외팔보의 최대 굽힘 모멘트는?

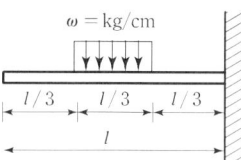

① 1,000 N·m ② 10,000 N·m
③ 1,000 N·cm ④ 10,000 N·cm
⑤ 100,000 N·cm

해설 : $P = \omega l = 2 \times 100 = 200 \, N$

$M = \dfrac{200 \times 100}{2} = 10,000 \, N \cdot cm$

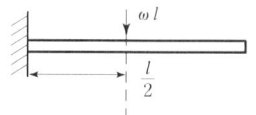

⊘ 겔버보(Gerber Beam)의 경우

연속보의 부정정 차수 만큼 힌지(Hinge)를 넣어서 단순보와 외팔보의 연결로 된 보이며 전단력은 힌지부분에서 발생하나 굽힘모멘트는 0이다. 또한 보의 특징으로 온도변화의 적응에 유리하다.

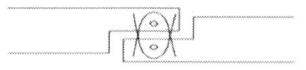 

이상화

재료역학 161

EXERCISE 3

그림과 같은 보의 A단의 반력과 굽힘모멘트를 구하시오.

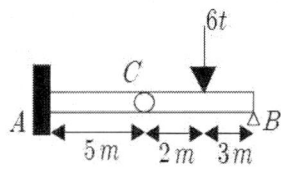

해설 : 다음과 같이 생각한다.
1) 단순보에서
$$R_c = \frac{6 \times 3}{5} = 3.6$$
2) 외팔보에서
$$R_A = 3.6$$

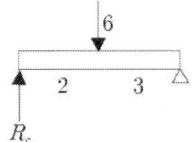

EXERCISE 4

다음과 같은 보에서 R_B와 M_B를 구하시오.

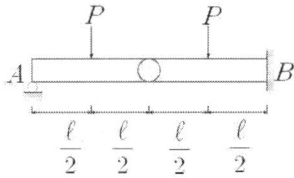

해설 :
1) 단순보에서

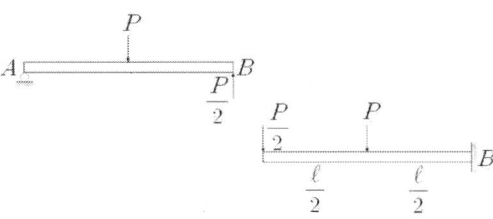

2) 외팔보에서
$$R_B = -\frac{P}{2} - P = -\frac{3}{2}P$$
$$M_B = -\frac{Pl}{2} - \frac{Pl}{2} = -Pl$$

EXERCISE 5

다음은 B 위치에 힌지가 있는 겔러 보이다. 다음 물음에 답하시오.

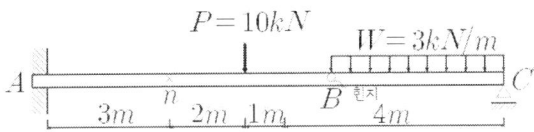

수직반력 R_A, R_C와 모멘트 반력 M_A를 구하시오.

n점에서의 전단력 V_n과 휨모멘트 M_n을 구하시오.

해설:

① 수직반력 R_A

$$R_B = \frac{12 \times 2}{4} = 6kN$$

$$R_A = 10 + 6 = 16kN$$

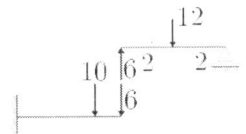

답: $R_A = 16kN$

② 수직반력 R_C

$$R_C = \frac{12 \times 2}{4} = 6kN$$

답: $R_C = 6kN$

③ 모멘트반력 M_A

$$M_A = -(10 \times 5 + 6 \times 6) = -86kN \cdot m$$

답: $M_A = -86kN \cdot m$

2. ① 전단력 V_n

$$V_n = R_A = 16kN$$

답: $V_n = 16kN$

② 휨모멘트 M_n

$$M_n = R_A \times 3 + M_A = 16 \times 3 - 86 = -38kN \cdot m$$

답: $M_n = -38kN \cdot m$

EXERCISE
연습문제

01 그림과 같은 보의 지점반력 R_A 및 R_B를 구하여라.

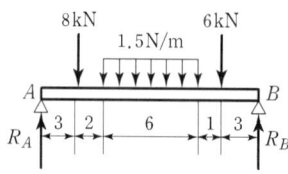

① $R_A = 7.6\,kN,\ R_B = 6.4\,kN$
② $R_A = 6.4\,kN,\ R_B = 7.6\,kN$
③ $R_A = 13\,kN,\ R_B = 10\,kN$
④ $R_A = 10\,kN,\ R_B = 13\,kN$
⑤ $R_A = 760\,kN,\ R_B = 640\,kN$

02 길이 $l = 10\,m$의 단순보(Simple Beam)에 단위 $\omega = (3x+5)N/m$로 표시되는 불균일 분포하중이 작용할 때 보의 반력 R_A를 구하여라.

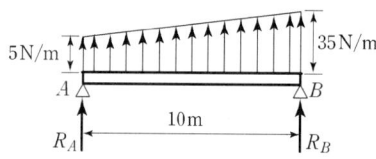

① $75N$
② $125N$
③ $135N$
④ $150N$
⑤ $300N$

1.

$R_A = 6,000 \times 3 + 1.5 \times 6 \times 7$
$+ 8,000 \times 12/15 = 7.6\text{kN}$

$R_B = 6,404.8\text{kN} = 6.4\text{kN}$

2.

$R_A = \left(5 \times 10 \times \dfrac{10}{2} + \dfrac{30 \times 10}{2} \right.$
$\left. \times \dfrac{10}{3}\right)/10 = 75\text{N}$

$R_B = 125\text{N}$

정답 1. ①   2. ①

03 그림과 같은 돌출보(Overhanging beam)의 R_A는 얼마인가?

① ωl
② $\dfrac{\omega l}{2}$
③ $\dfrac{\omega l}{3}$
④ $\dfrac{\omega l}{4}$
⑤ $\dfrac{\omega l}{8}$

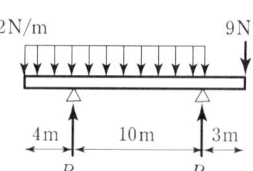

3.

$$R_A = \dfrac{2\omega l \times \dfrac{l}{2}}{l} = \omega l$$

04 그림과 같은 돌출보(Overhanging Beam)의 R_A는 얼마인가?

① 16.9
② 16.1
③ 12.1
④ 20.9
⑤ 25

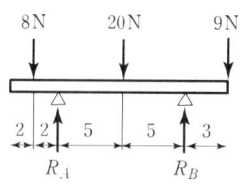

4.

$$R_A = \dfrac{20 \times 5 + 8 \times 12 - 9 \times 3}{10}$$
$$= 16.9 \text{N}$$

$$R_B = 4 + 20 + 9 - 16.9$$
$$= 16.1 \text{N}$$

05 그림과 같은 단순보에서 R_A는 얼마인가?

① 10.4
② -10.4
③ 0.4
④ -0.4
⑤ 14.4

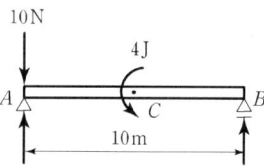

5.

$$R_A = \dfrac{10 \times 10 + 4}{10} = 10.4 \text{[N]}$$

$$R_B = -0.4 \text{[N]}$$

정답 3. ① 4. ① 5. ①

06 그림과 같은 단순보(Simple Beam)의 A지점의 반력 R은 얼마인가? (단, H_A는 수평분력이다.)

① 5.5
② 8.7
③ 10.26
④ 4.5
⑤ 14.7

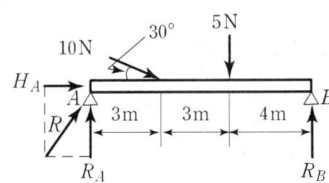

6.
$$R_A = \frac{5 \times 4 + 5 \times 7}{10} = 5.5[N]$$
$$H_A = -5\sqrt{3}\,[N]$$
$$R = \sqrt{5.5^2 + (5\sqrt{3})^2} = 10.26$$
$$R_B = 4.5[N]$$

07 그림과 같은 돌출보(Overhanging Beam)의 R_B은 얼마인가?

① $R_B = \dfrac{wl}{8}$
② $R_B = \dfrac{3}{8}wl$
③ $R_B = \dfrac{5}{8}wl$
④ $R_B = \dfrac{7}{8}wl$
⑤ $R_B = \dfrac{3}{4}wl$

7.
$$R_B = \frac{\omega l \times \dfrac{l}{2} - \dfrac{\omega l}{2} \times \dfrac{l}{4}}{l}$$
$$= \frac{3}{8}\omega l$$

08 그림과 같은 보의 지점반력 R_B를 구하여라.

① 6.7KN
② -6.7KN
③ 40KN
④ 20KN
⑤ 15KN

8.
$$R_A = \frac{40 - 20}{3} = 6.7\text{kN}$$
$$R_B = -6.7\text{kN}$$

정답 6. ③ 7. ② 8. ②

09 그림과 같은 보에서 R_B=3kN이 될 때의 x의 길이는 얼마인가?

① 5m
② 10m
③ 15m
④ 20m
⑤ 25m

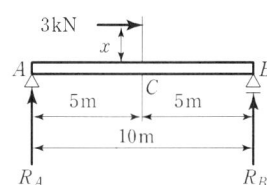

9.

$R_B = \dfrac{3 \times x}{10} = 3$

$x = 10\text{m}$

10 그림과 같은 보에서 지점 B가 6kN까지의 반력을 지지한다. 하중 10kN은 A점에서 몇 m까지 이동할 수 있는가?

① 2.4m
② 4.8m
③ 6m
④ 7.5m
⑤ 10m

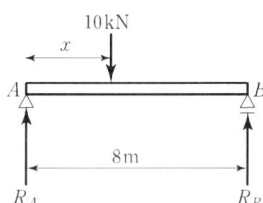

10.

$R_B = \dfrac{10 \times x}{8} = 6$

$x = 4.8\text{m}$

11 그림과 같은 단순보(simple beam)의 A 지점의 반력은 얼마인가?

① $R_A = \dfrac{wl}{24}$
② $R_A = \dfrac{wl}{16}$
③ $R_A = \dfrac{wl}{12}$
④ $R_A = \dfrac{wl}{8}$
⑤ $R_A = \dfrac{wl}{3}$

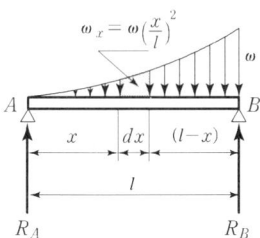

11.

$R_A = \dfrac{\dfrac{wl}{3} \times \dfrac{l}{4}}{l} = \dfrac{wl}{12}$

정답 9. ② 10. ② 11. ③

12 다음 그림과 같은 외팔보(cantilever beam)의 R_B는 얼마인가?

① $R_B = \dfrac{wl}{8}$

② $R_B = \dfrac{wl}{6}$

③ $R_B = \dfrac{wl}{3}$

④ $R_B = \dfrac{wl}{2}$

⑤ $R_B = \dfrac{wl}{12}$

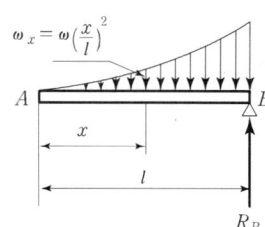

12.
$R_B = \dfrac{\omega l}{3}$

13 그림과 같은 단순보(simple beam)의 B 지점의 반력은 얼마인가?

① $1\,kN$
② $2\,kN$
③ $2.5\,kN$
④ $5\,kN$
⑤ $7.5\,kN$

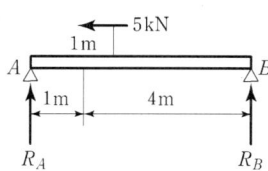

13.
$R_B = \dfrac{-5 \times 1}{5} = -1\,\text{kN}$
$R_A = 1\,\text{kN}$

정답 12. ③   13. ①

7.2 전단력선도(SFD)와 모멘트선도(BMD)

보의 반력을 구하는 것은 보의 강도를 구할 때의 기본이다. 왜냐하면 반력을 구해야 전단력 선도와 모멘트 선도를 작도할 수 있으며 이들 선도로부터 기계 설계의 시작이기 때문이다. 그러므로 전단력 선도와 모멘트 선도는 확실히 익혀두어야 한다.

EXERCISE 6 다음 그림의 SFD, BMD를 구하여라.

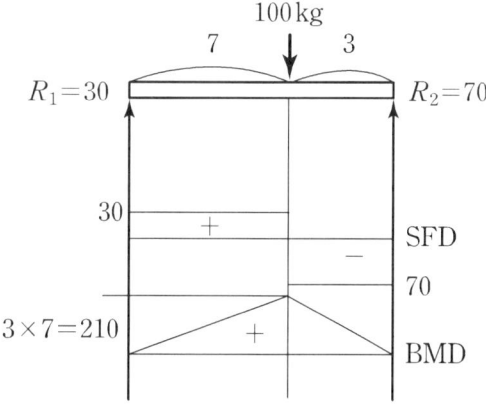

해설 : 앞 절에서 언급한 것처럼 반력을 구한다.
$$R_1 = \frac{100 \times 3}{7+3} = 30 \quad R_2 = 70$$

② 반력을 그림에 도시한다.

③ 보의 길이와 같게 폭을 잡아 2개의 선을 그려 위의 선이 SFD 아래선이 BMD가 되게 작성

EXERCISE 7 다음 그림의 SFD, BMD를 구하여라.

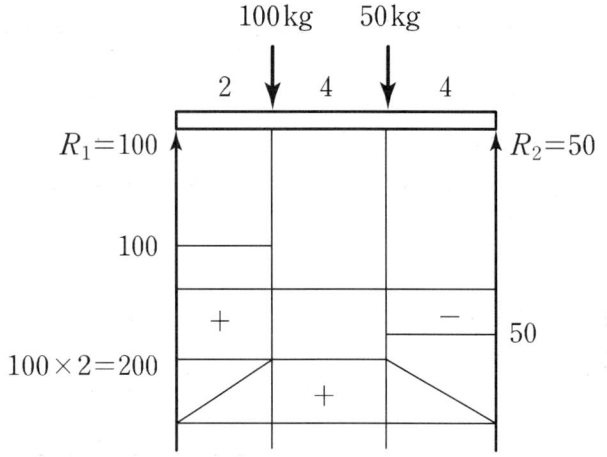

해설: 예제 1의 방법에 따르면 $\sum M = 0$ 에서

$$R_1 \cdot 10 = 100 \times 8 + 50 \times 4$$

$$R_1 = \frac{100 \times 8 + 50 \times 4}{10} = 100\text{kg}$$

$\sum M = 0$ 에서　　$R_1 + R_2 = 100 + 50$　　　$R_2 = 50$

참고: 전단력이 0을 지나는 지점에서 모멘트는 최대값이 되며 이 지점에서 축은 가장 위험하다. 그러므로 전단력이 0이 되는 지점이 안전하면 모든 부분이 안전하다.

EXERCISE 8

그림 같은 단순보에서 길이 L=120(cm), 균일분포하중 ω=3(kN/m)을 받고 있을 EO의 전단력선도와 굽힘모멘트 선도를 구하여라.

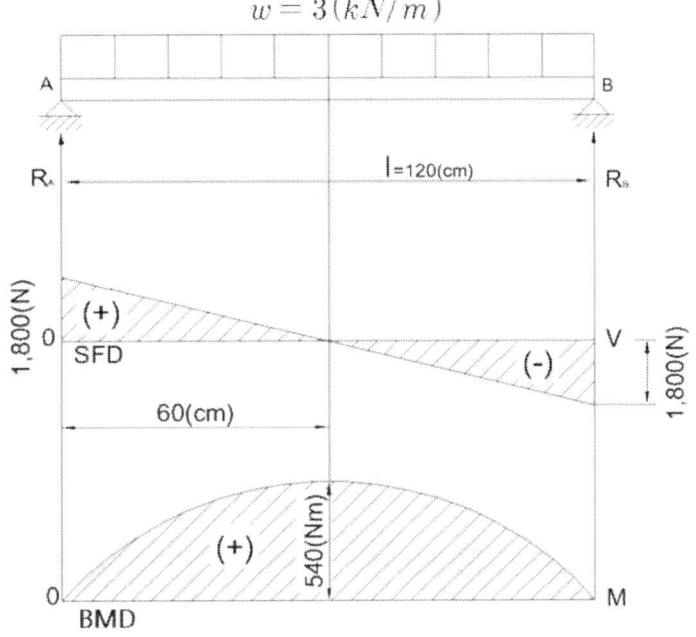

해설 : $\sum F=0, \quad R_A + R_B - \omega L = 0$

$$\sum M_B = 0, \quad R_A L - \frac{\omega L^2}{2} = 0$$

$$\therefore R_A = R_B = \frac{\omega L}{2} = \frac{3000 \times 1.2}{2} = 1800(N)$$

임의단면에 대한 전단력과 굽힘모멘트

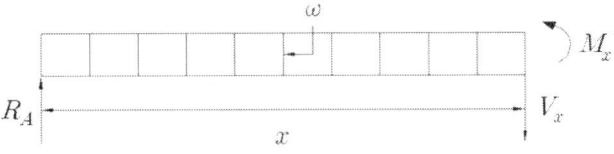

$V_x = R_A - \omega x = 1800 - 3000x$

$x = \dfrac{L}{2}$에서 $V_x = 0$이다.

$M_x = P_A x - \dfrac{\omega}{2} x^2 = 1800x - \dfrac{3000}{2} x^2$

$x = \dfrac{L}{2}$에서 $M_x = \dfrac{\omega L^2}{8} = \dfrac{3000 \times 1.2^2}{8} = 540$

EXERCISE 9

그림 같은 외팔보에서 지점반력, 각 점의 전단력 및 굽힘모멘트를 구하고 전단력선도와 굽힘모멘트 선도를 구하여라.

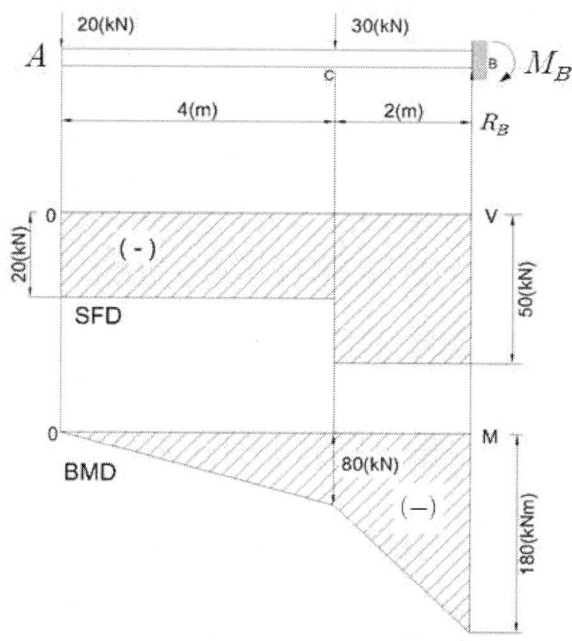

해설 : $\sum F = 0, \ -20 - 30 + R_B = 0$

$\therefore R_B = 20(kN)$

$\sum M_B = 0, \ -20 \times 6 - 30 \times 2 - M_B = 0$

$\therefore M_B = -180(kNm)$

임의단면에 대한 전단력과 굽힘모멘트

1) $0 \leq x \leq 4$
$V_x = -20(kN)$
$M_x = -20x$
$x = 4$ 에서
$M_x = -20 \times 4 = -80 kNm$

2) $4 \leq x \leq 6$
$V_x = -20 - 30 = (-50 kN)$
$M_x = -20x - 30(x-4)$
$x = 4$ 에서 $M = -80(kNm)$
$x = 6$ 에서 $M = -180(kNm)$

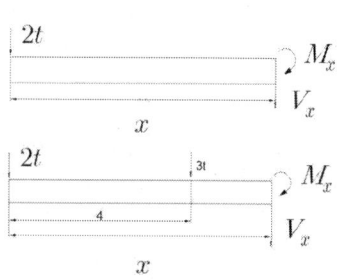

EXERCISE 10

균일분포하중이 작용하는 경우 그림 (a)와 같은 길이 L인 외팔보 AB가 전길이에 걸쳐 등분포하중 ω를 받을 경우에 고정단 B에 생기는 반력 R_B와 굽힘모멘트 M_B는 평행조건에서 $R_B = \omega L$ $M_B = -\dfrac{\omega L^2}{2}$ 임의 단면에 대한 전단력과 굽힘모멘트는?

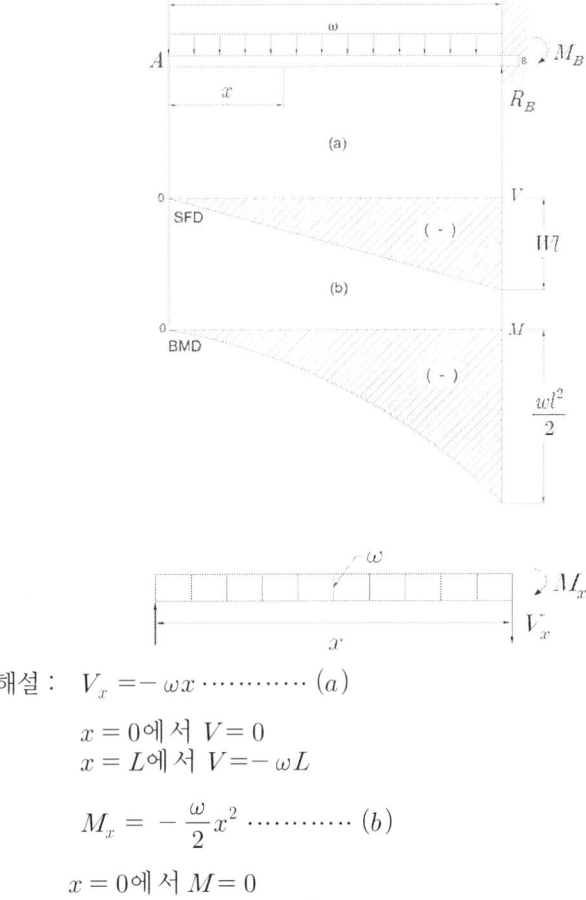

해설 : $V_x = -\omega x$ ············ (a)

$x = 0$에서 $V = 0$
$x = L$에서 $V = -\omega L$

$M_x = -\dfrac{\omega}{2}x^2$ ············ (b)

$x = 0$에서 $M = 0$
$x = L$에서 $M = -\dfrac{\omega L^2}{2}$

전단력선도는 식 (a)의 1차함수로 표현되므로 (-) 의 기울기를 갖는 직선으로 표시되어 그림(b)와 같은 3각형으로 그려진다. 한편 굽힘모멘트선도는 식 (b)의 2차함수로 표현되며 위쪽으로 볼록한 2차포물선(면적이 작아지는 선)으로 그려진다. 최대값은 역시 고정단에서 발생된다

즉, $M_{\max} = -\dfrac{\omega L^2}{2}$

EXERCISE 11

그림과 같은 단순보 AB에 점변분포하중이 작용할 때 지점 B 위의 단위 길이에 대한 하중을 w_0라 하면, 지점반력 R_A와 R_B를 구하고 SFD, BMD를 구하시오.

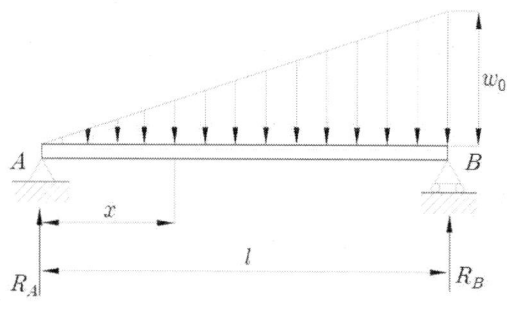

해설 : $\sum F = 0, \ R_A + R_B - \dfrac{w_0 l}{2} = 0$ ············ (a)

$\sum M_B = 0, \ R_A l - \dfrac{w_0 l}{2} \cdot \dfrac{l}{3} = 0$ ············ (b)

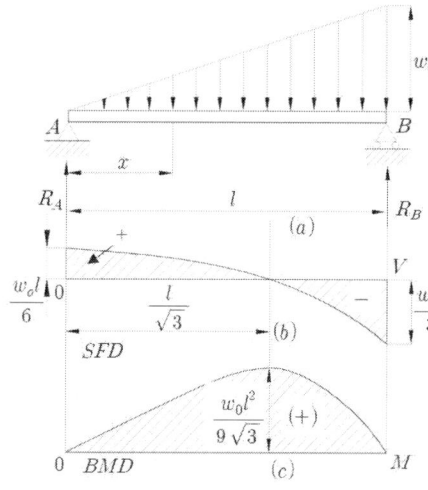

식 (a)와 (b)에서

$R_A = \dfrac{w_0 l}{6}, \ R_B = \dfrac{w_0 l}{3}$

임의단면에서 임의의 x거리 선상의 3각 분포하중의 크기는 3각형의 길이의 비($l : x = w_0 : w$)를 이용해서 구하면

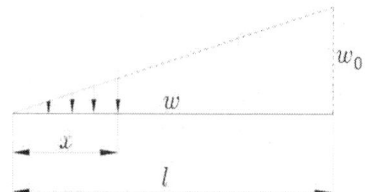

174 보(Beam)

그 하중의 작용점은 3각형의 도심이 된다. 따라서 임의의 단면에 대한 전단력과 굽힌모멘트는

$$w = \frac{w_0 x}{l}$$

$$A = \frac{wx}{2} = \frac{1}{2}\frac{w_0 x^2}{l} = \frac{w_0 x^2}{2l} \quad \text{이 된다.}$$

$$V_x = R_A - \frac{w_0 x^2}{l} = \frac{w_0 l}{6} - \frac{w_0}{2l}x^2$$

경제조건 $x=0$ 에서 $V = \frac{w_0 l}{6}$

$x=l$ 에서 $V = -\frac{w_0 l}{3}$

$V_x = 0$ 인 위치는 $\frac{w_0 l}{6} - \frac{w_0}{2l}x^2 = 0$

$$\therefore x = \frac{l}{\sqrt{3}}$$

즉 $x = \frac{l}{\sqrt{3}}$ 에서 전단력(v)은 0이다.

$$M_x = R_A x - \frac{w_0 x^2}{2l} \cdot \frac{x}{3} = \frac{w_0 l}{6}x - \frac{w_0}{6l}x^3$$

$x = \frac{l}{\sqrt{3}}$ 에서 $M = \frac{w_0 l^2}{9\sqrt{3}}$

임의단면의 전단력(V_x)은 2차함수이므로 전단력선도(S.F.D)는 2차포물선이 되며, 부호가 바뀌는 지점은 $x = \frac{l}{\sqrt{3}}$ 이며, 이 점에서 최대굽힘모멘트가 발생된다. 또한 임의단면에 대한 굽힘모멘트(M_x)는 3차함수이므로 굽힘모멘트선도는 3차포물선이 될 것이다.

이 포물선의 정점이 굽힘모멘트의 최대값이 되며 그 값은 다음과 같다.

$$M_{\max} = M_x = \frac{l}{\sqrt{3}} = \frac{w_0 l^2}{9\sqrt{3}}$$

EXERCISE 12

다음과 같은 겔버보의 B점의 반력과 굽힘모멘트를 구하고 SFD · BMD를 작성하시오.

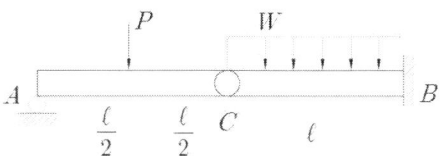

1) 단순보

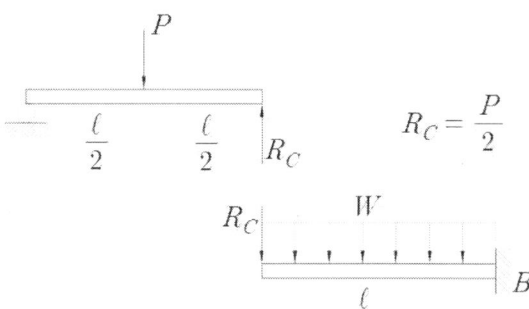

$R_C = \dfrac{P}{2}$

2) 외팔보

$R_B = -P_C - wl = -\dfrac{P}{2} - wl$

$M_c = -Rcl - wl \cdot \dfrac{l}{2} = -\dfrac{pl}{2} + \dfrac{wl^2}{2}$

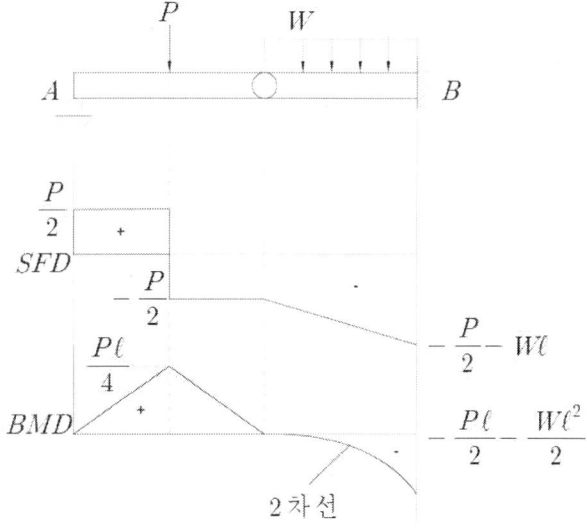

EXERCISE
연습문제

01 그림과 같은 보의 전단력선도(S.F.D.) 및 굽힘 모멘트선도 (B.M.D.)를 작도하고 R_B를 구하여라.

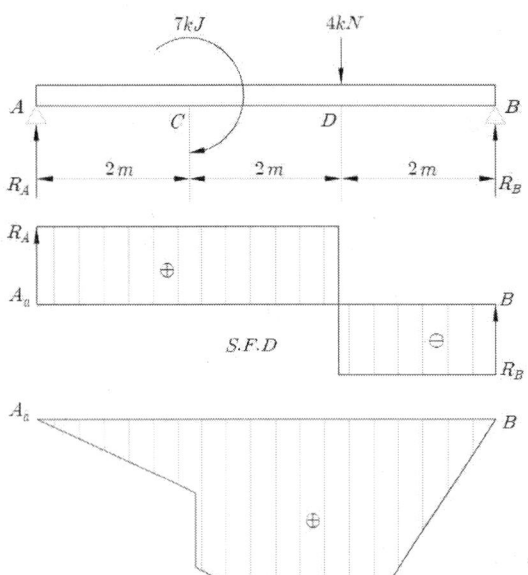

① 167N
② 383.3N
③ 3833N
④ 4000N
⑤ 6000N

1. $R_A = \dfrac{4 \times 2 - 7}{6} = 0.167\,\text{kN}$
   $= 167\,\text{N}$
   $R_B = 3.833\,\text{kN} = 3,833\,\text{N}$

02 그림과 같은 보의 전단력선도(S.F.D.) 및 굽힘 모멘트선도 (B.M.D.)를 작도하고 R_B를 구하여라.

① $2\,kN$
② $7\,kN$
③ $8\,kN$
④ $12\,kN$
⑤ $14\,kN$

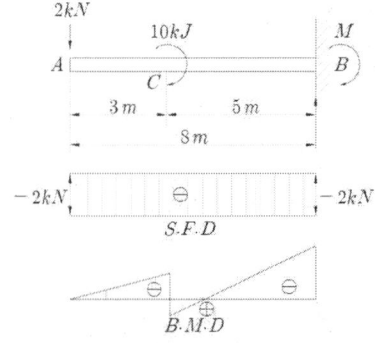

2. $R_B = 2\,\text{kN}$

정답 1. ③   2. ①

178 보(Beam)

03 그림과 같은 보에서의 C 단면에 대한 굽힘모멘트의 값은 어느 것인가?

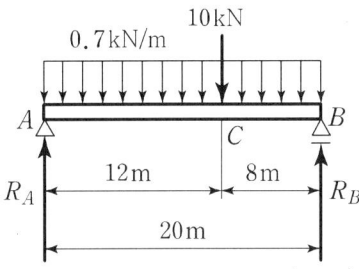

① $11kJ$
② $13kJ$
③ $24.6kJ$
④ $30kJ$
⑤ $81.6kJ$

3. $R_A = \dfrac{10 \times 8 + 0.7 \times 20 \times 10}{20}$
$= 11 \text{ kN}$
$R_B = 13 \text{ kN}$
$M_c = 13 \times 8 - 0.7 \times 8 \times 4$
$= 81.6 \text{ kJ}$

04 그림과 같은 보의 굽힘 모멘트선도는 어느 것이 옳은가?

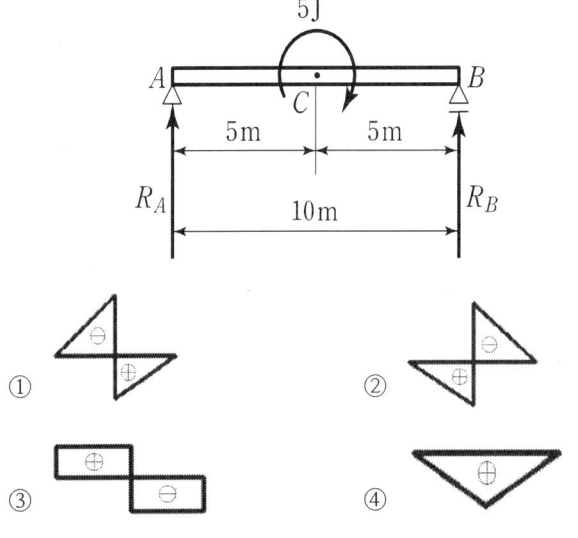

4.
$R_A = -\dfrac{5}{10} = -0.5$
$R_B = +0.5$

정답   3. ⑤   4. ①

05 그림과 같은 보에서 최대 굽힘모멘트가 생기는 점까지의 거리는 A점으로부터 몇 m인가?

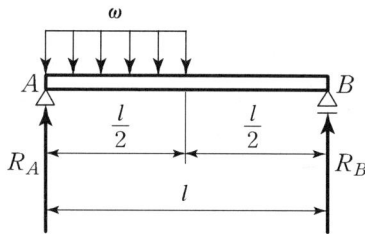

① $\dfrac{l}{4}$

② $\dfrac{l}{6}$

③ $\dfrac{l}{8}$

④ $\dfrac{3\ell}{8}$

5. $R_A = \dfrac{\dfrac{\omega l}{2} \times \dfrac{3}{4}l}{l} = \dfrac{3}{8}\omega l$

$R_B = \dfrac{\omega l}{8}$ $\dfrac{3}{8}\omega l = \omega x$

∴ $x = \dfrac{3}{8}l$

06 그림과 같은 보에서 축방향력도를 그린 것은 어느 것인가?

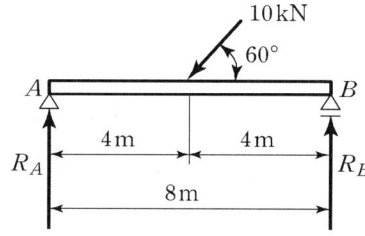

①

②

③

④

정답 5. ④ 6. ①

07 그림과 같은 보에서 굽힘 모멘트가 최대로 되는 점은 A로부터 어느 위치인가?

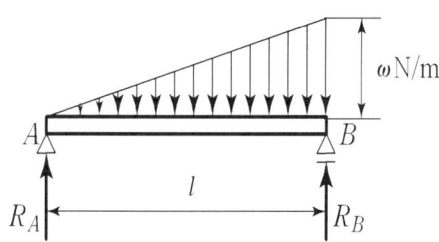

① $\dfrac{l}{\sqrt{3}}$

② $\dfrac{\sqrt{1}}{3}$

③ $\sqrt{\dfrac{l}{3}}$

④ $\dfrac{l}{9\sqrt{3}}$

7. $R_A = \dfrac{\dfrac{\omega l}{2} \times \dfrac{1}{3}}{l} = \dfrac{\omega l}{6}$

$R_B = \dfrac{\omega l}{3}$

$\dfrac{\omega l}{6} = \dfrac{\omega x}{l} \times \dfrac{x}{2}$

$x^2 = \dfrac{l^2}{3}$ ∴ $x = \dfrac{l}{\sqrt{3}}$

08 그림과 같은 보에서 단면력도, 전단력선도(S.F.D.) 및 굽힘모멘트선도(B.M.D)를 옳게 그린 것은 어느 것인가?

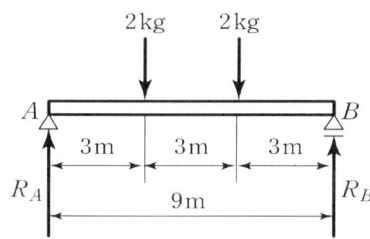

①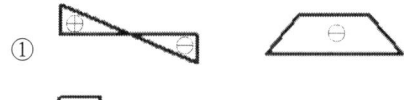

②

③

④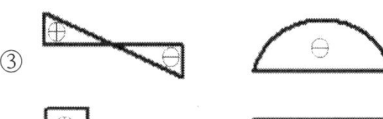

정답 7. ① 8. ②

09 그림과 같은 보에서 전단력선도(S.F.D)를 옳게 그린 것은 어느 것인가?

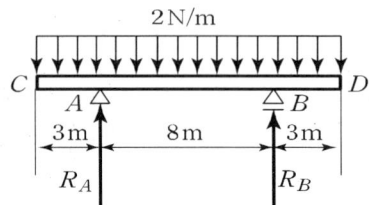

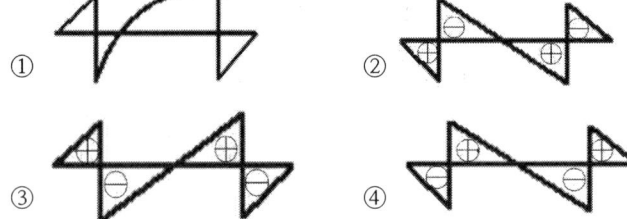

10 그림과 같은 보에서 굽힘 모멘트(B.M.D)를 옳게 그린 것은 어느 것인가?

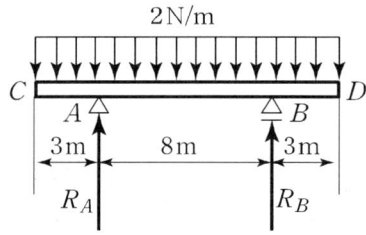

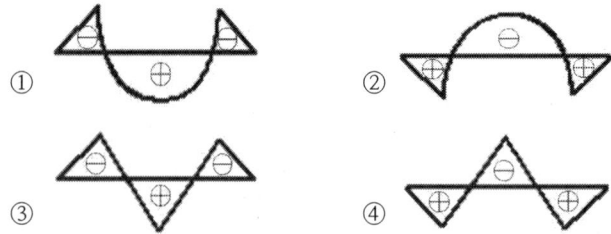

정답   9. ④   10. ①

08. 보 속의 응력

8.1 보 속의 굽힘응력

재질은 균일하고 중심축에 대해서 대칭이며, 최초에 평면이었던 단면은 변화 후에도 역시 평면 그대로를 유지하며, 구부러진 축선에 수직한다. 또한 재료는 훅(Hooke)의 법칙에 따른다고 가정한다. 이러한 가정하에서 수수굽힘 상태의 해석을 위하여 그림 8.1의 CD부분의 임의의 요소를 절단하여 확대하면 그림 8.2와 같이 표시된다. 그림에서 CD의 윗부분 섬유는 압축력을 받아 줄어들고, 아랫부분 섬유는 인장력을 받아 늘어나게 된다.

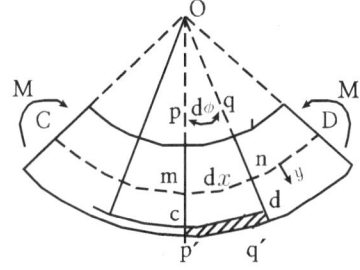 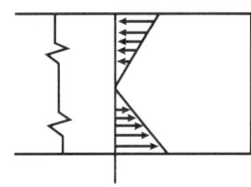 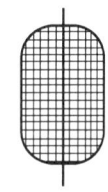

[그림 8.1 보속의 굽힘응력]   [그림 8.2 보속의 굽힘응력 선도]

그러므로 가운데부분의 어느 층면을 중립면(neutralsur face)이라 하고, 이 중립면과 각 단변과의 교선을 중립축(neutralaxis)이라고 한다. 또 중립면과 대칭면과의 교선을 탄성곡선(elasticcurve)이라고 한다. 그림에서 CD를 포함하는 지면에 수직한 면이 중립면, z축이 중립축 〈그림 참조〉, 곡선 CD가 탄성곡선이다.

그림 8.1에서 두 인접단면 mn과 pq의 연장선은 변형 후에 O점에서 서로 만나게 된다. 이들이 이루는 미소각을 $d\phi$라 하고 탄성곡선의 곡률(curvature)을 $\frac{1}{\rho}$, 즉 곡률반지름을 ρ라 하고, mn에 평행선 $p'q'$를 그리면 그것은 변형 전의 단면 pq의 길이와 같게 된다. 그러므로 구부림으로 인해 발생된 두 단면의 길이의 변화는 윗면에서 pp', 아랫면에서 qq'가 된다. 또 중립면으로부터 임의의 거리 y만큼 떨어진 섬유층 cd에서는 $n'd = yd\phi$만큼 늘어나게 됨을 알 수 있다.

즉,

$$mn = dx = \rho d\phi \quad \text{(a)}$$

$$cd - mn = (\rho + y)d\phi - \rho d\phi = yd\phi \quad \text{(b)}$$

그러므로 변형률은 다음과 같다.

$$e_x = \frac{cd - mn}{mn} = \frac{yd\phi}{dx} = \frac{y}{\rho} \quad \text{(c)}$$

그런데 각 섬유층의 응력은 훅에 법칙에 의하여 변형률에 비례하므로,

$$\sigma_x = Ee_x = \frac{E}{\rho}y \quad \text{(8-1)}$$

식 (8-1)에서 훅의 법칙이 성립되는 한도 내에서는 임의단면에 작용하는 굽힘응력은 중립면으로부터의 거리 y에 비례함을 알 수 있다.

이 굽힘응력은 단면의 중립축 아랫부분에서는 인장응력, 윗부분에서는 압축응력이 작용하게 되며, 그 최대값들은 중립축에서 가장 멀리 떨어져 있는 섬유층에서 발생함을 알 수 있다. 이 응력의 분포를 그림으로 표시하면 그림 8-2와 같이 직선적으로 표시되는데, 이것을 나비에의 굽힘응력분포의 법칙(Navier's law of bending stress distribution)이라고 한다. 또한 중립축으로부터 y만큼 떨어진 미소면적을 dA라 하면, 이 면적 위에 작용하는 미소의 힘 dF는 식 (8-1)로부터 다음과 같이 생각할 수 있다.

$$dF = \sigma dA = \frac{E}{\rho}ydA \quad \text{(d)}$$

그러므로 단면 전체에 작용하는 전체의 힘은 식 (d)를 단면 전체에 대하여 적분해 줌으로써 구할 수 있으며, 순수굽힘 상태에서는 전단력이 작용하지 않으므로

$$F = \frac{E}{\rho}\int_A ydA = 0 \quad \text{(e)}$$

이 되며, 식 (e)에서 E와 ϕ는 상수이므로

$$\frac{E}{\rho} \neq 0 \quad \therefore \int_A ydA = y_c A = 0$$

이것은 중립축에 대한 단면1차모멘트가 0이 됨을 나타낸다.

$$A \neq 0 \quad \therefore y_c = 0$$

따라서 중립축은 단면의 도심을 지나며, 중립축은 단면의 한 주죽이 된다. 한편 미소면적 dA에 작용하는 미소의 힘 dF가 중립축에 작용하는 미소의 모멘트는

$$dM = ydF = ydA\sigma = \frac{E}{\rho}y^2 dA$$

따라서 전체의 힘이 중립축에 작용하는 전체의 모멘트는 전면적에 대하여 적분해 줌으로써 구할 수 있다.

$$M = \frac{E}{\rho}\int_A y^2 dA \quad \cdots\cdots\cdots\cdots\cdots\cdots\cdots\cdots\cdots\cdots\cdots\cdots\cdots\cdots\cdots\cdots\cdots\cdots\cdots\cdots\cdots\cdots \text{(f)}$$

이 식은 오른쪽 변에 있는 $\int_A y^2 dA$는 그 단면의 중립축에 대한 단면 2차 모멘트이다. 즉,

$$I = \int_A y^2 dA \quad \text{이므로, 식 (f)는 다음과 같이 된다.}$$

$$\frac{1}{\rho} = \frac{M}{EI} \quad \cdots\cdots\cdots\cdots\cdots\cdots\cdots\cdots\cdots\cdots\cdots\cdots\cdots\cdots\cdots\cdots\cdots\cdots\cdots\cdots\cdots\cdots\cdots\cdots\cdots\cdots \text{(8-2)}$$

식 (8-2)는 탄성곡선의 곡률 $\frac{1}{\rho}$이 굽힘 모멘트 M에 비례하고, 굽힘강성계수(flexural rigidity)라고 하는 EI에 반비례함을 알 수 있다.

$$\sigma = \frac{My}{I} = \frac{M}{Z} \quad \text{또는} \quad M = \sigma Z \quad \cdots\cdots\cdots\cdots\cdots\cdots\cdots\cdots\cdots\cdots\cdots\cdots\cdots\cdots \text{(8-3)}$$

식 (8-3)을 보의 굽힘식(bending formule)이라 하며 σZ는 굽힘 모멘트에 저항하는 보 재료의 응력모멘트이므로 이를 굽힘 저항모멘트(bending resting moment)라고 한다. 굽힘식에 의하면 단면이 일정한 보에서는 굽힘 응력은 굽힘 모멘트에 비례하므로 최대 굽힘 모멘트가 작용하는 단면에서 최대 굽힘 응력이 일어나고, 보의 파손에 대하여 가장 위험하기 때문에 이 단면을 위험단면(dangerous section)이라 하며, 보의 강도는 항상 이 단면에 대하여 고려해야 한다.

정리하면

ρ : 곡률반경 $\dfrac{E}{\rho} = \dfrac{\sigma}{y} = \dfrac{M}{I}$

$\dfrac{1}{\rho}$: 곡률 $\sigma = \dfrac{My}{I} = \dfrac{M}{I/y} = \dfrac{M}{Z}$

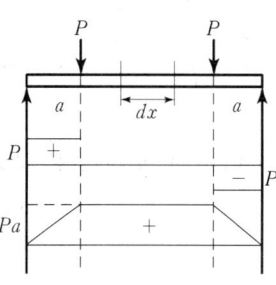 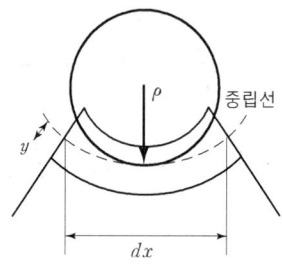

[그림 8-3 단순보에서의 굽힘응력]

EXERCISE 1 그림과 같은 지름 2mm의 강관을 지름 1m의 원통에 감을 때 강관에 일어나는 최대 굽힘 응력과 굽힘 모멘트를 구하라. 단, 강판의 탄성계수를 $E = 200\,\text{GPa}$로 한다.

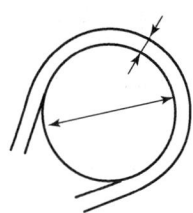

① 399, 0.03
② 420, 0.01
③ 399, 0.313
④ 410, 0.03

해설 : $\sigma = \dfrac{Ey}{\rho} = E \cdot \dfrac{\dfrac{d}{2}}{\dfrac{D+d}{2}} = \dfrac{Ed}{D+d}$

$= \dfrac{200 \times 10^9 \times 2 \times 10^{-3}}{1 + 2 \times 10^{-3}} \times 10^{-6} = 399.2\,\text{MPa}$

$M = \sigma Z = 399.2 \times 10^6 \times \dfrac{\pi \times 0.002^3}{32} = 0.313\,\text{J}$

EXERCISE 2

그림과 같은 높이 30 cm, 나비 20 cm의 구형단면을 가진 길이 200m의 외팔보가 있다. 자유단에 1000 N의 집중하중이 작용할 때 최대 굽힘 응력을 구하라.

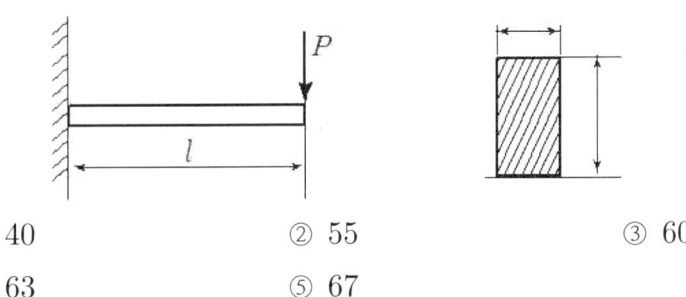

① 40   ② 55   ③ 60
④ 63   ⑤ 67

해설 : $\sigma_{max} = \dfrac{M_{max}}{Z} = \dfrac{1000 \times 200 \times 10^{-6}}{\dfrac{0.2 \times 0.3^2}{6}} = 66.67 \, (\text{MPa})$

- 다음 보들의 최대 굽힘 모멘트는 필히 암기하여야 한다.

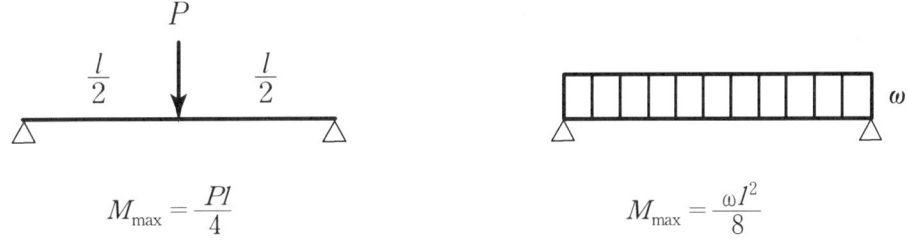

$M_{max} = \dfrac{Pl}{4}$ $M_{max} = \dfrac{\omega l^2}{8}$

[그림 8.4 단순보의 최대 굽힘 모멘트]

EXERCISE 3

높이 20cm, 폭 15cm 스팬이 5m인 단순지지보에 500kN의 균일 등분포 하중이 작용할 때 최대 굽힘응력 크기는?

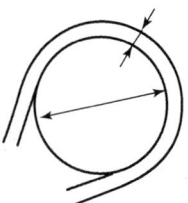

① 156GPa　　　② 15.6GPa　　　③ 1.56GPa
④ 0.156GPa　　⑤ 0.015GPa

해설 : $\sigma = \dfrac{M}{Z}\left(M = \dfrac{\omega l^2}{8},\ Z = \dfrac{bh^2}{6}\right)$

$= \dfrac{6\omega^2 l}{8bh^2} = \dfrac{6 \times 500 \times 10^3 \times 5^2}{8 \times 0.15 \times 0.2^2} \times 10^{-9} = 1.56\,\mathrm{GPa}$

EXERCISE 4

보의 재질이 같고 동일한 단면적을 같은 여러 가지 형상의 보에 굽힘하중을 작용할 때 가장 강한 보의 모양은 어느 것인가?

해설 : 굽힘하중이 작용할 때 가장 강한 보(Beam)는 I형 보이다.

EXERCISE 5

그림과 같은 외팔보의 단면의 높이가 10cm일 때 폭b는?
(단, 허용응력 σ=3.6MPa)

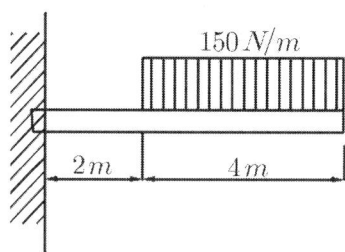

① 5cm ② 10ccm
③ 20cm ④ 40cm

해설 :
$M = 600 \times 4 = 2400 Nm$
$\sigma = \dfrac{M}{Z} = \dfrac{6M}{bh^2}$ 에서
$b = \dfrac{6M}{\sigma h^2} = \dfrac{6 \times 2400}{3.6 \times 10^6 \times 0.1^2} = 0.4 = 40cm$

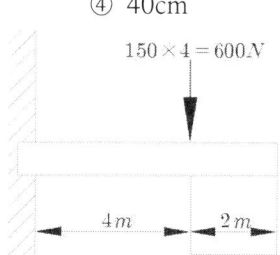

EXERCISE 6

보의 탄성곡선의 곡률 $(\dfrac{1}{\rho})$은?
(단, M:굽힘모멘트, EI:보의 굽힘강성계수)

① $\dfrac{1}{\rho} = \dfrac{EI}{M}$ ② $\dfrac{1}{\rho} = \dfrac{M}{EI}$ ③ $\dfrac{1}{\rho} = \dfrac{E}{MI}$

④ $\dfrac{1}{\rho} = \dfrac{I}{ME}$ ⑤ $\dfrac{1}{\rho} = \dfrac{MI}{E}$

해설 : 보의 탄성곡선에서

$\dfrac{E}{\rho} = \dfrac{\sigma}{y} = \dfrac{M}{1}$ 에서 $\dfrac{1}{\rho}$(곡률) $= \dfrac{\sigma}{Ey} = \dfrac{M}{EI}$

EXERCISE 7

그림과 같이 지름 5mm의 강선을 495mm 지름의 원에 밀착시켜 감았을 때, 강선에 발생하는 최대 굽힘응력은 얼마나 되겠는가?
(단, 강선의 종탄성 계수는 200GPa이다.)

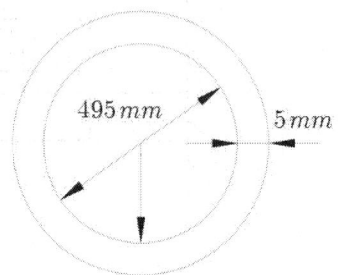

① 0.01MPa   ② 2000MPa   ③ 10000MPa
④ 20000MPa   ⑤ 3000MPa

해설 : 문제상에 "감았을 때"라고 주어지면 무조건 아래 식으로 한다.

$$\frac{E}{\rho} = \frac{\sigma}{y} = \frac{M}{I}$$

ρ : 곡률반경, $1/\rho$: 곡률, E : 종탄성계수

y : 중심선에서 끝단까지의 거리

$$\sigma = y\frac{E}{\rho} = \frac{5 \times 10^{-3}}{2} \times \frac{200 \times 10^9}{\frac{495 \times 10^{-3} + 5 \times 10^{-3}}{2}} \times 10^{-6} = 2000 MPa$$

EXERCISE 8

굽힘모멘트 M을 받는 직경 d인 원형단면의 보에서 굽힘정도는 d와 어떤 관계가 있는가?
① 직경과 반비례한다.
② 직경의 2승에 반비례한다.
③ 직경의 3승에 반비례한다.
④ 직경의 4승에 반비례한다.
⑤ 직경의 5승에 반비례한다.

해설 : σ(보의 응력) $= \dfrac{M}{Z} = \dfrac{32M}{\pi d^3}$

∴ 굽힘정도는 직경(d)의 3승에 반비례

길이 2m의 단순보가 중앙에 집중하중 P를 받아서 최대 굽힘응력이 12MPa으로 되었다. 보의 단면은 직경 20cm의 원형이라 할 때 하중 P의 값은?

① 18.8kN   ② 188.5kN   ③ 18,849kN
④ 188,495kN   ⑤ 1884956kN

해설 : 단순보 중앙에 집중하중일 때

$$M = \frac{Pl}{4} \text{에서}$$

$$\sigma = \frac{M}{Z} \text{에서}$$

$$= \frac{32Pl}{\pi d^3 4}$$

$$\therefore P = \frac{\sigma \pi d^3}{8l} = \frac{12 \times 10^6 \times \pi \times 0.2^3}{8 \times 2} = 18.8 \text{kN}$$

8.2 보 속의 전단응력

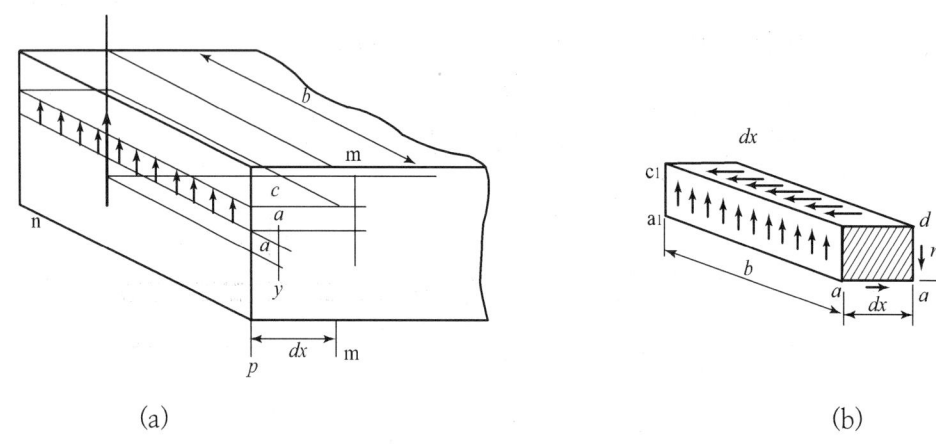

[그림 8.5 보 속의 전단응력]

위의 그림에서 힘의 평형 식과 모멘트 평형식을 적용하면 그 요소의 수평편면 cdd_1c_1 위에 분포되는 전단응력의 모멘트$(\tau_{xy}bdx)dy$와 같아야 평형식을 만족할 것이므로

$$\tau_{xy}bdydx = \tau_{yx}bdxdy$$

로 되고, 이 식으로부터 다음의 관계를 얻게 된다.

$$\tau_{xy} = \tau_{yx}$$

이 관계식은 보의 단면에서 어느 한 점을 지나는 두 직교면 위에는 같은 크기의 전단응력, 즉 공액전단응력(complementary shear stresses)이 작용한다는 것을 의미한다. 이러한 수평 및 수직전단응력의 동일성으로부터 그림 8.5(b)와 같이 요소가 그림 8.6(a)의 최상단 또는 최하단에 있다고 가정하면, 보의 외부면에 전단응력이 적용하지 않으므로 수평전단응력이 0이 되어야 한다. 또한 단면 내의 임의의 지점에서 수직전단응력의 값이 동일 지점에서의 수평전단응력의 값과 같으므로 이 수평전단응력은 보로부터 잘라낸 그림 8.5(b)와 같은 요소에서 거리 dx만큼 떨어진 두 개의 안접한 단면 mn과 m_1n_1 사이에서 요소 pnn_1p_1 그림 8.5(a)의 평형조건으로부터 계산할 수 있다. 이 요소의 상면 및 하면은 곧 보의 상면 및 하면이며, 따라서 전단응력이 작용하지 않는다.

만일, 단면 mn과 m_1n_1에서의 굽힘모멘트가 동일하다면, 즉 보가 순수굽힘 상태에 있다면 측변 np와 n_1p_1에 작용하는 σ_x 역시 동일하게 되어야 한다. 그러나 굽힘모멘트가 서로 다른 좀더 일반적인 경우에 한하여 단면 mn과 m_1n_1에 작용하는 굽힘모멘트를 각각 M과 $M+dM$으로 표시하기로 한다.

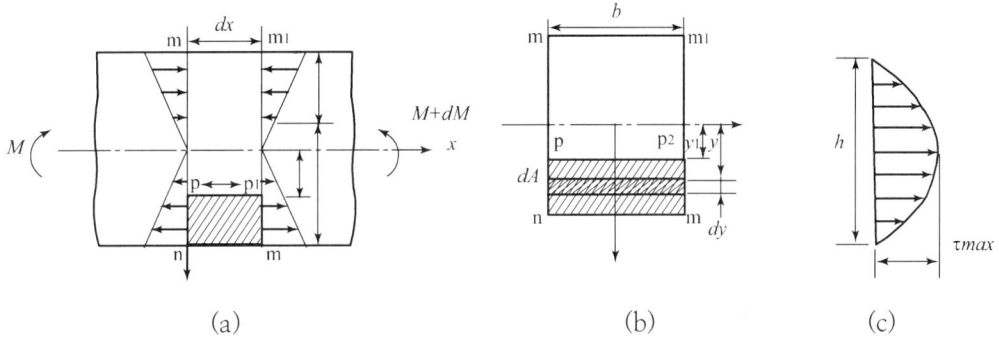

[그림 8.6 보 속의 인장응력과 전단응력선도]

그러면 요소의 좌측면의 면적요소 dA에 작용하는 수직력은 식 (8-3)에서

$$\sigma_x dA = \frac{My}{I}dA$$

따라서 좌측면 pn면에 작용하는 잔체의 수직력은

$$\int_{y1}^{\frac{h}{2}} \frac{My}{I}dA \quad\quad\quad\quad\quad\quad\quad\quad\quad\quad\quad\quad\text{(a)}$$

같은 방법으로 우측면 p_1n_1면에 작용하는 전체의 수직력은

$$\int_{y1}^{\frac{h}{2}} \frac{(M+dM)y}{I}dA \quad\quad\quad\quad\quad\quad\quad\quad\quad\text{(b)}$$

p_1n_1면 위에 작용하는 수평전단응력은 중립축에서 임의 높이 y_1인 평면상의 전단응력을 τ라 하면

$$\tau b\, dx \quad\quad\quad\quad\quad\quad\quad\quad\quad\quad\quad\quad\quad\quad\quad\quad\text{(c)}$$

보의 임의단면에서 수평방향의 힘들은 평형상태에 있어야 한다.

$$\tau b dx + \int_{y_1}^{\frac{h}{2}} \frac{My}{I} dA - \int_{y_1}^{\frac{h}{2}} \frac{(M+dM)y}{I} dA = 0$$

$$\therefore \tau = \frac{dM}{dx} \frac{1}{b1} \int_{y_1}^{\frac{h}{2}} y dA \quad \cdots\cdots\cdots\cdots\cdots\cdots\cdots\cdots\cdots\cdots\cdots\cdots\cdots\cdots\cdots\cdots\cdots\cdots \text{(d)}$$

식 (d)에 식 $V = \frac{dM}{dx}$ 을 대입하면,

$$\tau = \frac{V}{bI} \int_{y_1}^{\frac{h}{2}} y dA \quad \cdots\cdots\cdots\cdots\cdots\cdots\cdots\cdots\cdots\cdots\cdots\cdots\cdots\cdots\cdots\cdots\cdots\cdots\cdots \text{(e)}$$

식 (e)는 임의단면 중립축에서 임의거리 y_1만큼 떨어진 요소의 수평면 위의 전단응력을 구하는 일반식이다. 이 식의 적분 부분은 y_1부터 아래쪽에 있는 단면, 즉 그림 (b)의 음영 부분(pnn_1p_1)의 중립축에 대한 단면 1차모멘트이며, 이 값은 y_1의 위치에 따라 변화되고 따라서 τ에도 변화를 준다. 전단응력의 분포는 y_1에 따라 변화되고 굽힘응력이 0인 중립축에서 최대가 되며, 굽힘응력이 최대로 되는 상하 단면에서 0이 됨을 알 수 있다. 식 (8-4)에서 단면 1차모멘트를 Q로 표시하면 다음과 같이 된다.

$$\tau = \frac{VQ}{Ib} \quad \cdots\cdots\cdots\cdots\cdots\cdots\cdots\cdots\cdots\cdots\cdots\cdots\cdots\cdots\cdots\cdots\cdots\cdots\cdots\cdots\cdots\cdots\cdots\cdots\cdots\cdots \text{(8-4)}$$

중립축으로부터의 거리 y_1에 따라서 τ가 어떻게 변화하는가를 결정하려면 V, I와 b가 상수이므로 y_1에 따른 Q의 변화를 고찰해야 한다. 엄밀한 보의 설계에 있어서는 최대굽힘응력 및 최대전단응력에 대하여 충분한 강도를 갖도록 하고, 다음 장에 나오는 굽힘과 비틀림에 의한 조합응력에 대해서도 고려해야 한다.

(1) 구형단면

구형단면의 미소면적 $dA = bdy$

$$Q = \int_{y_1}^{\frac{h}{2}} y dA = \int_{y_1}^{\frac{h}{2}} by dy = \frac{b}{2}\left(\frac{h^2}{4} - y_1^2\right)$$

Q는 음형 부분의 단면 1차모멘트이므로, 그 단면의 음영면적에 중립축으로부터 단면의 도심까지의 거리를 곱하여 얻을 수 있다.

$$b\left(\frac{h}{2} - y_1\right)\left(y_1 + \frac{\frac{h}{2} - y_1}{3}\right) = \frac{b}{2}\left(\frac{h_2}{4} - y_1^2\right)$$

이것은 식 (8-5)에 대입하면 다음과 같이 된다.

$$\tau = \frac{V}{2I}\left(\frac{h^2}{4} - y_1^2\right) \quad \cdots\cdots\cdots\cdots\cdots\cdots\cdots\cdots\cdots\cdots\cdots\cdots\cdots\cdots\cdots (8-5)$$

위 식에서 $y_1 = \pm \frac{h}{2}$에서는 $\tau = 0$, $y_1 = 0$에서는 최대값이 된다.

$$\tau_{\max} = \frac{Vh^2}{8I} = \frac{3}{2}\frac{V}{2} = 1.5\tau_{mean} \quad \cdots\cdots\cdots\cdots\cdots\cdots\cdots\cdots\cdots\cdots (8-6)$$

여기서 A는 bh로 단면의 면적이다. 그러므로 최대전단응력은 중립축에서 작용하며, 평균전단응력 $\frac{V}{A}$보다 50(%)만큼 더 크다는 것을 알 수 있다. 또한 그 선도는 y_1에 따라서 그림 (c)와 같은 포물선형이 된다.

(2) I형 단면

아래 [그림 8.7]과 같은 I형 단면도 플랜지(flange) 부분과 웨브(web) 부분으로 나누어 구형단면의 보와 같은 방법으로 전단응력의 분포를 구할 수 있다. 여기서도 앞에서 언급한 바와 같은 가정을 한다. 즉, 전단응력 τ는 y축에 평행하며, 웨브의 두께 t에 따라 균일하게 분포되어 있다고 가정한다. 중립축으로부터 y_1만큼 떨어진 점에 대하여 생각해 보면, 단면의 음영 부분의 중립축에 대한 단면 1차모멘트는 음영 부분의 면적에 그 단면적의 중립축으로부터 음영 부분의 도심까지의 거리를 곱해서 구하면 다음과 같다.

$$Q = b\left(\frac{h}{2} - \frac{h_1}{2}\right) - \left(\frac{h_1}{2} + \frac{\frac{h}{2} - \frac{h_1}{2}}{2}\right) + t\left(\frac{h_1}{2} - y_1\right) - \left(y_1 + \frac{\frac{h_1}{2} - y_1}{2}\right)$$

$$= \frac{b}{2}\left(\frac{h^2}{4} - \frac{h_1^2}{4}\right) + \frac{t}{2}\left(\frac{h_1^2}{4} - y_1^2\right)$$

이것은 단면 1차모멘트 공식의 적분식을 이용해서 구할 수도 있다.

$$Q = \int_{y_1}^{\frac{h}{2}} y dA = \int_{\frac{h_1}{2}}^{\frac{h}{2}} by dy + \int_{y_1}^{\frac{h_1}{2}} ty dy$$

$$= \frac{b}{2}\left(\frac{h^2}{4} - \frac{h_1^2}{4}\right) + \frac{t}{2}\left(\frac{h_1^2}{4} - yh_1^2\right)$$

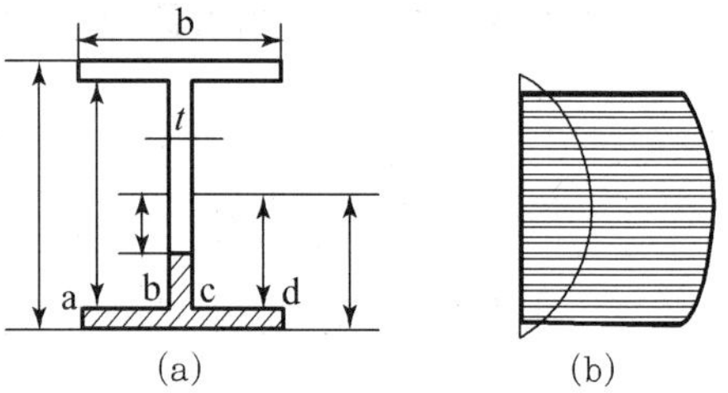

[그림 8.7 I형 단면]

이 식을 (8-2) 식에 대입하면 다음과 같다.

$$\tau = \frac{V}{It}\left[\frac{b}{2}\left(\frac{h^2}{4} - \frac{h_1^2}{4}\right) + \frac{t}{2}\left(\frac{h_1^2}{4} - y_1^2\right)\right]$$

위 식에서 전단력은 그림 8.7(b)에서 웨브의 높이에 따라 포물선 형태로 변화한다는 것을 알 수 있다. 최대전단응력은 중립축에서 생기며, 위 식에 $y_1 = 0$을 대입함으로써 얻을 수 있다. 또 최소전단응력은 $y_1 = \pm\frac{h_1}{2}$을 대입함으로써 구할 수 있다.

$$\tau_{\max} = \frac{V}{It}\left(\frac{bh^2}{8} - \frac{bh_1^2}{8} + \frac{th_1^2}{8}\right) \quad \cdots\cdots\cdots\cdots\cdots\cdots\cdots\cdots (8-7)$$

$$\tau_{\min} = \frac{V}{It}\left(\frac{bh^2}{8} - \frac{bh_1^2}{8}\right)$$

웨브의 두께 t는 플랜지의 폭 b에 비하여 매우 작다. 그러므로 $\tau_{\max}$와 $\tau_{\min}$ 사이에는 큰 차가 없으며, 웨브의 단면 위의 전단응력의 분포는 거의 균일하다. $\tau_{\max}$에 가장 가까운 값은 웨브 자체의 단면적 $h_1 t$로 총전단력 V를 나누어서 얻을 수 있다. 한편 I형 단면의 전단응력분포는 그림 8.8(b)에서 보인 바와 같이 플랜지 내의 전단응력은 웨브 내의 전단응력보다 대단히 작다는 것을 알 수 있다. 그러므로 전단력 V는 웨브에 의해서 지지되고 있다고 가정해도 좋으며, 플랜지로 전단력을 지지하는 데 아무 역할도 하지 않는다고 보아도 설계상에 지장이 없다. 사실상 플랜지와 웨브의 연결 부분인 b점과 c점 같은 곳은 응력집중 등 여러 가지 복잡한 불균일 응력분포 상태이며, 일반적으로 이러한 응력집중 현상을 피하기 위하여 그림에서처럼 필렛(fillet)이 사용된다.

(3) 원형단면

[그림 8.5]과 같이 반지름이 r인 원형단면의 전단응력분포를 구하면 다음과 같다.

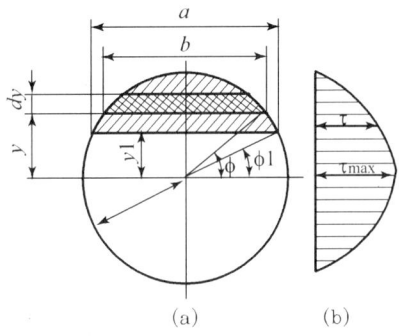

[그림 8.8 원형 단면]

단면의 중립축으로부터 y만큼 떨어진 미소면적 dA를 취해 다음을 참고로 하여 중립축에 대한 단면 1차모멘트를 구하면,

$$y = r\sin\phi \qquad\qquad t = r^2 - y^2$$

$$dy = r\cos\phi\, d\phi \qquad\qquad dt = -2y\, dy$$

$$b = 2r\cos\phi = 2\sqrt{r^2 - y^2} \qquad \therefore\ dy = -\frac{1}{2y}dt$$

$$B = 2r\cos\phi_1 = 2\sqrt{r^2 - y_1^2} \qquad y = r일\ 때\ t = y$$

$$dA = b\, dy = 2\sqrt{r^2 - y^2}\, dy \qquad y = y_1일\ 때\ t = r^2 - y_1^2$$

$$= 2r^2\cos^2\phi\, d\phi$$

$$Q = \int_{y_1}^{r} y dA = \int_{y_1}^{r} y \cdot 2\sqrt{r^2-y^2}\,dy = \int_{r^2-y_1^2}^{0} y \cdot 2\sqrt{t}\left(-\frac{1}{2y}\right)dt$$

$$= -\int_{r^2-y_1^2}^{0} t^{\frac{1}{2}}\,dt = -\left[\frac{2}{3}t^{\frac{2}{3}}\right]_{r^2-y_1^2}^{0} = \frac{2}{3}(r^2-y_1^2)^{\frac{3}{2}}$$

$$= \frac{2}{3}\left(\frac{B}{2}\right)^3 = \frac{2}{3}r^3\cos^3\phi_1$$

혹은 $Q = \int_{y1}^{r} y dA = \int_{\theta 1}^{\frac{x}{2}} 2r^3\cos^2\phi \cdot \sin\phi d\phi = \frac{2}{3}r^3\cos^3\phi_1$

위에서 구한 단면 1차모멘트와 $I = \dfrac{\pi r^4}{4}$ 및 $A = \pi r^2$을 식 (8-2)에 대입하면

$$\tau = \frac{VQ}{Ib} = \frac{4V}{\pi r^4 \cdot 2r\cos^3\phi_1} \cdot \frac{2}{3}r^3\cos^3\phi_1 = \frac{4}{3}\frac{V}{A}\left(1-\frac{y_1^2}{r^2}\right) \quad \cdots\cdots\cdots\cdots (8-8)$$

그림 8.8(b)에서 표시한 바와 같이 최대전단응력은 $\phi_1 = 0$ 혹은 $y_1 = 0$에서 발생하며, 최소전단응력은 $\phi_1 = \dfrac{\pi}{2}$ 혹은 $y_1 = r$에서 발생한다.

$$\tau_{\max} = \frac{4}{3}\frac{V}{A} = 1.33\tau_{mean}$$

$$\tau_{\min} = 0$$

보속의 최대전단응력을 정리하면

$$\tau = \frac{VQ}{Ib} \quad (V: 전단력, \ I: 중심에서의 2차관성모멘트, \ b: 폭)$$

$$Q = \int_{y}^{e} y dA = 음영부분면적 \times 중심축에서 음영부분 중심까지 길이$$

보속의 전단응력은 2차 포물선으로 중립선에서 최대이다.

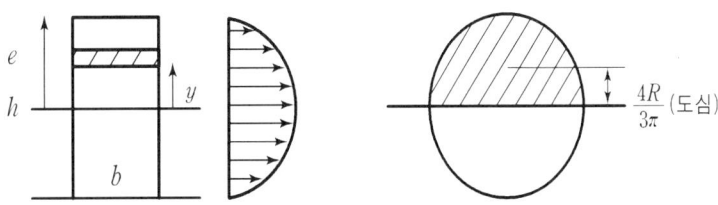

[그림 8.9 보 속의 최대전단응력]

$$\tau = \frac{VQ}{Ib}$$

$$\tau_{\max} = \frac{V \cdot b \times \frac{h}{2} \times \frac{1}{4}}{\frac{bh^3}{12} \times b} = \frac{3V}{2bh} = \frac{3V}{2A}$$

$$\tau_{\max} = \frac{3}{2}\frac{V}{A}$$

$$\tau = \frac{VQ}{Ib} = \frac{V \times \frac{\pi d^2}{4} \times \frac{1}{2} \times \frac{2d}{3\pi}}{\frac{\pi d^4}{64} \times d} = \frac{4V}{3 \cdot \frac{\pi d^2}{4}}$$

$$\tau_{\max} = \frac{4}{3}\frac{V}{A}$$

EXERCISE 10 단순보(simple beam)에 있어서 원형단면에 분포되는 최대 전단응력은 평균 전단응력 $\left(\dfrac{F}{A}\right)$의 몇 배가 되는가?

① $\dfrac{2}{3}$ 배   ② 1배   ③ $\dfrac{3}{2}$ 배

④ $\dfrac{4}{3}$ 배   ⑤ $\dfrac{3}{4}$ 배

해설 : $\tau = \dfrac{VQ}{Ib}$ (V : 는 전단력, b : 구하고 싶은 곳의 자른 길이)

구형단면 : $\tau = \dfrac{3V}{2A}$, 원형단면 : $\tau = \dfrac{4V}{3A}$

EXERCISE 11 단순보가 그림과 같이 중앙에 집중하중 30kN를 받을 때 최대 전단 응력은 몇 MPa인가? (단, 이 보의 폭 높이 = 30cm×50cm이다)

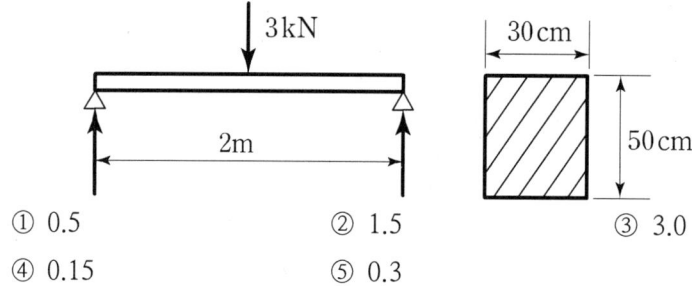

① 0.5   ② 1.5   ③ 3.0
④ 0.15   ⑤ 0.3

해설 : $\tau = \dfrac{3V}{2A} = \dfrac{3 \times 15 \times 1000 \times 10^{-6}}{2 \times 0.3 \times 0.5} = 0.15 \text{MPa}$

EXERCISE 12

그림과 같은 단순보에서 최대 전단응력을 나타나는 식은?

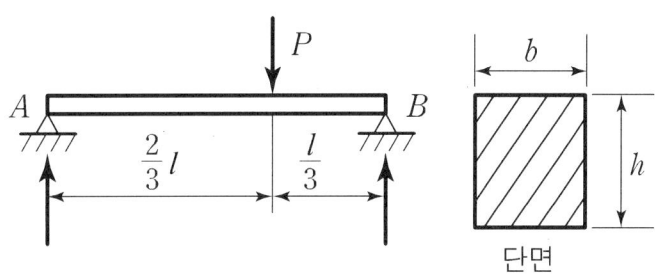

① $\dfrac{8P}{9bh}$ ② $\dfrac{P}{bh}$ ③ $\dfrac{2P}{3bh}$

④ $\dfrac{3P}{2bh}$ ⑤ $\dfrac{4P}{3bh}$

해설 : V 값은 최대값으로 한다.

$$R_A = \frac{P}{3} \text{ 와 } R_B = 2\frac{P}{3} \text{ 중 } R_B \text{ 값으로 한다.}$$

$$\tau = \frac{3V}{2A} = \frac{3 \times 2 \times P}{2 \times b \times h \times 3} = \frac{P}{bh}$$

EXERCISE 13

단면의 폭 5cm×높이 3cm, 길이 100cm의 단순지지보가 중앙에 집중하중 4kN을 받을 때 발생하는 최대 굽힘 응력은 얼마인가(MPa)?

① 133 ② 155 ③ 143
④ 125 ⑤ 100

해설 : $\sigma = \dfrac{M}{Z} = \dfrac{6Pl}{bh^2 4} = \dfrac{6 \times 4 \times 10^3 \times 1 \times 10^{-6}}{0.05 \times 0.03^2 \times 4} = 133 \text{MPa}$

EXERCISE 14

단면 $b \times h = 4 \times 6$mm, 길이 1m의 외팔보가 자중으로 인하여 생긴 최대 굽힘 응력이 2.4MPa일 때 보의 체적당 중량은 몇 N/m³인가?

① 48 ② 480 ③ 4800
④ 48000 ⑤ 480000

해설 : $\sigma = \dfrac{M}{Z} = \dfrac{6\omega l^2}{2bh^2}$

$\omega = \dfrac{2bh^2 \sigma}{6l^2} = \dfrac{2 \times 4 \times 10^{-3} \times (6 \times 10^{-3})^2 \times 2.4 \times 10^6}{6 \times 1}$

$= 0.1152 \text{N/m}$

비중량 $\gamma = \dfrac{\omega}{A} = \dfrac{0.1152}{4 \times 10^{-3} \times 6 \times 10^{-3}} = 4800 \text{N/m}^3$

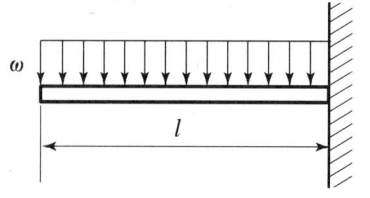
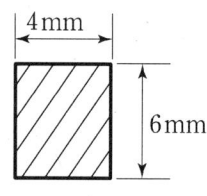

EXERCISE 15

6m의 단순보의 중앙에 20kN이 작용할 때 단면의 폭 8cm, 높이 16cm일 때의 굽힘 응력은 몇 MPa인가?

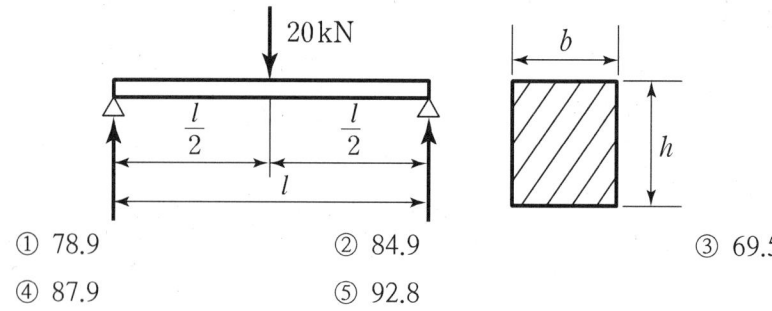

① 78.9 ② 84.9 ③ 69.5
④ 87.9 ⑤ 92.8

해설 : $\sigma = \dfrac{M}{Z} = \dfrac{6Pl}{bh^2 4} = \dfrac{6 \times 20 \times 6 \times 10^{-3}}{0.08 \times 0.16^2 \times 4} = 87.89 \text{MPa}$

8.3 굽힘과 비틀림을 동시에 받는 축

다음의 그림은 굽힘과 비틀림을 동시에 받는 축으로서 순수굽힘을 받거나 순수 비틀림을 받는 경우보다 더욱 위험하므로 축지름을 크게 하여야 한다.

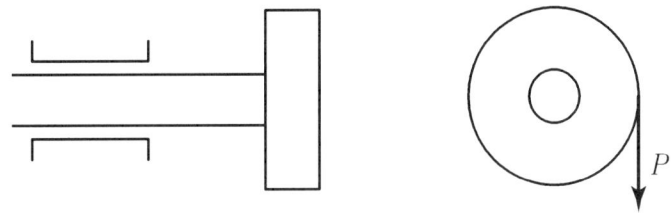

[그림 8.10 굽힘과 비틀림을 동시에 받는 축]

보속에 발생하는 최대응력을 구하려면 다음과 응력을 고려해야 한다.

① 비틀림 모멘트 T로 인한 전단응력

② 굽힘모멘트 M로 인한 굽힘응력

③ 전단력 V에 의한 전단응력

이 세가지 고려 사항 중 ③에 대한 전단응력은 굽힘응력이 0인 중립면에서 최대이고, 다른 응력들에 비하여 회전축에 미치는 영향이 극히 적으므로 일반적으로 무시한다. 따라서 ①과 ②의 각 응력들이 최대값을 나타내는 최대굽힘응력이 발생하는 축의 표면에 대하여 최대주응력을 계산하고 설계의 기준으로 해야 한다. 비틀림으로 인한 최대전단응력은 축의 표면에 발생하고, 비틀림 식에서 다음과 같이 된다.

$$\tau_{\max} = \frac{T}{Z_P} = \frac{16T}{\pi d^3} \quad \cdots\cdots\cdots (a)$$

굽힘모멘트로 인한 최대굽힘응력은 굽힘모멘트가 발생하는 단면의 중립면에서 가장 먼 표면에 발생하고, 식 (8-3)에서 다음과 같이 된다.

$$(\sigma_b)_{\max} = \frac{M}{Z} = \frac{32M}{\pi d^3} \quad \cdots\cdots\cdots (b)$$

따라서 최대조합응력은 τ와 σ_b의 합성응력이 최대로 되는 단면에서 일어나게 된다. 식 (a) 및 식 (b) 두 응력의 합성에 의한 최대 및 최소주응력은 식을 적용하면 다음과 같이 된다.

$$\sigma_{\max} = \frac{\sigma_x}{2} + \sqrt{\left(\frac{\sigma_x}{2}\right)^2 + r^2} = \frac{16}{\pi d^3}(M + \sqrt{M^2 + T^2})$$

$$= \frac{1}{2Z}(M + \sqrt{M^2 + T^2}) \quad \cdots\cdots\cdots\cdots\cdots (8\text{-}9)$$

$$\sigma_{\min} = \frac{\sigma_x}{2} - \sqrt{\left(\frac{\sigma_x}{2}\right)^2 + r^2} = \frac{16}{\pi d^3}(M^2 - \sqrt{M^2 + T^2})$$

$$= \frac{1}{2Z}(M - \sqrt{M^2 + T^2})$$

등을 얻을 수 있다. 이 $\sigma_{\max}$와 똑같은 크기의 최대굽힘응력을 발생시킬 수 있는 순수굽힘모멘트를 상당굽힘모멘트(equivalent bending moment)라 하고, 그 크기는 다음과 같다.

$$M_e = \frac{1}{2}(M + \sqrt{M^2 + T^2}) \quad \cdots\cdots\cdots\cdots\cdots (8\text{-}10)$$

즉, $\sigma_{\max} = \dfrac{M_x}{Z} = \dfrac{32}{\pi d^3} M_e \quad \cdots\cdots\cdots\cdots\cdots (8\text{-}11)$

이 식은 주응력이 어떤 값에 달했을 때 파손이 일어난다는 최대주응력설(maximum principal stress theory)에 의한 것이며, 축의 안전지름을 구할 때는 최대응력($\sigma_{\max}$)대신 허용응력(σ_a)을 대입하면, 식 (8-11)에서

$$d = \sqrt[3]{\frac{32 M_e}{\pi \sigma_a}} \fallingdotseq \sqrt[3]{\frac{10.2 M_e}{\sigma_a}} \quad \cdots\cdots\cdots\cdots\cdots (8\text{-}12)$$

두 응력의 합성에 의한 최대전단응력은 식 (a)에 의하여 다음과 같이 된다.

$$\tau_{\max} = \sqrt{\left(\frac{\sigma_x}{2}\right)^2 + r^2} = \frac{16}{\pi d^3}\sqrt{M^2 + T^2} = \frac{1}{Z_p}(\sqrt{M^2 + T^2}) \quad \cdots (8\text{-}13)$$

이 $\tau_{\max}$과 똑같은 크기의 비틀림 최대전단응력을 발생시킬 수 있는 비틀림모멘트를 상당비틀림모멘트(equivalent twisting moment)라 하고, 그 크기는

$$T_e = (\sqrt{M^2 + T^2}) \quad \cdots\cdots\cdots\cdots\cdots (8\text{-}14)$$

즉, $\tau_{\max} = \dfrac{T_e}{Z_p} = \dfrac{16}{\pi d^3} T_e \quad \cdots\cdots\cdots\cdots\cdots (8\text{-}15)$

이 식은 최대전단응력이 어떤 값에 달했을 때 파손이 일어난다는 최대전단응력설(maximum shearing stress theory)에 의한 것이며, 축의 안전지름을 구할 때는 τ_{max} 대신 τ_a를 대입하면 식 (h)에서

$$d = \sqrt[3]{\frac{15 T_e}{\pi \tau_a}} \fallingdotseq \sqrt[3]{\frac{5 T_e}{\tau_a}} \quad \cdots\cdots\cdots\cdots\cdots\cdots\cdots\cdots\cdots (8\text{-}16)$$

축의 재료가 강재와 같은 연성 재료인 경우에는 최대전단응력으로 파단된다고 생각하여 $\tau = \frac{1}{2}\sigma$로 택하고, 주철과 같은 취성재료인 경우에는 최대주응력으로 파단된다고 생각하여 계산한다.

(1) 최대 전단응력설

$Te = \tau Z_p$

$Te = \sqrt{M^2 + T^2}$

여기서 Te는 상당 비틀림모멘트이다.

(2) 최대 주응력설

$Me = \sigma \cdot Z$

$Me = \frac{1}{2}(M + \sqrt{M^2 + T^2})$

여기서 Me는 상당 굽힘모멘트이다.

EXERCISE 연습문제

01 보 속의 굽힘응력의 크기에 대한 설명 중 옳은 것은?
① 중립면에서 최대로 된다.
② 중립면에서 거리에 정비례 한다.
③ 상연에서 부터의 거리에 정비례 한다.
④ 하연에서 부터의 거리에 정비례 한다.
⑤ 전부분에서 균일하다.

02 보에 하중이 작용하여 보는 아래쪽이 오목하게 굽혀질 때 다음 설명 중 틀린 것은?
① 상연응력은 압축응력이 된다.
② 하연응력은 인장응력이 된다.
③ 중립면에는 응력이 일어나지 않는다.
④ 상연응력을 최대응력으로 한다.
⑤ 전부분에서 균일하다.

03 단면이 크기가 일정한 보에서는 다음과 같은 관계가 있다. 설명 중 틀린 것은?
① 모멘트 M이 클수록 곡률도 커진다.
② 모멘트 M이 작을수록 곡률 반경이 커진다.
③ 모멘트 M이 0이면 곡률 반경은 무한대가 된다.
④ 모멘트 M과 곡률 반경은 정비례한다.
⑤ 모멘트 M과 굽힘응력은 반비례한다.

04 곡률 반경(ρ)에 대한 설명 중 맞는 것은?
① 휘어진 보의 각 부는 곡률 반경이 모두 같다.
② 굽힘 모멘트가 클수록 곡률 반경이 작게 된다.
③ 탄성계수에 반비례한다.
④ 하중에 비례한다.
⑤ 단면 2차 관성모멘트에 반비례한다.

1. $\dfrac{E}{\rho} = \dfrac{\sigma}{y} = \dfrac{M}{I}$

  굽힘응력은 곡률반경에 반비례 이차 관성모멘트에 반비례 굽힘모멘트에 비례하며 중립면에서
  거리에 정비례한다.

2.

정답 1. ②   2. ⑤   3. ④   4. ②

05 두께 4mm의 연강판을 직경 3.6m의 원통형에 감을 때, 이 강판에 생기는 최대 굽힘응력은 몇 GPa인가?
(단, $E=250$ GPa이다)

① 228　　　　　　② 22.8
③ 2.28　　　　　　④ 0.228
⑤ 0.022

5.
$$\frac{\sigma}{y} = \frac{E}{\rho}, \ \sigma = \frac{E}{\rho} \cdot y$$
$$= \frac{205 \times 0.002}{1.8}$$
$$= 0.228[GPa]$$

06 두께가 1mm인 강판을 직경 $d=120$cm의 원통에 감을 때, 강판에 일어나는 최대 응력을 구하여라.
(단, 강판의 탄성계수를 $E=205$GPa로 한다)

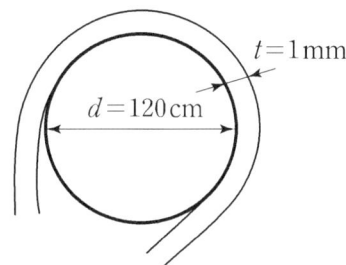

① 102.5　　　　　　② 85.415
③ 170.83　　　　　　④ 106.78
⑤ 150

6.
$$\frac{\sigma}{y} = \frac{E}{\rho}, \ \sigma = \frac{E}{\rho} \cdot y$$
$$= \frac{205 \times 10^6 \times 0.0005}{0.6}$$
$$= 170.83 \text{MPa}$$

07 높이 30cm, 나비 20cm의 구형단면을 가진 길이 2m의 외팔보가 있다. 자유단에 몇 kN의 하중이 작용하겠는가?
(단, 허용응력 $\sigma_a = 15$GPa이다)

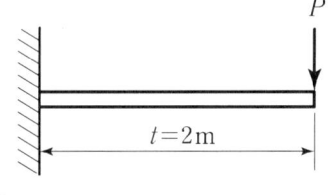

① 16.86　　　　　　② 8.43
③ 4.86　　　　　　④ 4.43
⑤ 2250

7.
$$\sigma = \frac{M}{Z} = \frac{6Pl}{bh^2}$$
$$P = \frac{\sigma \cdot bh^2}{\sigma l}$$
$$= \frac{15 \times 10^9 \times 0.2 \times 0.3^2}{6 \times 2} \times 10^{-3}$$
$$= 22.5 \times 10^3 \text{kN}$$

정답　5. ④　6. ③　7. ②

08 그림과 같은 받침보의 C점에 20kN의 집중하중이 작용할 때 허용 응력 $\sigma_a=100\,\text{MPa}$, 높이 $h=6\,\text{cm}$라 하면 폭은 몇 cm로 하면 되는가?

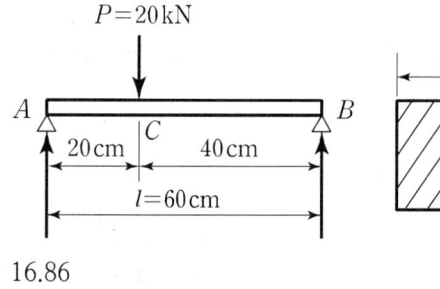

① 16.86
② 8.43
③ 4.86
④ 4.43
⑤ 4.43

8.
$$R_A = \frac{20 \times 0.4}{0.6} = 13.3\,\text{kN}$$
$$R_B = 6.7\,\text{kN}$$

$$\sigma = \frac{M}{Z} = \frac{6 \cdot R_A \times 0.2}{bh^2}$$
$$b = \frac{6 \times 0.2 \times R_A}{\sigma h^2}$$
$$= \frac{6 \times 0.2 \times 13.3 \times 10^3}{100 \times 10^6 \times 0.06^2}$$
$$= 0.0443\,\text{m}$$
$$= 4.43\,\text{cm}$$

09 전단력 $F=40\,\text{kN}$이 작용하는 구형단면의 단순보에서 최대전단응력을 구하여라.

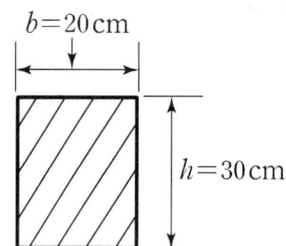

① 0.2MPa
② 0.3MPa
③ 0.8MPa
④ 1MPa
⑤ 1MPa

9.
$$\tau = \frac{3V}{2A}$$
$$= \frac{3 \times 40 \times 10^3}{2 \times 0.2 \times 0.3} \times 10^{-6}$$
$$= 1\,\text{MPa}$$

10 다음 전단응력의 설명 중 틀린 것은?
① 수직전단응력은 수평전단응력의 크기와 같다.
② 전단응력은 상하면에서 0이다.
③ 전단응력은 중립축에서 최대이다.
④ 전단응력은 굽힘응력에 비례한다.
⑤ 전단응력은 하중에 비례한다.

정답 8. ⑤   9. ⑤   10. ④

11 비틀림응력은 다음의 어느 응력과 성질이 같은가?
① 수직응력　　② 전단응력
③ 굽힘응력　　④ 인장응력
⑤ 충격응력

12 비틀림응력은 단면의 어느 곳에서 최대응력이 생기는가?
① 중심
② 중립축
③ 원둘 fp
④ 중심과 원둘레와의 중간점
⑤ 균일하다.

12.
비틀림 응력분포는 원둘레에서 최대이다.

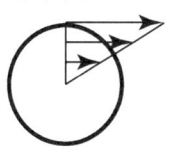

13 전단력 F, 단면 2차모멘트 I, 단면 1차모멘트 Q, 단면폭 b라 할 때 전단응력의 크기를 구하여라.
① $\tau = \dfrac{IF}{Qb}$　　② $\tau = \dfrac{QI}{Fb}$
③ $\tau = \dfrac{Ib}{QF}$　　④ $\tau = \dfrac{QF}{Ib}$
⑤ $\tau = \dfrac{QF}{Ib}$

14 단순보(simple beam)에 있어서 원형단면에 분포되는 최대전단 응력은 평균전단응력(F/A)의 몇 배가 되는가?
① $\dfrac{2}{3}$ 배　　② 1배
③ $\dfrac{3}{2}$ 배　　④ $\dfrac{4}{3}$ 배
⑤ $\dfrac{3}{4}$ 배

정답　11. ②　12. ③　13. ⑤　14. ④

15 보에서 발생하는 최대전단응력은 단면 어느 곳에서 발생하는가?
① 상하면과 중립축의 중간점
② 상하면
③ 보의 중앙점
④ 중립축
⑤ 저변의 1/4 지점

16 그림의 단순보(simple beam)같이 직사각형 단면에 집중하중이 작용할 때 발생하는 최대전단응력을 구하여라.

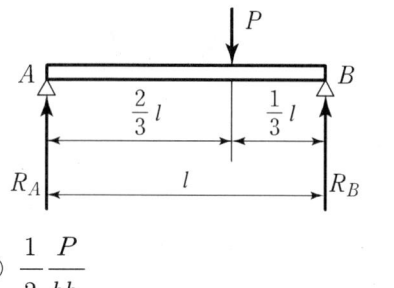
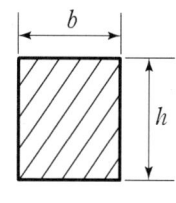

① $\dfrac{1}{2}\dfrac{P}{bh}$ ② $\dfrac{P}{bh}$
③ $\dfrac{1}{3}\dfrac{P}{bh}$ ④ $\dfrac{3}{2}\dfrac{P}{bh}$
⑤ $\dfrac{4}{3}\dfrac{P}{bh}$

16.
$$\tau = \frac{3V}{2A} = \frac{3 \cdot \frac{2}{3}P}{2bh}$$
$$= \frac{P}{bh}$$

17 그림과 같은 길이 $l=50\,\text{cm}$인 직사각형 단면 외팔보(cantilever beam)의 자유단에 집중하중 $P=1\,\text{kN}$이 작용할 때 최대전단응력을 구하여라(MPa).

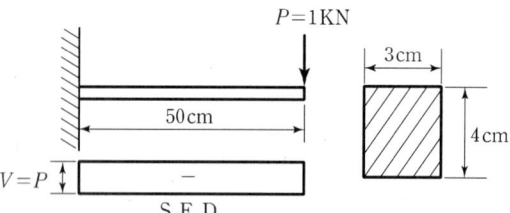

① 0.625 ② 0.8
③ 1.25 ④ 2.5
⑤ 5

17.
$$\tau = \frac{3V}{2A} = \frac{3P}{2bh}$$
$$= \frac{3 \times 10^3}{2 \times 0.03 \times 0.04} \times 10^{-6}$$
$$= 1.25\,\text{MPa}$$

정답 15. ④ 16. ② 17. ③

18 그림과 같이 $l=50\,\text{cm}$인 단순보(simple beam)에 균일분포하중 $\omega=3\,\text{N/m}$의 최대전단응력을 구하여라.
(단, 보의 단면의 직경 $d=4\,\text{cm}$인 원형이다)

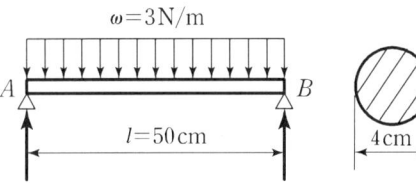

① 796MPa ② 79.6MPa
③ 7.96MPa ④ 0.796kPa
⑤ 7960kPa

18.
$$\tau = \frac{4V}{3A} = \frac{4\frac{\omega l}{2}}{3\frac{\pi d^2}{4}}$$

$$= \frac{8 \times 3 \times 0.5}{3 \times \pi \times 0.04^2}$$

$$= 796\,\text{Pa} = 0.796\,\text{kPa}$$

19 그림과 같이 반경 r인 원형단면을 가진 외팔보(cantilever beam)에 균일분포하중 ω가 작용할 때 생기는 최대전단응력을 구하여라.

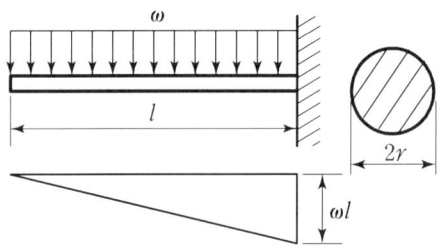

① $\dfrac{2\omega l}{3\pi r^2}$ ② $\dfrac{2\omega l^2}{3\pi r^2}$

③ $\dfrac{4\omega l}{3\pi r^2}$ ④ $\dfrac{4\omega l^2}{3\pi r^2}$

⑤ $\dfrac{3\omega l^2}{2\pi \gamma^2}$

19.
$$\tau = \frac{4V}{3A} = \frac{4 \times wl}{3 \times \pi r^2}$$

$$= \frac{4wl}{3\pi r^2}$$

정답 18. ④ 19. ③

20 길이 *l*인 회전축에 T와 M이 동시에 작용할 때 상당비틀림모멘트 T_e는 어느 식인가?

① $T_e = \sqrt{M^2 + T^2}$

② $T_e = \dfrac{1}{2}\sqrt{M^2 + T^2}$

③ $T_e = M + \sqrt{M^2 + T^2}$

④ $T_e = \dfrac{1}{2}(M + \sqrt{M^2 + T^2})$

⑤ $T_e = \sqrt{(M+T)^2}$

21 굽힘모멘트 M과 비틀림모멘트 T를 동시에 받는 축에서 상당비틀림모멘트 T_e의 식은 어느 것인가?

① $T_e = M\sqrt{1 + \left(\dfrac{T}{M}\right)^2}$

② $T_e = T\sqrt{1 + \left(\dfrac{T}{M}\right)^2}$

③ $T_e = \dfrac{M}{2}\sqrt{M^2 + T^2}$

④ $T_e = M + \sqrt{M^2 + T^2}$

⑤ $T_e = \dfrac{M}{2}\sqrt{(M+T)^2}$

정답 20. ①   21. ①

22 굽힘모멘트 M과 비틀림모멘트 T를 동시에 받는 축의 직경을 계산하는데 쓰이는 상당굽힘모멘트 M_e의 식은 어느 것인가?

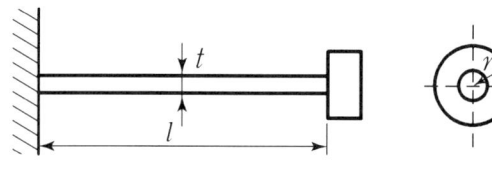

① $M_e = \dfrac{1}{2}\sqrt{M^2 + T^2}$

② $M_e = M + \dfrac{1}{2}\sqrt{M^2 + T^2}$

③ $M_e = \dfrac{1}{2}M + \sqrt{M^2 + T^2}$

④ $M_e = \dfrac{1}{2}M + \dfrac{1}{2}\sqrt{M^2 + T^2}$

⑤ $M_e = \dfrac{1}{2}M + \left(\sqrt{M^2 + T^2}\right)^2$

23 6000J의 비틀림모멘트와 2000J의 굽힘모멘트를 동시에 받을 때 상당굽힘모멘트 M_e의 값은 몇 J인가?

① 4,162.3 ② 8,324
③ 8,000   ④ 6,324.6
⑤ 9324

23.
$T_e = \sqrt{M^2 + T^2}$
$= \sqrt{2000^2 + 6000^2}$
$= 6324.6\text{J}$

$M_e = \dfrac{1}{2}(M + T_e)$
$= \dfrac{1}{2} \times 2000$
$\quad + \dfrac{1}{2}\sqrt{2000^2 + 6000^2}$
$= 4162.3\text{J}$

정답   22. ④   23. ①

09. 보의 처짐

9.1 보의 처짐의 개요

보가 하중을 받으면, 처음에는 가로 축방향으로 직선이었던 보가 [그림 9.1]과 같이 곡선 모양으로 된다. 이 곡선은 처짐곡선(deflection curve) 또는 탄성곡선(elastic curve)이라 하며 응력이 0인 선으로 중립선 또는 중립면이라 한다. 이장에서는 처짐 곡선의 방정식을 구하고 보의 임의 구간 점에서의 처짐을 구하는 방법에 대하여 기술한다.

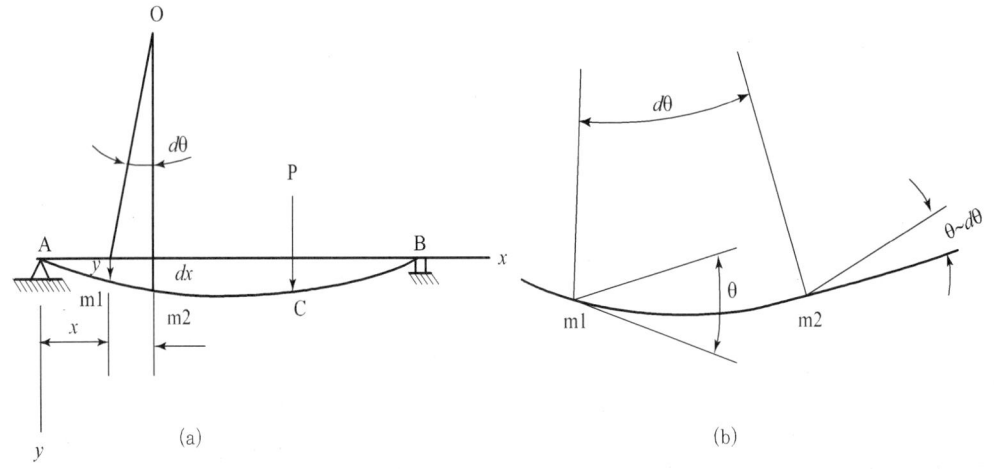

[그림 9.1 보의 처짐곡선]

먼저 처짐 곡선에 대한 일반식을 구하기 위하여 그림 9.1과 같은 단순보의 처짐 곡선 중에서 dx(곡선에서는 ds)부분을 생각한다. 곡선상의 점 m_1과 m_2점에서 처짐 곡선에 대한 접선들에 수직선을 그리면 그 교점은 곡률중심 O가 되며, O에서 중립선까지의 거리를 곡률반경(radius of curvature) ρ라 한다.

$$x = \frac{1}{\rho} = \frac{d\theta}{ds} \quad \cdots\cdots (9\text{-}1)$$

보는 하중을 받으면 탄성영역에서는 아주 작은 처짐만 나타나기 때문에 처짐곡선은 매우 평평하여 각 θ와 기울기는 매우 작으므로 다음과 같이 가정할 수 있다.

$$ds \approx dx \quad \theta \approx \tan\theta = \frac{dy}{dx} \quad \cdots\cdots\cdots\cdots\cdots\cdots\cdots\cdots\cdots (9\text{-}2)$$

여기서 y는 그림에서처럼 초기 위치로부터의 처짐이다. 이 식을 식 (9-1)에 적용하면

$$x = \frac{1}{\rho} = \frac{d\theta}{ds} = \frac{d^2y}{dx^2} \quad \cdots\cdots\cdots\cdots\cdots\cdots\cdots\cdots\cdots (9\text{-}3)$$

모멘트와 굽힘 강성계수 EI에 관한 식은 $\frac{1}{\rho} = -\frac{M}{EI}$ 이므로 정리하면

$$\frac{d^2y}{dx^2} = -\frac{M}{EI} \quad \cdots\cdots\cdots\cdots\cdots\cdots\cdots\cdots\cdots (9\text{-}4)$$

부호규약에 의해 곡선의 기울기 $\frac{dy}{dx}$의 증감과 굽힘 모멘트 M과의 관계는 그림 9.2와 같은 관계가 있다.

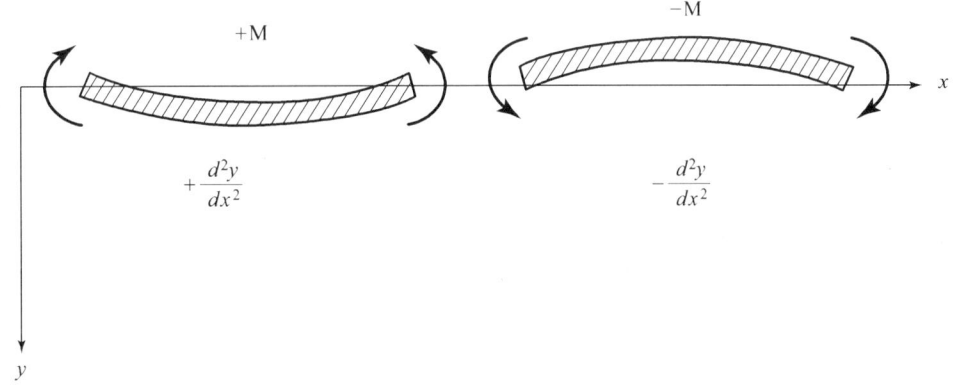

[그림 9.2]

식 (9-4)를 대칭면 내에서 굽힘 작용을 받는 보의 처짐곡선에 대한 미분방정식이라 한다. 일반적으로 보의 처짐은 굽힘 모멘트 M과 전단력 V에 의해 일어나지만 전단력에 의한 처짐은 굽힘 모멘트에 의한 처짐에 비해 매우 작으므로 무시하고 순수 굽힘이란 가정하에서 식 (9-4)를 적분하여 여러 종류의 보의 처짐각 및 처짐량을 구할 수 있다. 즉, 식 (9-4)를 x에 대하여 미분하고 전단력과 모멘트의 관계식을 이용하면 다음과 같은 관계식을 얻을 수 있다.

$$\frac{d^3y}{dx^3}=-\frac{V}{EI} \quad \frac{d^4y}{dx^4}=\frac{w}{EI} \quad\cdots\cdots\cdots\cdots\cdots\cdots\cdots\cdots\cdots\cdots\cdots\cdots\cdots (9-5)$$

앞에서 표시한 식들을 간단히 하기 위하여 미분 대신 프라임(prime)을 사용하기도 한다.

$$y'=\frac{dy}{dx} \quad y''=\frac{d^2y}{dx^2} \quad y'''=\frac{d^3y}{dx^4} \quad y''''=\frac{d^4y}{dx^4} \quad\cdots\cdots\cdots\cdots\cdots (9-6)$$

이것을 사용하면 주어진 미분방정식들은 다음과 같이 표시할 수 있다.

$$EIy''=-M \quad EIy'''=-V \quad EIy''''=-w \quad\cdots\cdots\cdots\cdots\cdots\cdots\cdots (9-7)$$

⊘ 곡률에 대한 정확한 식

보의 처짐곡선의 기울기가 클 때에는 식 (9-2)와 같은 근사식을 사용할 수 없으며, 이 경우에는 곡률과 회전각에 대한 정확한 식을 사용해야 한다.

$$\tan\theta=y' \quad \theta=\tan^{-1}y'$$

$$x=\frac{1}{\rho}=\frac{d\theta}{ds}=\frac{d(\tan^{-1}y')}{dx}\cdot\frac{dx}{ds}$$

$ds^2=dx^2+dy^2$ 이므로

$$\frac{ds}{dx} = \left[1 + \left(\frac{dy}{ds}\right)^2\right]^{\frac{1}{2}} = \left[1 + (y')^2\right]^{\frac{1}{2}} \quad \text{또한} \quad \frac{d}{dx}(\tan^{-1} y') = \frac{y''}{1 + (y')^2}$$

이 두 식으로부터

$$x = \frac{1}{\rho} = \frac{d\theta}{ds} = \frac{y''}{\left[1 + (y')^2\right]^{\frac{3}{2}}} \quad \cdots\cdots (9\text{-}8)$$

이 식을 식 (9-3)과 비교하면, 기울기가 작은 평평할 처짐곡선의 가정은 $(y')^2$의 값이 1과 비교하여 무시할 수 있으므로 식 (9-8)의 분모는 1의 됨을 알 수 있다. 보의 큰 처짐에 관한 문제를 풀 때는 식 (9-8)을 사용해야 한다. 한편, 보의 처짐각 θ 와 처짐량 δ에 관한 부호규약은 그림 9.3과 같다.

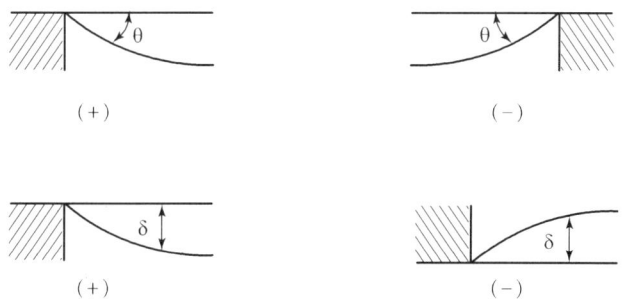

[그림 9.3 처짐과 처짐각의 부호규약]

9.2 외팔보의 처짐

(1) 자유단에 집중하중을 받는 경우

[그림 9.4]와 같이 길이 l인 외팔보의 자유단에 집중하중 P가 작용할 때 자유단으로부터 x거리에 있는 임의 단면에서의 굽힘모멘트는 $M = -Px$이므로 식 (9-4)에 대입하면 다음과 같다.

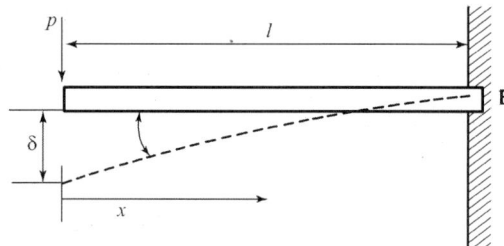

[그림 9.4 자유단에 집중하중을 받는 외팔보]

$$EI\,d^2y/dx^2 = Px \quad \cdots\cdots\cdots (a)$$

식 (a)를 x에 관해 두 번 적분하면 다음과 같이 된다.

$$EI\,dy/dx = Px^2/2 + C_1 \quad \cdots\cdots\cdots (b)$$

$$EI\,y = Px^3/6 + C_1 x + C_2 \quad \cdots\cdots\cdots (c)$$

여기서 보의 고정단 ($x = l$)에서는 기울기 및 처짐이 발생하지 않는다는 경계조건을 이용하면 적분상수 C_1과 C_2를 구할 수 있다.

즉, $x = l$에서

$dy/dx = 0$이므로 $C_1 = -Pl^2/2$

$y = 0$이므로 $C_2 = Pl^3/3$

그러므로

$$dy/dx = P/2EI(x^2 - l^2) \qquad y = P/6EI(x^3 - 3l^2 x + 2l^3)$$

최대처짐각 및 처짐량은 $x=0$인 자유단에서 생기며, 그 값들은 다음과 같다.

$$\theta_{max} = (dy/dx)x=0 = -Pl^2/2EI$$

$$\delta_{max} = yx=0 = Pl^3/3EI$$

(2) 균일분포하중을 받는 경우

[그림 9.5]와 같이 길이 l인 외팔보의 전체길이에 단위길이당 w의 하중이 작용할 때, 자유단으로부터 x의 거리에 있는 임의단면에서의 굽힘모멘트는 $M=-wx^2/2$이므로 식 (9-4)에서

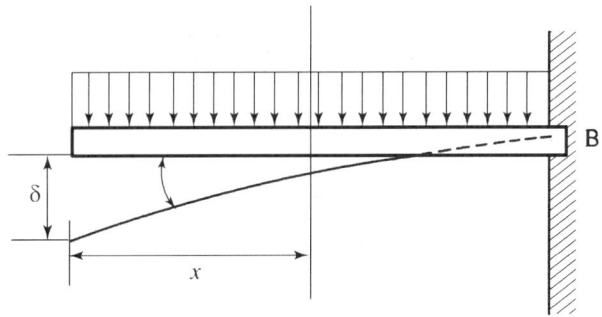

[그림 9.5 균일분포하중을 받는 외팔보]

$$EI\,d^2y/dx^2 = wx^2/2 \quad \cdots\cdots (a)$$

식 (a)를 x에 관해 두 번 적분하면

$$EI\,dy/dx = wx^3/6 + C_1 \quad \cdots\cdots (b)$$

$$EIy = wx^4/24 + C_1 x + C_2 \quad \cdots\cdots (c)$$

여기서 적분상수 C_1과 C_2는 다음과 같이 구해진다.

$x=1$에서

$dy/dx=0$이므로 $C_1 = -wl^3/6$

$y=0$이므로 $C_2 = wl^4/8$

그러므로

$$dy/dx = w/6EI(x^3-l^3) \qquad y = w/24EI(x^4-4l^3x+3l^4)$$

최대처짐각 및 처짐량은 $x=0$인 자유단에서 생기므로

$$\theta_{max} = (dy/dx)x = 0 = -wl^3/6EI$$

$$\delta_{max} = yx = 0 = wl^4/8EI$$

(3) 자유단에서 굽힘모멘트를 받는 경우

[그림 9.5]과 같이 자유단에 굽힘모멘트 M_0가 작용하는 경우 어느 단면에나 $M=-M_0$가 일정하게 작용하므로

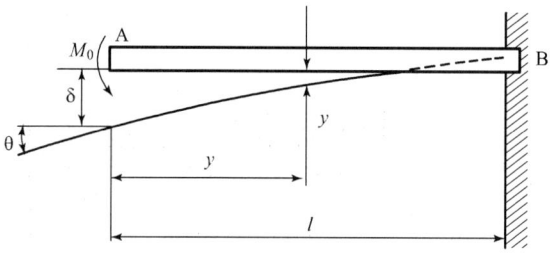

[그림 9.6 우력을 받는 외팔보]

$$EI\frac{d^2y}{dx^2} = M_0 \quad \cdots\cdots (a)$$

$$EI\frac{dy}{dx} = M_0 x + C_1 \quad \cdots\cdots (b)$$

$$EIy = \frac{M_0 x^2}{2} + C_1 x + C_2 \quad \cdots\cdots (c)$$

$x = l$ 에서

$\dfrac{dy}{dx} = 0$이므로 $C_1 = -M_0 l$

$y = 0$이므로 $C_2 = \dfrac{M_0 l^2}{2}$

그러므로

$$\frac{dy}{dx} = \frac{M_0}{EI}(x = l) \quad \cdots\cdots (d)$$

$$y = \frac{M_0}{2EI}(x^2 - 2lx + l^2) \quad \cdots\cdots (e)$$

최대처짐각 및 처짐량은 $x=0$인 자유단에서 생기므로

$$\theta_{\max} = \left(\frac{dy}{dx}\right)_{x=0} = -\frac{M_0 l}{EI} \quad \cdots\cdots (f)$$

$$\delta_{\max} = y_{x=0} = \frac{M_0 l^2}{2EI} \quad \cdots\cdots (g)$$

(4) 불균일 하중을 받는 경우

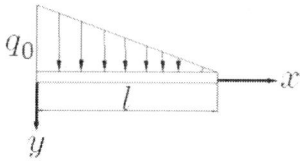

[그림 9.7 불균일분포하중을 받는 외팔보]

[그림 9.7]에서와 같이 3각형 모양의 분포하중을 받는 일단고정 타단자유보 즉 외팔보에서 단위길이에 대한 하중의 최대치가 q_0일 때의 임의점에 대한 분포하중 q는 다음과 같다.

$$q = \frac{q_0(l-x)}{l} \quad \cdots\cdots (a)$$

위 식을 $EIy'' = -M$과 $EIy''' = q$의 미분방정식에 대입하면

$$EIy'''' = \frac{q_0(l-x)}{l} \quad \cdots\cdots (b)$$

위 식을 적분하면

$$EIy''' = \frac{q_0 x}{2l}(2l-x) + C_1 \quad \cdots \quad (c)$$

또한 $x = l$에서 전단력이 0이므로 위직(c)에 대입함면

$$0 = \frac{q_0 l}{2l}(2l-l) + C_1$$

$$C_1 = -\frac{q_0 l}{2}$$

C_1값을 식 (c)에 대입하면 다음과 같은 식이 된다.

$$EIy''' = \frac{q_0 x}{2l}(2l-x) - \frac{q_0 l}{2} = -\frac{q_0}{2l}(l-x)^2 \quad \cdots \quad (d)$$

식 (d)를 적분하면

$$EIy'' = \frac{q_0}{6l}(l-x)^2 + C_2$$

$x = l$에서 굽힘 모멘트가 0이므로 $C_2 = 0$가 된다.

그러므로 $EIy'' = \frac{q_0}{6l}(l-x)^2 \quad \cdots \quad (e)$

식 (e)를 2번 적분하면 다음과 같이 된다.

$$EIy' = -\frac{q_0}{24l}(l-x)^4 + C_3 \quad \cdots \quad (f)$$

$$EIy = \frac{q_0}{120l}(1-x)^5 + C_3 x + C_4 \quad \cdots \quad (g)$$

고정단에서의 고정조건 $y'(0) = \theta = 0 = \delta = 0$을 대입하여 C_3와 C_4를 구하면

$$C_3 = \frac{q_0 l}{24} \qquad C_4 = \frac{-q_0 l^4}{120}$$

미지수 C_3와 C_4를 식 (f)와 식 (g)에 대입하면
다음의 처짐각과 처짐방정식이 구해진다.

$$y' = \theta = \frac{q_0 x}{24lEI}(4l^3 - 6l^2 x + 4lx^2 - x^3) \quad \cdots \quad (h)$$

$$y = \delta = \frac{q_0 x}{120lEI}(10l^3 - 10l^2 x + 5lx^2 - x^3) \quad \cdots \quad (i)$$

자유단($x = l$)에서는

$$\theta = \frac{q_0 l^3}{24EI}, \quad \delta = \frac{q_0 l^4}{30EI} \quad \text{..} \quad \text{(j)}$$

9.3 단순보의 처짐

(1) 균일분포하중을 받는 경우

[그림 9.8]과 같이 스팬 인 단순지지보가 전 길이에 걸쳐 균일분포하중 w를 받을 때, 왼쪽지점 A에서 x의 거리에 있는 단면의 굽힘모멘트는 $M = \frac{wlx}{2} - \frac{wx^2}{2}$ 이므로

$$EI\frac{d^2y}{dx^2} = -\frac{wlx}{2} + \frac{wx^2}{2} \quad \text{..} \quad \text{(a)}$$

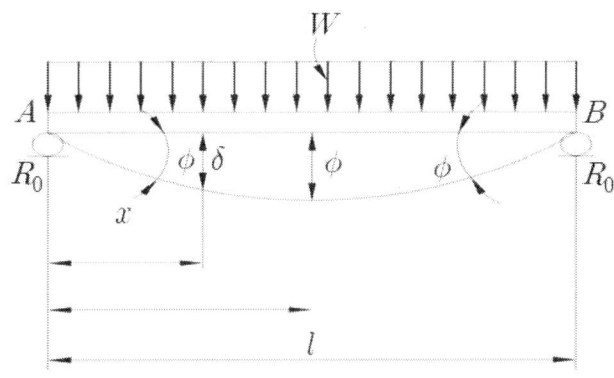

[그림 9.8]

식 (a)를 x에 관해 두 번 적분하면

$$EI\frac{dy}{dx} = -\frac{wlx^2}{4} + \frac{wx^3}{6} + C_1 \quad \cdots\cdots\cdots\cdots\cdots\cdots\cdots\cdots\cdots\cdots\cdots\cdots\cdots\cdots \text{(b)}$$

$$EI = -\frac{wlx^2}{12} + \frac{wx^4}{24} + C_1 x + C_2 \quad \cdots\cdots\cdots\cdots\cdots\cdots\cdots\cdots\cdots\cdots\cdots \text{(c)}$$

$x = \dfrac{1}{2}$ 에서 $\dfrac{dy}{dx} = 0$ 이므로 $C_2 = \dfrac{wl^3}{24}$

$x = 0$ 에서 $y = 0$ 이므로 $C_2 = 0$

적분상수 C_1, C_2를 식 (b), (c)에 대입하여 정리하면

$$\frac{dy}{dx} = \frac{w}{24EI}(4x^3 - 6lx^2 + l^3) \quad \cdots\cdots\cdots\cdots\cdots\cdots\cdots\cdots\cdots\cdots\cdots \text{(d)}$$

$$y = \frac{wx}{24EI}(x^3 - 2lx^2 + l^3) \quad \cdots\cdots\cdots\cdots\cdots\cdots\cdots\cdots\cdots\cdots\cdots\cdots \text{(e)}$$

최대처짐각 및 처짐량은 $x = 0$ 및 $x = l$ 에서 생기며 다음과 같이 된다.

$$\theta_A = \left(\frac{dy}{dx}\right)_{x=0} = \frac{wl}{24EI}$$

$$\delta_B = \left(\frac{dy}{dx}\right)_{x=1} = \frac{wl^3}{24EI} \quad \cdots\cdots\cdots\cdots\cdots\cdots\cdots\cdots\cdots\cdots\cdots\cdots\cdots \text{(f)}$$

최대처짐은 보의 중앙, 즉, $x = \dfrac{1}{2}$ 인 곳에서 생기며 그 값은 다음과 같다.

$$\delta_{\max} = y_{x=\frac{1}{2}} = \frac{5wl^4}{384EI} \quad \cdots\cdots\cdots\cdots\cdots\cdots\cdots\cdots\cdots\cdots\cdots\cdots\cdots \text{(g)}$$

(2) 집중하중을 받는 경우

[그림 9.8]과 같은 단순보의 C점에 집중하중이 작용하는 경우에는, 하중이 작용하는 C점을 경계로 하여 AC구간과 CB구간의 굽힘모멘트의 식이 다르므로 식 (9-4)를 두 구간으로 나누어 취급하여야 한다.

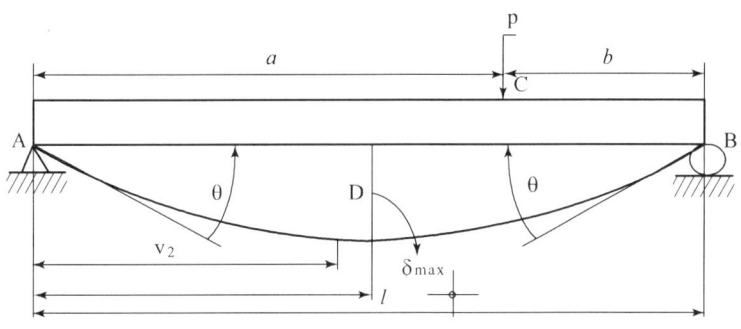

[그림 9.9]

i) AC구간 $(0 < x < a)$

$$M = R_a x = \frac{Pb}{l}x \text{이므로}$$

$$EI\frac{dy}{dx} = -\frac{Pb}{l}x \quad \cdots\cdots\cdots\cdots\cdots\cdots\cdots\cdots\cdots\cdots\cdots\cdots\cdots\cdots \text{(a)}$$

식 (a)를 x에 관해 두 번 적분하면

$$M = \frac{Pb}{2l}x^2 + C_1 \quad \cdots\cdots\cdots\cdots\cdots\cdots\cdots\cdots\cdots\cdots\cdots\cdots \text{(b)}$$

$$EIy = -\frac{Pb}{2l}x^3 + C_1 x + C_2 \quad \cdots\cdots\cdots\cdots\cdots\cdots\cdots\cdots \text{(c)}$$

ii) CB구간 $(a < x < l)$

$$M = R_a x = P(x-a) = \frac{Pb}{l}x - P(x-a) \text{이므로}$$

$$EI\frac{d^2y}{dx^2} = -\frac{Pb}{l}x + P(x-a) \quad \cdots\cdots\cdots\cdots\cdots\cdots\cdots \text{(d)}$$

식 (d)를 x에 관해 두 번 적분하면

$$x^2 + \frac{P}{2}(x-a)^2 + D_1 \quad \cdots\cdots\cdots\cdots\cdots\cdots\cdots\cdots\cdots\cdots\cdots\cdots\cdots\cdots\cdots\cdots \text{(e)}$$

$$EIy = -\frac{Pb}{6l}x^3 + \frac{P}{6}(x-a)^3 D_1 x + D_2 \quad \cdots\cdots\cdots\cdots\cdots\cdots\cdots\cdots\cdots\cdots \text{(f)}$$

경계조건으로서 왼쪽지점 $x=0$ 및 오른쪽 $x=l$에서의 처짐량은 $y=0$이 된다. 먼저 식 (c)는 $x=0$에서 $y=0$가 되므로 $C_2 = D_2 = 0$, 다시 하중점 $x=a$에서는 양고간의 처짐곡선은 연속이여야 하므로 두 구간의 처짐과 기울기는 서로 같아야 한다. 이 조건에서 식 (f)는 $x=l$에서 $y=0$이 되므로

$$D_1 = C_1 = \frac{Pb}{6l}(l^2 - b^2)$$

이 값을 식 (b) 및 식 (c)에 대입하면 $(0 < x < a)$

$$\frac{dy}{dx} = \frac{Pb}{6EIl}(l^2 - b^2 - lx^2) \quad \cdots\cdots\cdots\cdots\cdots\cdots\cdots\cdots\cdots\cdots\cdots\cdots\cdots \text{(g)}$$

$$y = \frac{Pbx}{6EIl}(l^2 - b^2 - x^2) \quad \cdots\cdots\cdots\cdots\cdots\cdots\cdots\cdots\cdots\cdots\cdots\cdots\cdots\cdots \text{(h)}$$

적분상수를 식 (e), 식 (f)에 대입하면 $(a < x < l)$

$$\frac{dy}{dx} = \frac{Pb}{6EIl}\left[(l^2 - b^2) + \frac{3l}{b}(x-a)^2 - 3x^2\right] \quad \cdots\cdots\cdots\cdots\cdots\cdots \text{(i)}$$

$$y = \frac{Pbx}{6EIl}\left[\frac{l}{b}(x-a) + (l^2 - b^2)x - x^3\right] \quad \cdots\cdots\cdots\cdots\cdots\cdots\cdots\cdots \text{(j)}$$

A점에서의 처짐각 θ_a는 식 (9-25)에서 $x=0$, B점에서 처짐각 θ_b는 식 (i)에서 $x=l$을 대입하면 다음과 같이 된다.

$$\theta_a = \frac{Pb}{6EIl}(l^2 - b^2) = \frac{Pab}{6EIl}(l+b) \quad \cdots\cdots\cdots\cdots\cdots\cdots\cdots\cdots\cdots\cdots \text{(k)}$$

$$\delta_b = \frac{Pbx}{6EIl}(l+b) \quad \cdots\cdots\cdots\cdots\cdots\cdots\cdots\cdots\cdots\cdots\cdots\cdots\cdots\cdots\cdots\cdots \text{(l)}$$

보의 최대처짐은 처짐곡선의 기울기가 수평인 D점에서 생기며, $a > b$일 때 이 점은 보의 중앙과 하중이 작용하는 C점 사이에 있게 된다.

3) 우력이 작용하는 경우

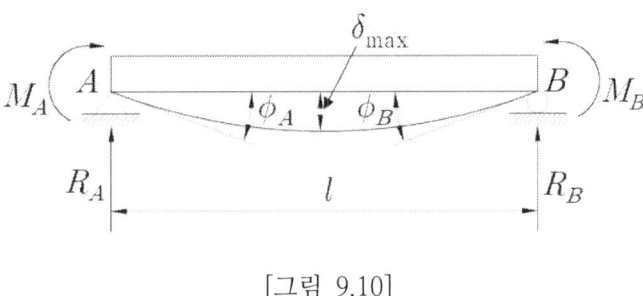

[그림 9.10]

그림과 같이 단순보의 양 지점에 우력 M_A 및 M_B가 각각 작용하였을 때 발생하는 처짐을 구해 본다. 양 지점의 반력을 평형방정식을 이용하여 구하면 다음과 같다.

$$R_A = \frac{M_B - M_A}{L}, \quad R_B = \frac{M_A - M_B}{L}$$

따라서 A지점으로부터 x만큼 떨어진 임의 단면에서의 굽힘모멘트는 다음과 같다.

$$M_x = R_A x + M_A = \frac{M_B - M_A}{L} x + MA$$

이것을 식 (9-4)에 대입하여 처짐곡선의 미분방정식을 얻는다.

$$EI\frac{d^2y}{dx^2} = -\left(\frac{M_B - M_A}{L} x + M_A\right) \quad \cdots\cdots\cdots (a)$$

식 (a)를 두 번 적분하면,

$$EI\frac{dy}{dx} = -\left(\frac{M_B - M_A}{L} \cdot \frac{x^2}{2} + M_A x + C_1\right) \quad \cdots\cdots\cdots (b)$$

$$EIy = -\left(\frac{M_B - M_A}{L} \cdot \frac{x^3}{6} + \frac{M_A}{2} x^2 + C_1 x + C_2\right) \quad \cdots\cdots\cdots (c)$$

적분상수 C_1과 C_2는 $x=0$ 및 $x=L$에서 $y=0$의 경계조건을 식 (c)에 대입함으로써 구할 수 있다.

즉, $C_1 = -\dfrac{L}{6}(2M_A + M_B),\ C_2 = 0$

적분상수를 식 (b) 및 (c)에 대입하여 정리하면 처짐각 및 처짐식은 다음과 같다.

$$\dfrac{dy}{dx} = \dfrac{L}{6EI}\left[(2M_A + M_B) - \dfrac{6M_A}{L}x - \dfrac{3(M_B - M_A)}{L^2}x^2\right] \quad \cdots\cdots (d)$$

$$y = \dfrac{Lx}{6EI}\left[(2M_A + M_B) - \dfrac{3M_A}{L}x - \dfrac{(M_B - MP_A)}{L^2}x^2\right] \quad \cdots\cdots (e)$$

양 지점의 처짐각 ϕ_A와 ϕ_B는 식 (d)에 $x=0$, $x=L$을 대입함으로써 구할 수 있다.

$$\phi_A = \left(\dfrac{dy}{dx}\right)_{x=0} = \dfrac{L}{6EI}(2M_A + M_B) \quad \cdots\cdots (f)$$

$$\phi_B = \left(\dfrac{dy}{dx}\right)_{x=L} = -\dfrac{L}{6EI}(2M_B + M_A) \quad \cdots\cdots (g)$$

만일, B지점에 우력 M_B만이 작용한다면 처짐과 처짐각은 식 (e), 식 (f) 및 식 (g)에서 다음과 같이 된다.

$$y = \dfrac{M_B x}{6EIL}(L^2 - x^2) \quad \cdots\cdots (h)$$

$$\phi_A = \dfrac{M_B L}{6EI} \quad \cdots\cdots (i)$$

$$\phi_B = -\dfrac{M_B L}{3EI} \quad \cdots\cdots (j)$$

EXERCISE 1

단면이 일정한 외팔보(점 A에서 고정)의 끝단 C에 집중하중 P가 작용한다. 아래 〈유의사항〉을 고려하여 탄성영역 내에서 부재 AB의 전단력선도(Shear Force Diagram)와 굽힘모멘트선도(Bending Moment Diagram)를 그리고, 부재 AB의 처짐 곡선의 방정식을 유도하여 점 B의 처짐 V_b를 구하시오.

〈유의사항〉

(1) 굽힘 강도 EI는 일정하다.

(2) 보의 자중에 의한 영향은 고려하지 않는다.

(3) 모든 결과는 그림에 제시된 좌표축을 기준으로 기술해야 한다.

(4) 힘모멘트를 받는 보의 탄성곡선의 미분방정식으로부터 처짐곡선의 방정식을 유도 하여야 한다.

(5) 힘/모멘트, 전단력, 굽힘모멘트의 양의 방향은 다음과 같이 정의한다.

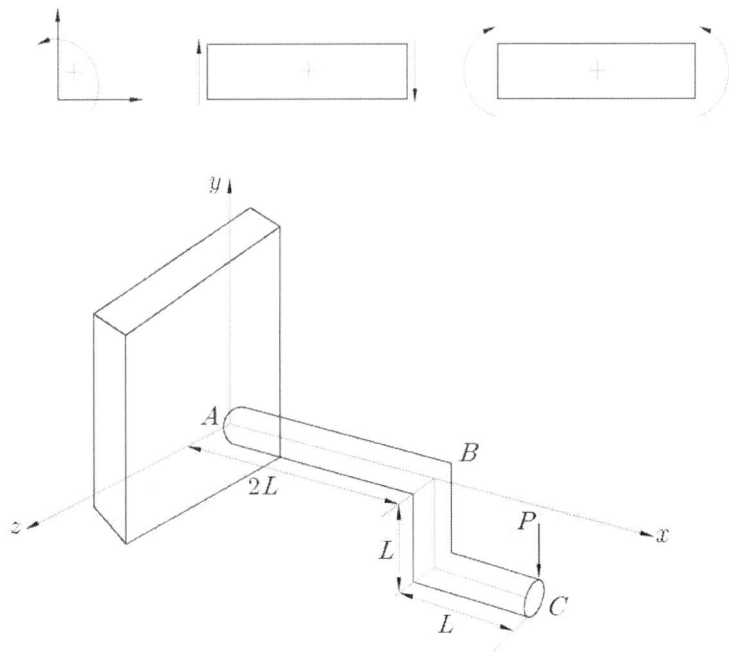

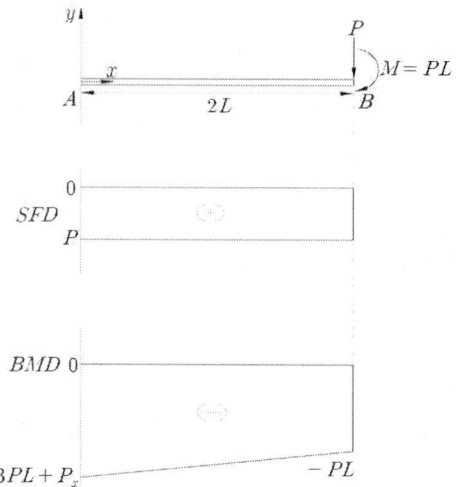

부재 AB는 편심하중이고 가상화하여 도시하면 위의 그림과 같다.n 여기서 M은 B지점에서 작용하는 모멘트이다. 원점으로부터 임의의 x지점에서의 단면에 작용하는 전단력 V는 $V - P = 0$, $V = P$이다. 원점으로부터 임의의 x지점의 단면에 작용하는 모멘트 M_x는

$$M_x + 2PL - Px + PL = 0$$

$$M_x = -3PL + Px \text{ 이다.}$$

$M_x = Px - 3PL$이므로 $EI\dfrac{d^2y}{dx^2} = -M_x = -Px + 3PL$

$$EI\dfrac{dy}{dx} = -\dfrac{1}{2}px^2 + 3PLx + C_1$$

$$EI\delta = -\dfrac{1}{6}px^3 + \dfrac{3}{2}PLx^2 + C_1 x + C_2 \text{ 이다.}$$

$x = 0$일 때 처짐 및 처짐각이 0인 경계조건을 이용하면
$C_1 = 0$, $C_2 = 0$이 된다. 따라서

$$\delta = \dfrac{1}{EI}\left(-\dfrac{1}{6}px^3 + \dfrac{3}{2}PLx^2\right) \text{ 이다.}$$

$x = 2L$일 때, 즉 B점에서의 처짐 V_b는

$$V_b = \dfrac{1}{EI}\left\{-\dfrac{1}{6}P(2L)^3 + \dfrac{3}{2}PL(2L)^2\right\}$$

$$= \dfrac{1}{EI}\left\{-\dfrac{4}{3}PL^3 + 6PL^3\right\} = \dfrac{14PL^3}{3EI}$$

즉, $V_b = \dfrac{14PL^3}{3EI}$

9.4 모멘트 면적법

보의 처짐을 구하는 또 다른 방법으로 굽힘모멘트 선도의 면적을 이용하는 모멘트 면적법(moment-area method)이 있다. 이 방법은 보의 한 점에서의 처짐이나 처짐각을 간편하게 구하는데 많이 사용된다. 그림 9.9는 굽힘모멘트가 작용할 때 탄성곡선 AB와 이에 관한 굽힘모멘트 선도를 표시한 것이다. 이 탄성곡선에서 임의의 한 요서 ds를 택하여 그 양단에서 탄성곡선에 접하는 두 접선을 긋고 그 사이의 각을 $d\theta$라 하면 다음과 같이 된다.

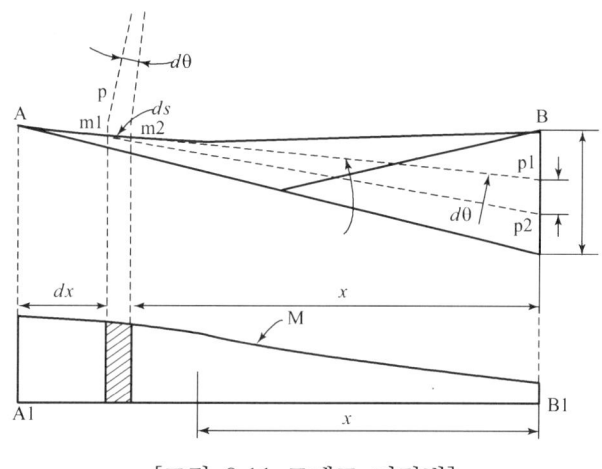

[그림 9.11 모멘트 면적법]

$$\frac{d\theta}{ds} = \frac{M}{EI} \quad \cdots\cdots (a)$$

보가 탄성영역 내에서만 변화한다고 가정하면 $ds \fallingdotseq dx$를 놓을 수 있으므로 식 (a)는 다음과 같이 표시할 수 있다.

$$d\theta = \frac{Mdx}{EI} \quad \cdots\cdots (b)$$

이 관계를 그림에서 설명하면, 탄성곡선의 미소길이 ds의 양쪽 끝에서 그은 두 접선 사이의 미소 각 $d\theta$는 미소길이에 대한 굽힘모멘트선도의 면적, 즉 빗금 친 부분의 면적 Mdx를 EI로 나눈 값과 같다. 그러므로 A와 B에서 그은 접선 사이의 각 θ는 다음과 같이 표시할 수 있다.

$$\theta = \int_A^B \frac{Mdx}{EI} = \frac{1}{EI}\int_A^B Mdx = \frac{A_m}{EI} \quad \cdots\cdots\cdots (9\text{-}9)$$

점 A에서의 접선 AB'에 대한 점 B의 처짐량 δ를 생각하면, 탄성곡선이 평형하다면 곡선 위의 미소길이 dx의 양쪽 끝에서 그은 접선 사이의 각도도 아주 작으므로 이 접선들과 B점에서의 거리는 $xd\theta$가 된다. 그러므로 식 (b)에서

$$xd\theta = \frac{xMdx}{EI}$$

식 (9-9)를 A, B 길이에 대하여 적분하면

$$\delta = BB' = \int_A^B x\frac{Mdx}{EI} \int_A^B x \cdot Mdx = \frac{A_m \cdot x}{EI} \quad \cdots\cdots\cdots (9\text{-}10)$$

여기서 x는 B점에서 모멘트로 이루어진 면적의 도심까지의 거리를 나타낸다. 그러므로 다음과 같은 정리를 얻을 수 있다.

◉ Mohr의 정리1

탄성곡선 위의 임의의 두 점 A와 B에서 그은 두 접선 사이의 각 θ는 그 두 점사이의 굽힘모멘트 선도의 전면적을 EI로 나눈 값과 같다.

◉ Mohr의 정리2

점 A에서의 접선으로부터 점 B의 처짐량 δ는 AB 사이에 있는 굽힘 모멘트 선도 전면적의 B점에 관한 1차 모멘트를 EI로 나눈 값과 같다.

식 (9-9)와 식 (9-10)을 이용하면 보의 임의단면에서의 처짐각과 처짐을 구할 수 있다. 한편, 보의 탄성곡선 사이에 변곡점이 있으면, 굽힘모멘트 선도가 양부분의 면적과 음부분의 면적의 두 부분으로 나누게 된다. 이 경우에는 +부분에서 −부분으로 빼준다. 모멘트의 면적법을 적용하려면 굽힘 모멘트 선도의 면적을 구해야 되므로 몇 가지 기본도형의 면적과 도심을 [그림 9.12]에 표시하였다.

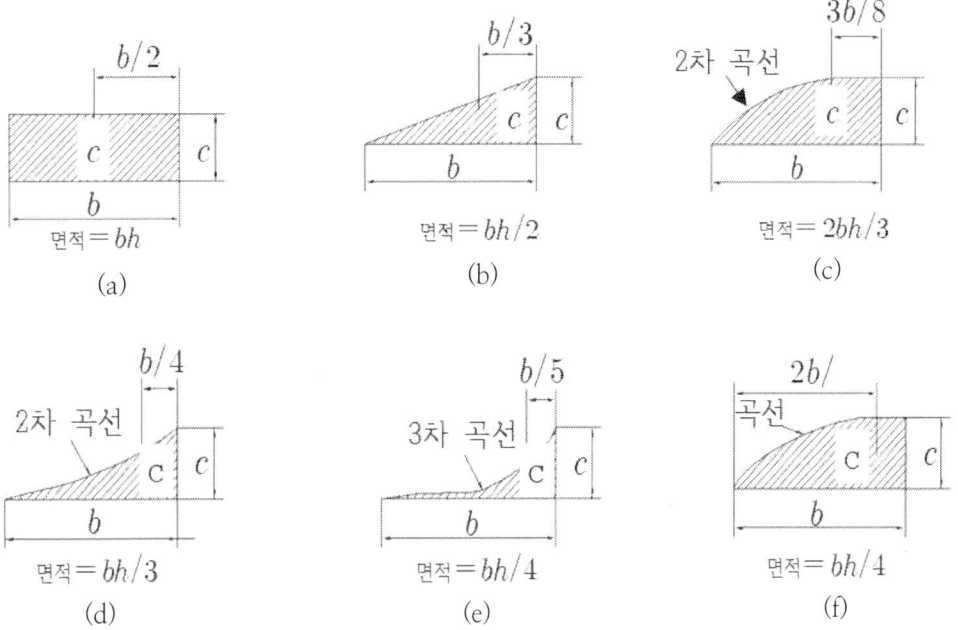

[그림 9.12 BMD의 면적과 도심]

(1) 집중하중을 받는 외팔보

[그림 9.13]과 같이 외팔보의 자유단에 집중하중이 작용할 때 굽힘모멘트 선도는 아래 그림과 같이 표현된다. B점에서의 처짐각 θ_b는 다음과 같이 구할 수 있다.

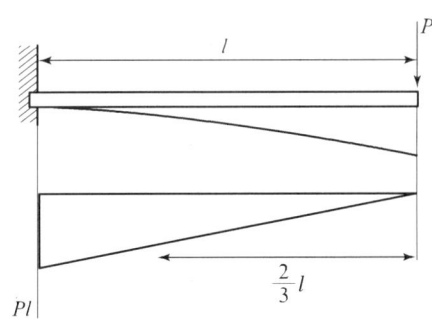

[그림 9.13 외팔보]

$$\theta_b = \frac{A_m}{EI} = \frac{2l \cdot l}{2} \times \frac{1}{EI} = \frac{pl^2}{2EI} \quad \text{.. (a)}$$

B점에서의 처짐량 δ는 굽힘모멘트의 면적과 A점에서의 모멘트선도의 도심길이 (x)를 곱하고 b EI로 나누어 주면 다음과 같이 된다.

$$\delta = \frac{A_m}{EI} \cdot \overline{x} = \frac{pl^2}{2EI} \cdot \frac{2l}{3} = \frac{pl^3}{3EI}$$

A점에서 x만큼 거리에 있는 임의 단면 $mnaa_1$을 직사각형과 삼각형으로 나누어 생각할 수 있으므로

$$\theta_x = \frac{1}{EI}\left[P(l-x) \cdot x + \frac{1}{2} \cdot x \cdot Px\right]$$

$$= \frac{Px^2}{2EI}(2l-x)$$

$$\delta_x = \theta \cdot \overline{x} = \frac{1}{EI}\left[P(l-x)x \cdot \frac{x}{2} + \frac{px^2}{2} \cdot \frac{2x}{3}\right]$$

$$= \frac{Px^2}{6EI}(3l-x)$$

(2) 균일분포하중을 받는 외팔보

[그림 9.14]와 같이 외팔보에 균일분포하중 ω가 작용할 할 때 모멘트 면적법을 이용하여 처짐을 구하기로 한다.

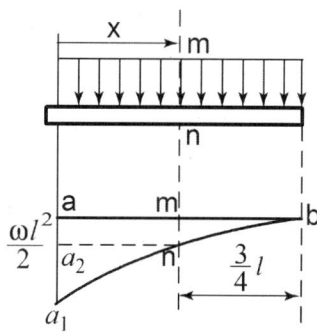

[그림 9.14 균일분포하중을 받는 외팔보]

먼저 보의 A점에서 x만큼 떨어진 임의단면 mn에서의 처짐을 구하려면 그림 (b)에서 $amna_2$의 사각형과 a_2na_1의 포물선으로 이루어진 도형 두 부분으로 나누어 생각하여 처짐각은 다음과 같이 구할 수 있다.

$$\theta_x = \frac{A_m}{EI} = \frac{1}{EI}\left[x \cdot \frac{\omega(l-x)^2}{2} + \frac{1}{3} \cdot x \cdot \frac{\omega x(2l-x)}{2}\right]$$

$$= \frac{\omega x}{6EI}(2x^2 - 4lx + 3l^2)$$

또한 임의단면에서의 처짐은 처짐 각에서 도형의 도심으로부터 처짐을 구하고자 하는 임의단면까지의 거리를 곱해주면 된다.

$$\delta_x = \theta_x \cdot x = \frac{1}{EI}\left[\frac{\omega x(l-x)^2}{2} \cdot \frac{x}{2} + \frac{\omega x^2(2l-x)}{6} \cdot \frac{3}{4}x\right]$$

$$= \frac{\omega x^2}{8EI}(x^2 - 2lx + 2l^2)$$

한편 최대 처짐은 $x=l$인 자유단에서 발생하므로 위의 식에 $x=l$을 대입하여 구할 수 있다. 그러므로

$$\theta_{\max} = \frac{A_m}{EI} = \frac{1}{EI} \cdot \frac{1}{3} \cdot \frac{\omega l^2}{2} \cdot l = \frac{\omega l^3}{6EI}$$

$$\delta_{\max} = \theta \cdot x = \frac{\omega l^2}{8EI} = \frac{3l}{43} = \frac{\omega l^4}{8EI}$$

이 식들은 부정계수법을 이용하여 구한 값과 일치한다.

(3) 균일분포하중을 받는 단순보

[그림 9.15]의 균일분포하중을 받는 단순보의 굽힘모멘트 선도는 그림 (b)와 같이 된다. 여기에 그림 (b)의 a_1b_2을 단순보로 생각하여 여기에 하중 a_1b_2c가 적용한다고 가정하면 이 가상보 a_1b_2에 적용하는 전하중은 다음과 같이 된다.

$$\frac{2}{3} \times \frac{wl^2}{8} \times l = \frac{wl^3}{12}$$

따라서 양단에 작용하는 반력 $R_A = R_B$는 $\frac{wl^3}{24}$이다.

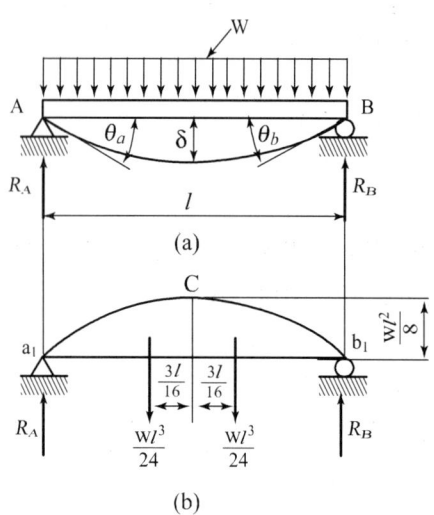

[그림 9.15]

이와 같은 가상보 a_1b_2을 공액보(conjugate beam)라 한다. 양단에서의 처짐각은 가상보의 양단에서의 반력(전단력)들을 EI로 나눈값과 같다.

$$\theta_a = \theta_b = \frac{V_c}{EI} = \frac{R}{EI} = \frac{wl^3}{24EI}$$

또 중앙점에서 발생하는 최대 처짐은 공액보의 중앙단면의 굽힘모멘트를 EI로 나누고 $\bar{x}$를 곱해주면 다음과 같이 된다.

$$\delta_{\max} = \frac{M_c}{EI} = \frac{1}{EI} \cdot \frac{wl^3}{24}\left(\frac{l}{2} - \frac{3l}{16}\right) = \frac{5wl^4}{384EI}$$

(4) 우력을 받는 단순보

그림(a)와 같이 B지점에 우력 M만이 작용했을 때 굽힘모멘트선도는 [그림 9.16](b)와 같다. 여기서 ab를 공액보로 생각하면 전 가상하중은 $\frac{Ml}{2}$이며, 양단의 반력은 각각 $R_1 = \frac{Ml}{6}$ 및 $R_2 = \frac{Ml}{2}$이 된다. 따라서 처짐각은 공액보의 반력을 이용하여 다음과 같이 된다.

$$\phi_A = \frac{R_1}{EI} = \frac{Ml}{6EI} \qquad\qquad \phi_B = \frac{R_2}{EI} = \frac{Ml}{3EI}$$

한편 임의단면 mn에 발생되는 처짐은 다음과 같이 된다.

$$\delta_x = \frac{M_x}{EI} = \frac{1}{EI}\left(\frac{Ml}{6} \cdot x - \frac{M_x^2}{2l} \cdot \frac{x}{3}\right) = \frac{Mlx}{6EI}\left(1 - \frac{x^2}{l^2}\right)$$

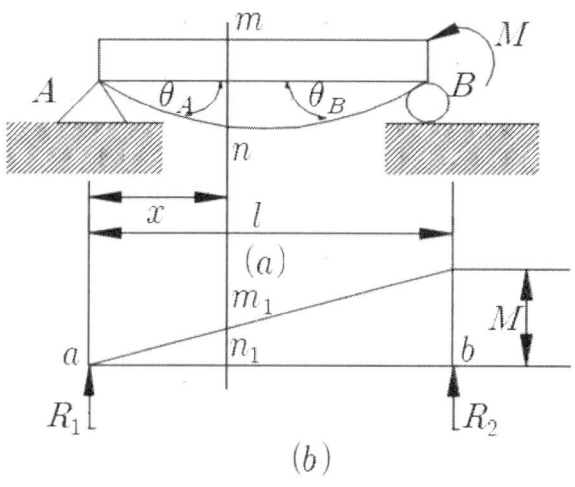

[그림 9.16 우력을 받는 단순보]

(5) 겹침법

한 개의 보에 여러 가지 다른 하중들이 동시에 작용하는 경우 이 보의 처짐은 각각의 하중이 따로따로 작용할 때의 보의 처짐들을 합하여 구할 수 있다. 이것을 겹침법(method of superposition)이라 한다.

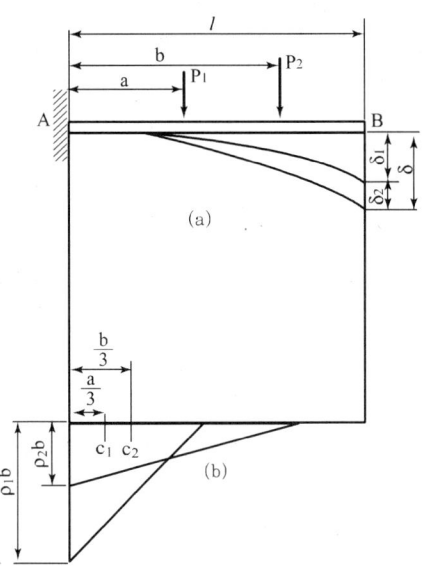

[그림 9.17 여러 개의 집중하중을 받는 외팔보]

1) 하중 P_1만 작용하는 경우

$$\theta_1 = \frac{A_{m1}}{EI} = \frac{1}{EI} \cdot \frac{1}{2} \cdot P_1 a \cdot a = \frac{P_1 a^2}{2EI}$$

$$\delta_1 = \theta_1 \cdot \overline{x_1} = \frac{P_1 a^2}{2EI}\left(l - \frac{3}{a}\right) = \frac{P_1 a^2 (3l - a)}{6EI}$$

2) 하중 P_2만 작용하는 경우

$$\theta_2 = \frac{A_{m2}}{EI} = \frac{1}{EI} \cdot \frac{1}{2} \cdot P_2 b \cdot b = \frac{P_2 b^2}{2EI}$$

$$\delta_1 = \theta_2 \cdot \overline{x_2} = \frac{P_2 b^2}{2EI}\left(l - \frac{3}{b}\right) = \frac{P_2 b^2 (3l - b)}{6EI}$$

따라서 최대처짐은 P_1이 작용하는 경우와 P_2가 작용하는 경우의 처짐을 합한 것과 같다.

$$\delta = \delta_1 + \delta_2 = \frac{P_1 a^2 (3l-a)}{6EI} + \frac{P_2 b^2 (3l-b)}{6EI}$$

만일 $P_1 = P_2 = P$이며, $a = \dfrac{1}{3}$, $b = \dfrac{2l}{3}$ 이면 $\delta = \dfrac{2PL^3}{9EI}$ 이다.

EXERCISE 1

외팔보에 균일분포하중 ωkgf/cm가 그림과 같이 부분적으로 작용할 때 자유단에서의 처짐을 면적 모멘트법에 의하여 구하여라

해설 :
굽힘모멘트 선도는 AC 구간은 포물선, CB 구간은 직선으로 되어 있다.
모멘트의 면적은 A_1, A_2, A_3 세 부분으로 나누면 각각의 면적들은 다음과 같다.

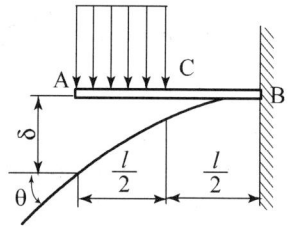

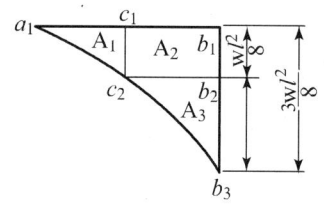

$$A_1 = \frac{1}{3} \times \frac{l}{2} \times \frac{wl^2}{8} = \frac{wl^3}{48}$$

$$A_2 = \frac{l}{2} \times \frac{wl^2}{8} = \frac{wl^3}{16}$$

$$A_3 = \frac{1}{2} \times \frac{l}{2} \times \frac{wl^2}{4} = \frac{wl^3}{16}$$

처짐각 θ_a는 $\frac{A_m}{EI}$ 이므로

$$\theta_a = \frac{(A_1 + A_2 + A_3)}{EI} = \frac{7wl^3}{48EI}$$

처짐각 δ_a는 $\theta \cdot \bar{x}$ 이므로
여기서 x_1, x_2, x_3는 점 B에서 각 면적의 도심까지의 거리이므로

$$\delta_b = \frac{wl^3}{48EI} \cdot \frac{3l}{8} + \frac{wl^3}{16EI} \cdot \frac{3l}{4} + \frac{wl^3}{16EI} \cdot \frac{5l}{6} = \frac{41wl^3}{384EI}$$

EXERCISE 2

외팔보에 자유단에서 균일분포하중과 집중하중을 동시에 받는 외팔보의 처짐을 면적 모멘트법에 의하여 구하여라.

해설 :
1) 하중 P만 자유단에 작용할 때

$$\theta_1 = \frac{Am_1}{EI} = \frac{Pl^2}{2EI}$$

$$\delta_1 = \theta_1 \cdot x_1 \frac{Pl^2}{2EI} \cdot \frac{2l}{3} = \frac{Pl^3}{3EI}$$

2) 하중 w만 자유단에 작용할 때

$$\theta_2 = \frac{Am_2}{EI} = \frac{wl^3}{6EI}$$

$$\delta_2 = \theta_2 \cdot x_2 = \frac{wl^4}{8EI}$$

최대 처짐각 및 최대 처짐은 이들 두 경우를 합한 것이 된다.

$$\theta = \theta_1 + \theta_2 = \frac{Pl^2}{2EI} + \frac{wl^3}{6EI} = \frac{l^2}{6EI}(3P + wl)$$

$$\delta = \delta_1 + \delta_2 = \frac{Pl^3}{3EI} + \frac{wl^4}{8EI} = \frac{l^3}{24EI}(8P + 3wl)$$

(6) 카스틸리아노 정리

보가 순수 굽힘 모멘트를 받는 경우 굽힘모멘트는 보의 전길이에 걸쳐 균일하고 탄성곡선이 연속성을 유지하면 모멘트가 하는 일은 $\frac{M\theta}{2}$ 로 표시되며 유지하면 모멘트가 하는 일은 $\frac{M\theta}{2}$ 로 표시되며 $dU = Md\phi$ 가 된다. 여기서 보의 전 길이에 대한 에너지 U는 다음과 같이 된다.

$$U = \int_o^L \frac{1}{2} m d\phi = \int_o^L \frac{M^2}{2EI} dx$$

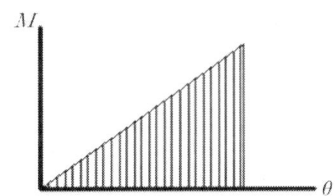

EXERCISE 3 카스틸리아노 정리에서 하중점의 처짐과 처짐각을 구하는 식은?

해설 : $\theta = \dfrac{\partial U}{\partial M}$, $\delta = \dfrac{\partial U}{\partial P}$

EXERCISE 4 그림과 같은 봉 AB의 끝단에 하중 P를 매달고 당겼을 때 B단의 수직 처짐을 구하시오.

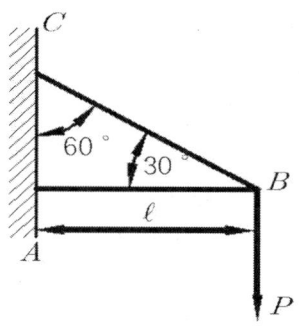

해 설 : $F_{AB} = \dfrac{P}{\sin 30°} \cdot \sin 240° = -\sqrt{3}P$

$F_{BC} = \dfrac{P}{\sin 30°} = 2P$

$U = \dfrac{P\delta}{2} = \dfrac{\sigma^2 Al}{2E} = \dfrac{F^2 \cdot l}{2EA}$ 이므로

$U = U_{AB} + U_{BC} = \dfrac{F_{AB}^2 \cdot l_{AB}}{2EA} + \dfrac{F_{BC}^2 \cdot l_{BC}}{2EA}$

$= \dfrac{(\sqrt{3}P)^2 \cdot L}{2EA} + \dfrac{(2P)^2 \cdot \dfrac{2L}{\sqrt{3}}}{2EA}$

$= \dfrac{P^2 l (\dfrac{3}{2} + \dfrac{4}{\sqrt{3}})}{2EA}$

$\delta_u = \dfrac{\partial U}{\partial P} = \dfrac{Pl(\dfrac{3}{2} + \dfrac{4}{\sqrt{3}})}{EA}$

9.5 처짐정리

보의 처짐을 구하는 방법에는 ⓐ 부정계수법, ⓑ 특이해법, ⓒ 면적모멘트법, ⓓ 에너지법이 있으나 기사시험에서 가장 간략하고 이해하기 쉬운 면적 모멘트법에 관해서만 설명하기로 한다.

$$EIy = EI\delta$$

$$EIy' = EI\theta$$

$$EIy'' = EI\frac{d^2y}{dx^2} = -M(\text{BMD})$$

$$EIy''' = \frac{d(M)}{dy} = -V(\text{SFD})$$

$$EIy^{(4)} = -P(\omega)$$

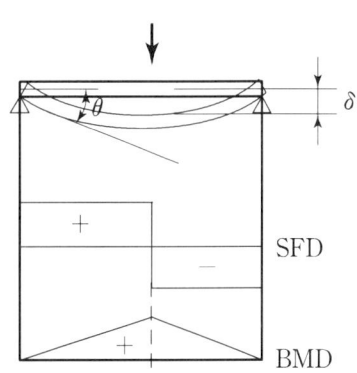

EXERCISE 5

그림과 같은 좌표하에서 보의 탄성곡선의 미분 방정식(처짐곡선의 미분 방정식)을 구하면?
(단, M은 굽힘 모멘트, E는 세로 탄성계수, I는 단면의 2차 관성 모멘트, ρ는 곡률 반지름이다)

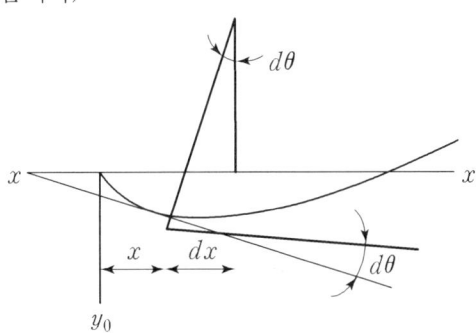

① $\dfrac{d^2y}{dx^2} = \dfrac{M}{EI}$ ② $\dfrac{d^2y}{dx^2} = -\dfrac{M}{EI}$ ③ $\dfrac{d^2y}{dx^2} = \dfrac{1}{\rho}$

④ $\dfrac{d\theta}{ds} = \dfrac{1}{\rho}$ ⑤ $EI\dfrac{d^2y}{dx^2} = M\theta$

해 설 : $EIy'''' = -\dfrac{dV}{dx} = \omega(P)$

$EIy''' = -\dfrac{dM}{dx} = -V$

$EIy'' = -M$

$EIy' = EI\theta$

$EIy = EI\theta$

미분 ↓ 적분

·	점
—	선
/	1차선
(	2차선
)	3차선

EXERCISE 6

전단력 선도(S.F.D)와 굽힘 모멘트 선도(B.M.D)의 관계를 가장 타당성 있게 나타낸 것은?

① S.F.D는 B.M.D의 미분 곡선이다.
② S.F.D는 B.M.D의 적분 곡선이다.
③ S.F.D가 기준선에 평행한 직선일 경우 B.M.D는 포물선을 그린다.
④ S.F.D와 B.M.D는 아무런 연관성이 없다.
⑤ S.F.D를 두 번 적분하면 B.M.D의 곡선이다.

해 설 : S.F.D는 B.M.D의 미분곡선이다.

(1) 면적 모멘트법의 처짐 및 처짐각

$\theta = \dfrac{1}{EI} A_m$

A_m : BMD 선도의 면적

$\delta = \dfrac{1}{EI} A_m \, \overline{x} = \theta \cdot \overline{x}$

$\theta = \dfrac{1}{EI} A_m = \dfrac{1}{EI} \times \dfrac{Pl^2}{2} = \dfrac{Pl^2}{2EI}$

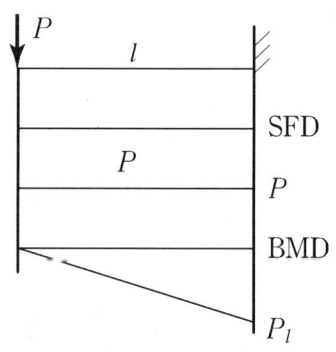

$$\delta = \frac{1}{EI} A_m \, \overline{x} = \frac{1}{EI} \times \frac{Pl^2}{2} \times \frac{2}{3} l = \frac{Pl^3}{3EI}$$

$\overline{x}$: 끝단에서 BMD 도심까지 길이

$$\theta = \frac{1}{EI} \times \frac{Pl}{2} \times \left(\frac{l}{2} \times \frac{1}{2}\right) = \frac{Pl^2}{8EI}$$

$$\delta = \frac{1}{EI} \times \frac{Pl^2}{8} \times \left(\frac{l}{2} + \frac{l}{2} \times \frac{2}{3}\right) = \frac{5Pl^3}{48EI}$$

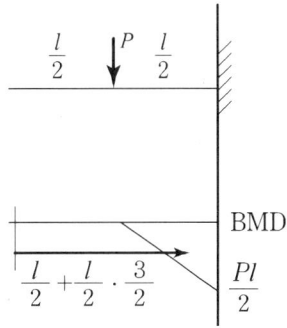

BMD의 모양	▨ h b	◿	2차 ◞	3차 ◞	2차 ◟
A (면적)	bh	$\frac{1}{2}bh$	$\frac{1}{3}bh$	$\frac{1}{4}bh$	$\frac{2}{3}bh$
$\overline{x}$ (도심)	$\frac{1}{2}b$	$\frac{2}{3}b$	$\frac{3}{4}b$	$\frac{4}{5}b$	$\frac{5}{8}b$

[그림 9.18]

EXERCISE 7

단면이 $b \times h = 4\,\text{cm} \times 8\,\text{cm}$인 직사각형이고 스팬(span) 2m의 단순보의 중앙에 집중하중이 작용할 때 그 최대처짐을 0.4cm로 제한하려면 하중은 몇 N으로 제한하여야 하는가? (단, 탄성계수는 $E = 200\,\text{GPa}$이다)

① 4316　　② 6436　　③ 8192
④ 12853　　⑤ 13000

해 설 : 단순보 중앙에 집중하중이 작용할 때 $\delta = \frac{Pl^3}{48EI}$ 에서

$$P = \frac{48EI\delta}{l^3} = \frac{48 \times 200 \times 10^9 \times 0.04 \times 0.08^3 \times 0.4 \times 10^{-2}}{2^3 \times 12}$$
$$= 8192\,\text{N}$$

EXERCISE 8

균일 분포하중 qN/m를 받고 있는 외팔보가 있다. 자유단에서 처짐이 $\delta = 3\text{cm}$ 이고 그 지점에서 탄성곡선의 기울기가 0.01rad일 때 이 보의 길이는 얼마인가? (단, 재료의 탄성계수 $E = 205\text{GPa}$이다)

① 100cm   ② 200cm   ③ 300cm
④ 400cm   ⑤ 800cm

해 설 : $\delta = \dfrac{1}{EI} A_m \overline{x} = \theta \cdot \overline{x}$

$3 = 0.01 \times \dfrac{3}{4} l$ 에서

$l = \dfrac{3 \times 4}{0.01 \times 3} = 400\text{cm}$

참고 : $\delta = \theta \cdot \overline{x}$

$\dfrac{wl^4}{8EI} = \theta \cdot \dfrac{3}{4} l$

$\theta = \dfrac{\delta}{\overline{x}} = \dfrac{wl^4 \cdot 4}{8EI \cdot 3l} = \dfrac{wl^3}{6EI}$

EXERCISE 9

길이가 l 인 외팔보에 균일 분포하중 ω 가 작용하고 있을 때 최대 처짐량은 다음 중 어느 것인가?

① $\dfrac{\omega l^3}{6EI}$ ② $\dfrac{\omega l^4}{8EI}$ ③ $\dfrac{\omega l^4}{3EI}$

④ $\dfrac{5\omega l^4}{384EI}$ ⑤ $\dfrac{\omega l^4}{384EI}$

해 설 : 외팔보 균일 분포하중

$\theta = \dfrac{1}{EI} A_m = \dfrac{1}{EI} \dfrac{wl^2}{2} \cdot l \cdot \dfrac{1}{3} = \dfrac{wl^3}{6EI}$

$\delta = \theta \cdot \overline{x} = \dfrac{1}{EI} A_m \overline{x} = \dfrac{wl^3}{6EI} \cdot \dfrac{3l}{4} = \dfrac{wl^4}{8EI}$

참고 : 단순보 균일 분포하중일 때 :

$\delta = \dfrac{5\omega l^4}{384EI}$

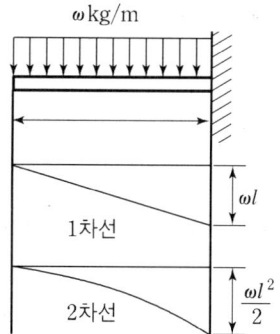

9.6 부정정보의 처짐과 반력

부정정보에는 고정지지보, 양단지지보, 연속보가 있으며 미지수가 3개 이상이어서 힘의 평형방정식과 모멘트 평형방정식으로는 해결 할 수 없으므로 초기조건 및 경계조건을 대입하여 미지수를 해결하여야 한다. 그러므로 미지의 과잉반력 및 과잉우력을 구하는 방법을 다음과 같이 세 가지 방법이 있다.

① 탄성곡선의 미분방정식에 의한 방법: 임의 단면에 있어서의 굽힘모멘트 M을 탄성곡선의 미분방정식인 식(9-4)에 대입해서 처짐각 및 처짐에 대한 식을 유도하고, 이들에 경계조건을 대입하여 반력 및 우력을 결정한다.

② 중첩법에 의한 방법: 보에 작용하는 하중에 따라서 몇 개의 정정보로 분해하고 각각에 대한 처짐각 및 처짐을 구하여 경계조건에 만족하도록 중첩시켜 반력 및 우력을 결정한다.

③ 면적모멘트법에 의한 방법: 면적모멘트법을 응용하여 반력 및 우력을 구한다. 이상의 방법 중에서 중첩법과 면적모멘트법이 편리하므로 많이 이용된다.

9.6.1 일단고정 타단지지보

(1) 집중하중을 받는 경우

반력	방정식	과잉구속
A단에 3개 + B단에 1개= 합 4개	$\sum F_x = 0$ $\sum F_y = 0$ $\sum M_Z = 0$	1개

A점 : 고정단, B점 : 지지된 외팔보, M_A: 부정정요소

일단고정타단지지보 = 집중하중 P를 받는 단순보 + 굽힘모멘트 M_A를 받는 단순보 고정단인 A점에서 처짐각이 0이다.

그러므로

$$\theta_{A'} + \theta_{A''} = 0 \quad \cdots\cdots\cdots\cdots\cdots\cdots\cdots\cdots\cdots\cdots\cdots\cdots\cdots\cdots\cdots\cdots (a)$$

$$\theta_{A'} = \frac{Pb}{6EIl}(l^2 - b^2) \quad\cdots\cdots\cdots\cdots\cdots\cdots\text{(b)}$$

$$\left.\theta_{A''} = \frac{M_A l}{3EI}\right\}$$

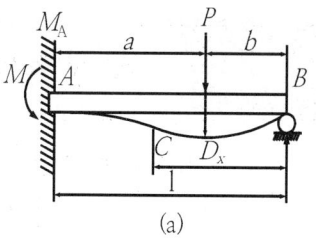

(a)

$$\frac{Pb}{6EIl}(l^2 - b^2) + \frac{M_A l}{3EI} = 0$$

$$\therefore M_A = -\frac{Pb(l^2 - b^2)}{2l^2} \quad\cdots\cdots\cdots\cdots\text{(1)}$$

$$\sum F = R_A + R_B - P = 0$$

$$\sum M_B = R_A l - Pb + M_A = 0 \quad\cdots\cdots\cdots\text{(2)}$$

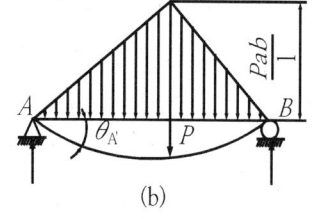

(b)

$$\left.\begin{array}{l} R_A = \dfrac{Pb}{2l^3}(3l^2 - b^2) \\[6pt] R_B = \dfrac{Pa^2}{2l^3}(3l - a) \end{array}\right\}$$

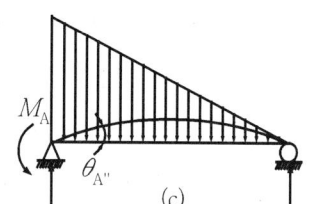

(c)

$x = \dfrac{l}{2}$ 에서의 처짐 : $\delta_{\frac{l}{2}} = \delta_{1\frac{l}{2}} + \delta_{2\frac{l}{2}}$

$$\delta_{1\frac{l}{2}} = \frac{Pb}{48EI}(3l^2 - 4b^2)$$

$$\delta_{2\frac{l}{2}} = \frac{M_A l^2}{16EI}$$

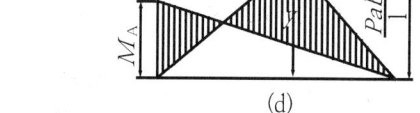

(d)

$$\delta_{\frac{l}{2}} = \delta_{1\frac{l}{2}} + \delta_{2\frac{l}{2}}$$

[그림 9.19 일단고정 타단지지보의 B.M.D 선도]

$$\therefore \delta_{\frac{l}{2}} = \frac{Pb}{48EI}(3l^2 - 4b^2) + \frac{M_A l^2}{16EI} = \frac{Pb}{96EI}(3l^2 - 5b^2) \quad\cdots\cdots\cdots\text{(3)}$$

최대 처짐 발생 위치

$$\frac{d\delta}{db} = \frac{P}{96EI}(3l^2 - 5b^2) + \frac{Pb}{96EI}(-10b) = \frac{P(3l^2 - 15b^2)}{96EI} = 0$$

$15b^2 = 3l^2$, $b = \dfrac{l}{\sqrt{5}} = 0.447l$, b의 값을 식(10.3)에 대입하면

$$\delta_{max} = \frac{Pb}{96EI}(3l^2 - 5b^2) = \frac{P}{96EI}\frac{b}{\sqrt{5}}(3l^2 - 5\frac{l^2}{5}) = \frac{Pl^3}{48\sqrt{5}\,EI}$$

$$y_{max} = \delta_{max} = \frac{Pl^3}{48\sqrt{5}\,EI} \quad \cdots\cdots\cdots\cdots\cdots\cdots\cdots\cdots\cdots\cdots\cdots\cdots\cdots\cdots\cdots\cdots\cdots\cdots\cdots (4)$$

최대 굽힘모멘트 M_A의 최대치 발생위치

$$\frac{dM_A}{db} = \frac{d}{db}\left(-\frac{Pb(l^2-b^2)}{2l^2}\right) = -\frac{P}{2l^2}(l^2-b^2) - \frac{Pb}{2l^2}(-2b)$$

$$= -\frac{P}{2l^2}(l^2 - b^2 - 2b^2) = -\frac{P}{2l^2}(l^2 - 3b^2) = 0$$

$$\therefore b = \frac{l}{\sqrt{3}}$$

$$(M_A)_{max} = -\frac{P}{2l^2}\frac{l}{\sqrt{3}}(l^2 - \frac{l^2}{3}) = -\frac{P}{2\sqrt{3}\,l}(\frac{2}{3}l^2) = -\frac{Pl}{3\sqrt{3}}$$

$$(M_A)_{max} = \frac{-Pl}{3\sqrt{3}} = -0.192Pl \quad \cdots\cdots\cdots\cdots\cdots\cdots\cdots\cdots\cdots\cdots\cdots\cdots\cdots (5)$$

하중의 작용점에서 일어나는 굽힘모우멘트는 모멘트 선도에서 구하면

$$M_C = \frac{Pab}{l} - \frac{Pb(l^2-b^2)}{2l^2}\frac{b}{l} = \frac{Pba^2}{2l^3}(2l+b) \quad \cdots\cdots\cdots\cdots\cdots\cdots\cdots\cdots (6)$$

하중 P에 의한 M_C의 최대치

$$\frac{dM_C}{db} = 0 \quad 2b^2 + 2bl - l^2 = 0 \quad \cdots\cdots\cdots\cdots \quad \therefore b = \frac{1}{2}(\sqrt{3}-1) = 0.366l$$

$$\therefore (M_C) = 0.17Pl$$

$$\therefore M_C < (M_A)_{max} \quad \cdots\cdots\cdots\cdots\cdots\cdots\cdots\cdots\cdots\cdots\cdots\cdots\cdots\cdots\cdots\cdots\cdots (7)$$

if $a = b = \dfrac{l}{2}$

$$R_A = \frac{11}{16}P \qquad R_B = \frac{5}{16}P$$

$$(M_A)_{max} = -\frac{3}{16}Pl$$

$$\delta = \frac{7Pl^3}{768EI}$$

(2) 등분포하중을 받는 경우

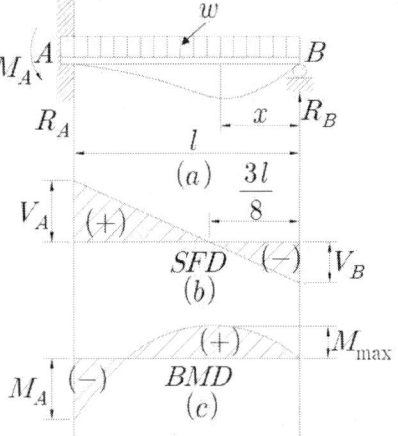

[그림 9.20 일단고정타단지지보]

$\sum F_y = 0 \qquad R_A - wl + R_B = 0$ ············ (a)

$\sum M_B = 0 \qquad R_A l - \dfrac{wl^2}{2} + M_B = 0$ ····· (b)

지점 B에서 임의거리 x단면에서의 굽힘모멘트

$$M_x = R_B x - \frac{wx^2}{2}$$

$$EI\frac{d^2y}{dx^2} = -M \quad \cdots\cdots\cdots\cdots\cdots\cdots\cdots\cdots\cdots\cdots\cdots\cdots\text{(a)}$$

$$EI\frac{d^2y}{dx^2} = -R_B x + \frac{w}{2}x^2 \quad \cdots\cdots\cdots\cdots\cdots\cdots\text{(b)}$$

식 (b)를 두 번 적분하여 정리하면,

$$\frac{dy}{dx} = \frac{1}{EI}\left(\frac{w}{6}x^3 - \frac{R_B}{2}x^2 + C_1\right) \quad \cdots\cdots\cdots\cdots\text{(c)}$$

$$y = \frac{1}{EI}\left(\frac{w}{24}x^4 - \frac{R_B}{6}x^3 + C_1 x + C_2\right) \quad \cdots\cdots\text{(d)}$$

경계조건 $x = l$에서 $\dfrac{dy}{dx} = 0$이고, $x = 0$에서 $y = 0$이므로 적분상수 c_1 및 c_2는 다음과 같다.

$$C_1 = \frac{R_B l}{2} - \frac{wl^3}{6}, \quad C_2 = 0$$

식 (d)에 식 (e)를 대입하여 정리하면,

$$y = \frac{1}{24EI}(wx^4 - 4R_B x^3 + 12R_B l^2 x - 4wl^3 x)$$

한편, 식 (f)에 $x = l$에서 $y = 0$인 경계조건을 대입하여 정리하면 반력 R_B의값을 구할 수 있다.

$$y_{x=l} = \frac{1}{24EI}(8R_Bl^3 - 3wl^4) = 0$$

$$\therefore R_B = \frac{3}{8}wl$$

R_B 값을 식 (c) 및 (d)에 대입하여 정리하면 다음과 같다.

$$\frac{dy}{dx} = \frac{w}{48EI}(8x^3 - 9lx^2 + l^3) \cdots\cdots\cdots\cdots\cdots\cdots\cdots\cdots\cdots\cdots\cdots\cdots\cdots\cdots\cdots\cdots\cdots\cdots\cdots (g)$$

$$y = \frac{w}{48EI}(2x^4 - 3lx^3 + l^3x) \cdots\cdots\cdots\cdots\cdots\cdots\cdots\cdots\cdots\cdots\cdots\cdots\cdots\cdots\cdots\cdots\cdots\cdots (h)$$

처짐각이 최대인 곳은 $x = 0$인 B지점이므로 식(g)에서

$$\left|\frac{dy}{dx}\right|_{x=0} = \phi_{\max} = \frac{wl^3}{48EI} \cdots\cdots\cdots\cdots\cdots\cdots\cdots\cdots\cdots\cdots\cdots\cdots\cdots\cdots\cdots\cdots\cdots\cdots\cdots\cdots (i)$$

또 처짐이 최대인 곳은 $\frac{dy}{dx} = 0$인 단면에서 일어나므로, 식 (g)을 0으로놓으면

$$8x^3 - 9lx^2 + l^3 = (x-l)(8x^2 - lx - l^2) = 0$$

Trivial Solution(자명한 해)의 의하면 $x = 0.42l$이다. 이 값에 의한 최대 처짐과 임의 단면에서의 전단력은 다음과 같다.

$$\delta_{\max} = 0.0054\frac{wl^4}{EI}$$

$$V_x = R_B - wx = \frac{3wl}{8} - wx \cdots\cdots\cdots\cdots\cdots\cdots\cdots\cdots\cdots\cdots\cdots\cdots\cdots\cdots\cdots\cdots\cdots\cdots (h)$$

따라서 A 및 B점의 전단력 V_A 및 V_B는 $x = l$ 및 $x = 0$인 경계조건을 대입하면 구할 수 있다.

$$V_A = \frac{5}{8}wl$$

$$V_B = \frac{3}{8}wl \dotfill \text{(i)}$$

또 전단력이 0인 곳은

$$V_x = \frac{3wl}{8} - wx = 0 \text{에서 } x = \frac{3}{8}l$$

또한 임의의 x단면에서의 굽힘 모멘트 M_x

$$M_x = R_B x - \frac{w}{2}x^2 = \frac{3wl}{8}x - \frac{w}{2}x^2$$

최대 굽힘모멘트 $M_{\max}$는 $\dfrac{dM}{dx} = 0$인 곳에서 일어나므로

$$-\frac{w}{2}x^2 + \frac{3wl}{8}x = 0 \quad \therefore x = \frac{3l}{4} \text{ 이 된다.}$$

한편, $x = l$인 A점에 일어나는 굽힘모멘트 M_A는 다음과 같다.

$$(M_A)_{\max} = \frac{-wl^2}{8}$$

또 $x = \dfrac{l}{2}$인 중앙점에서의 처짐은 다음과 같다.

$$\delta_{x = \frac{1}{2}} = \frac{wl^4}{192EI}$$

(3) 면적 모멘트법의 중첩법에 의해 SFD, BMD와 처짐각 및 처짐길이

즉 그림 (b)와 (c)로 두 개의 정정보로 해석한다.

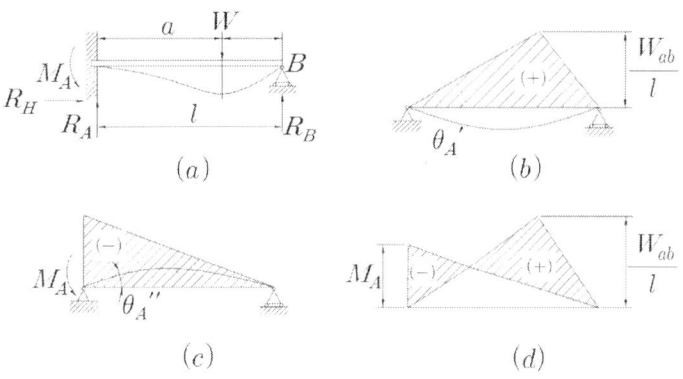

[그림 9.21 일단고정타단지지보]

[그림 9.21 (a)]에서와 같이 A점에서 고정되고, B지점에서는 지지되어 있는 보의 임의 위치에 집중하중 W가 작용하는 경우 여기서 보에 작용하는 미지의 힘은 고정단 A에 3개, 지지된 B지점에 1개, 즉 4개의 부정정 요소를 지니고 있기 때문에 1개의 과잉구속을 갖는 부정정보이다. 고정단인 A점에서는 처짐각이 0이므로, (b) 및 (c)의 처짐각의 합이 0이 되어야 한다.

$$\phi_A{'} - \phi_A{''} = 0 \quad \cdots\cdots\cdots\cdots\cdots\cdots\cdots\cdots\cdots\cdots\cdots\cdots\cdots\cdots (a)$$

그림 (b)에서 집중하중 W로 인한 A점의 처짐각 $\phi_A{'}$와 그림 (c)에서 우력 M_A로 인한 A점의 처짐각 $\phi_A{''}$는 단순보의 식에서 도입하면

$$\phi_A{'} = \frac{Wab}{6EIl}(l+b) = \frac{W}{6EIl}(l^2 - b^2) \quad \cdots\cdots\cdots\cdots\cdots\cdots (b)$$

$$\phi_A{''} = -\frac{M_A l}{3EI}$$

이므로, 식 (b)를 식 (a)에 대입하여 M_A를 구하면 다음과 같다.

$$\frac{Wb}{6EIl}(l^2 - b^2) + \frac{M_A l}{3EI} = 0$$

$$\therefore M_A = -\frac{Wb}{2l^2}(l^2 - b^2) \quad \cdots\cdots\cdots\cdots\cdots\cdots\cdots\cdots\cdots\cdots (c)$$

정역학적 평형방정식에서

$$R_A{}'l = \frac{Wb}{2l^3} = (l^2 - b^2) + \frac{Wb}{l} \quad \cdots\cdots (e)$$

$$\therefore R_B = \frac{Wa^2}{2l^3}(3l - a) \quad \cdots\cdots (f)$$

한편, 굽힘모멘트선도는 그림 (b)와 (c)를 중첩시키면 그림 (d)와 같이 된다. 임의의 점에서 보의 처짐은 W 및 M_A로 인한 그 점의 처짐을 각각 구하여 합해주면 된다. 그리고 중앙점에서의 처짐은 $x = \frac{1}{2}$을 대입한 후 서로 합하면 구할 수 있다.

$$\delta_{x=\frac{1}{2}} = \frac{Wb}{48EI}(3l^2 - 4b^2) + \frac{M_A l^2}{16EI}$$

$$= \frac{Wb}{48EI}(3l^2 - 4b^2) - \frac{Wb}{32EI}(l^2 - b^2)$$

$$\therefore \delta_{x=\frac{1}{2}} = \frac{Wb}{96EI}(3l^2 - 5b^2) \quad \cdots\cdots (g)$$

고정단에 일어나는 굽힘모멘트는 집중하중 W의 위치에 관계 됨을 알 수 있다. 따라서 집중하중 W를 이동시킨다고 하면 M_A의 최대값은 다음과 같다.

$$\frac{dM_A}{db} = 0 \text{에서}, \ b = \frac{1}{\sqrt{3}}$$

$$\therefore (M_A)_{\max} = \frac{Wl}{3\sqrt{3}} \quad \cdots\cdots (h)$$

하중의 작용점에 발생하는 굽힘모멘트는 그림 (d)에서

$$M_D = \frac{Wab}{l} - \frac{b}{l}M_A = \frac{Wab}{l} - \frac{b}{l} \cdot \frac{Wb(l^2-b^2)}{2l^2} = \frac{Wa^2 b}{2l^3}(2l+b) \quad \cdots\cdots (i)$$

이동하중 W에 의한 M_D의 최대값은 $a = l - b$를 이용하는 식 (i)를 다시 쓰면 다음과 같다.

$$M_D = \frac{Wb}{2l^3}(l-b)^2(2l+b) = \frac{W}{2l^3}(2l^3 b - 3l^2 b^2 + b^4) \quad \cdots\cdots (j)$$

이 식을 b에 관해서 미분한 후 0으로 놓고 b의 값을 구하면 다음과 같다.

$$\frac{dM_D}{db} = 4b^3 - 6l^2 b + 2l^3 = 2(b-l)(2b^2 + 2bl - l^2) = 0$$

$$\therefore b = \frac{l}{2}(\sqrt{3} - 1)$$

따라서 b의 값이 $\frac{l}{2}(\sqrt{3}-1)$이 되는 단면에서 모멘트 M_D의 값이 최대가 된다. 즉, b의 값을 식 (i)에 대입하면 다음과 같다.

$$(M_D)_{\max} = 0.174\, Wl \quad \cdots\cdots (i)$$

식 (h)과 식 (j)를 비교하면 $(M_A)_{\max}$가 더 크므로 이동하중의 경우에 최대굽힘 모멘트는 $b = \frac{1}{\sqrt{3}}$인 곳에 집중하중이 작용할 경우 고정단에서 발생됨을 알 수 있다.

9.6.2 양단고정보

(1) 양단고정보가 집중하중을 받는 경우

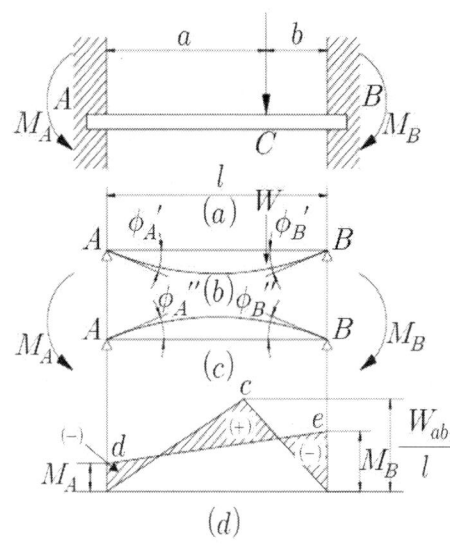

[그림 9.22 양단고정보]

[그림 9.22 (a)]와 같은 양단고정보에 있어서는 각 고정단에 반작용 요소가 3개씩 있으므로 모두 6개의 반작용 요소를 가진다. 그러므로 이것은 3개의 부정적 요소인 과잉구속을 가진다. 그러나 집중하중의 수직으로 작용할 때는 반력 R_A, R_B 및 고정모멘트 M_A, M_B의 4개의 미지 반력이 남게 되어 결국 과잉구속은 2개가 된다. 이러한 보를 2차의 부정정보라고 한다. 위에서 언급한 미지의 과잉반력과 과잉우력을 구하는 방법 ①, ②, ③의 세 가지 방법으로 각각 해석해본다.

1) 미분방정식에 의한 방법

[그림 9.22 (a)]에서 왼쪽으로부터 임의의 거리 x단면에 작용하는 굽힘모멘트는 다음과 같다.

$$0 \leq x \leq a \quad M_x = -M_A + R_A x \quad \text{··· (a)}$$

$$0 \leq x \leq l \quad M_x = -M_A + R_A x - W(x-a) \quad \text{······························· (b)}$$

이 식들을 탄성곡선의 미분방정식은 식 $EI\dfrac{d^2y}{dx^2}=-M$에 대입하여 적분하면 다음과 같다.

$$0 \leq x \leq a \qquad EI\dfrac{d^2y}{dx^2}=M_A-R_Ax$$

$$EI\dfrac{dy}{dx}=M_Ax-\dfrac{R_A}{2}x^2+C_1 \quad\cdots\cdots\cdots\cdots\cdots\cdots\cdots\cdots\cdots\cdots\cdots\cdots\cdots\cdots\cdots\cdots\text{(c)}$$

$$EIy=\dfrac{M_A}{2}x^2-\dfrac{R_A}{6}x^3+C_1x+C_2 \quad\cdots\cdots\cdots\cdots\cdots\cdots\cdots\cdots\cdots\cdots\cdots\text{(d)}$$

$$a \leq x \leq l \qquad EI\dfrac{d^2y}{dx^2}=M_A-R_Ax+W(x-a)$$

$$EI\dfrac{dy}{dx}=M_Ax-\dfrac{R_A}{2}x^2+\dfrac{W}{2}(x-a)^2+C_3 \quad\cdots\cdots\cdots\cdots\cdots\cdots\cdots\text{(e)}$$

$$EIy=\dfrac{M_A}{2}x^2-\dfrac{R_A}{6}x^3+\dfrac{W}{6}(x-a)^3+C_3x+C_4 \quad\cdots\cdots\cdots\cdots\text{(f)}$$

$x=0$에서 $\dfrac{dy}{dx}=0$, $y=0$이라는 경계조건을 식 (c) 및 (d)에 대입하면 $C_1=C_2=0$이 되고, $x=a$인 하중의 작용점에서는 양측의 처짐각 및 처짐이 같다는 조건을 식 (e) 및 식 (f)에 대입하면 $C_3=C_4=0$을 얻는다. 즉,

(c) = (e)이면, $C_1=C_3=0$

(d) = (f)이면, $C_2=C_4=0$

$x=l$인 B단에서는 $\dfrac{dy}{dx}=0$, $y=0$이므로 식(e) 및 식 (f)에 대입하여 정리하면

$$2M_Al-R_Al^2+Wb^2=0 \quad\cdots\cdots\cdots\cdots\cdots\cdots\cdots\cdots\cdots\cdots\cdots\cdots\cdots\cdots\cdots\cdots\text{①}$$

$$3M_Al^2-R_Al^3+Wb^3=0 \quad\cdots\cdots\cdots\cdots\cdots\cdots\cdots\cdots\cdots\cdots\cdots\cdots\cdots\cdots\text{②}$$

과 같은 연립방적식을 얻는다.

①×l−②하면, $M_A = \dfrac{Wab^2}{l^2}$

①×$3l$−②×2하면 $R_A = \dfrac{Wb^2}{l^3}(3a+b)$ ··· (g)

정역학의 평형방정식을 이용하여 나머지 반력과 고정모멘트를 구하면 다음과 같다.

$M_B = \dfrac{Wa^2 b}{l^2}$

$R_B = \dfrac{Wa^2}{l^3}(a+3b)$ ·· (h)

식 (g)와 식 (h)를 식 (c)~(f)에 대입하면 처짐각 및 처짐의 방정식을 구할 수 있다. 하중의 작용점 C에서의 모멘트는 식 (g) 및 식 (h)를 식 (a)에 대입하고 $x=a$라고 하면 다음과 같이 구해진다.

$M_c = -M_A + R_A x = \dfrac{-Wab^2}{l^2} + \dfrac{Wb^2}{l^3}(3a+b)a = \dfrac{2Wa^2 b^2}{l^3}$ ···················· (i)

식 (g), 식 (h) 및 식 (i)에서 M_A, M_B 및 M_C를 비교해 볼 때 하중의 작용점에서의 굽힘모멘트가 M_C가 최대임을 알 수 있다. 이동 하중의 경우, 즉 b의 변화에 따라 굽힘모멘트의 최대값은 M_B를 b에 관하여 미분하여 0으로 놓으면 다음과 같다.

M_B를 $a = l-b$를 이용하여 다시 쓰면,

$M_B = \dfrac{Wa^2 b}{l^2} = \dfrac{Wb}{l^2}(l-b)^2 = \dfrac{W}{l^2}(b^2 - 2lb^3 + l^2 b)$

$\dfrac{dM_B}{db} = 0$, $3b^2 - 4lb + l^2 = 0$ ∴ $b = \dfrac{l}{3}$

따라서 $b = \dfrac{l}{3}$ 인 곳에서 M_B 값은 최대가 된다. 즉,

$|M_B|_{\max} = \dfrac{4Wl}{27}$ ·· (j)

같은 방법으로

$$M_C = \frac{2Wb^2}{l^3}(l-b)^2 = \frac{2W}{l^3}(l^2b^2 - 2lb^3 + b^4)$$

$$\frac{dM_C}{ab} = 0, \quad 4b^3 - 6lb^2 - 2l^2b = 0 \quad \therefore b = \frac{l}{2}$$

따라서 $b = \dfrac{l}{2}$에서 M_C 값은 최대가 된다. 즉,

$$|M_C|_{\max} = \frac{Wl}{8} \quad \cdots\cdots\cdots\cdots\cdots\cdots\cdots\cdots\cdots\cdots\cdots\cdots\cdots\cdots\cdots \text{(k)}$$

따라서 $a = b = \dfrac{l}{2}$인 중앙점에 W가 작용할 때는 다음과 같다.

$$R_A = R_B = \frac{W}{2}$$

$$M_A = M_B = M_C = \pm\frac{Wl}{8}$$

또 처짐에 관해서 생각하면, 식 (d) 또는 식 (f)에서 $x = a$이면

$$y = \delta = \frac{1}{EI}\left(-\frac{M_A}{2}x^2 - \frac{R_A}{6}x^3\right) = \frac{Wa^3b^3}{3EIl^3} \quad \cdots\cdots\cdots\cdots\cdots\cdots\cdots\cdots \text{(l)}$$

이 되고, $a = b = \dfrac{l}{2}$이면 다음과 같다.

$$\delta_{\max} = \frac{Wl^2}{192EI} \quad \cdots\cdots\cdots\cdots\cdots\cdots\cdots\cdots\cdots\cdots\cdots\cdots\cdots\cdots \text{(m)}$$

한편, $a = b = \dfrac{1}{2}$인 경우는 [그림 9.22 (d)]에서 $M = 0$이 되는 곳은 식 (a) 및 식 (b)에 식 (g)를 대입하여 정리하면, $x = \dfrac{l}{4}$ 및 $x = \dfrac{3l}{4}$인 지점에서 발생된다.

2) 중첩법에 의한 방법

[그림 9.22 (b)] 및 (c)와 같이 ① 단순보 AB에 집중하중 W만이 작용하는 경우 ② 단순보 AB의 양단에 우력만이 작용하는 경우로 각각 나누어 생각한다. 고정단에서는 처짐각이 0이므로, 그림 (b) 및 (c)의 각각의 처짐각을 구하고 중첩시키면 다음 조건이 성립된다.

$$\phi_A' = \phi_A'' = 0, \quad \phi_B' = \phi_B'' = 0 \quad \cdots\cdots\cdots\cdots (a)$$

그런데 집중하중 W만이 작용하는 경우의 처짐각은 식

$\phi_A = \dfrac{Wab}{6EIl}(l+b)$ 와 $\phi_B = -\dfrac{Wab}{6EIl}(l+a)$ 에서, 또 우력이 작용하는 경우의 처짐각은

$\phi_A = \dfrac{1}{6EI}(2M_A + M_B)$ 와 식 $\phi_B = -\dfrac{1(2M_B + M_B)}{6EI}$ 에서 고정단의 우력의 방향이

서로 반대임을 고려하면, $\phi_A = -\dfrac{1}{6EI}(2M_A + M_B) \quad \phi_B = \dfrac{1}{6EI}(M_A + 2M_B)$ 가 된다.

따라서 이 값들을 식 (a)에 대입하여 연립으로 풀어 정리하면 다음과 같다. 즉

$$\dfrac{Wab}{6EIl}(l+b) - \dfrac{l}{6EI}(2M_A + M_B) = 0$$

$$-\dfrac{Wab}{6EI}(l+a) + \dfrac{l}{6EI}(M_A + 2M_B) = 0$$

$$\therefore M_A = \dfrac{Wab^2}{l^2}$$

$$M_B = \dfrac{Wa^2b}{l^2}$$

위 식은 앞의 결과와 일치한다. 한편, 반력 R_A, R_B는 정역학의 평형방정식을 이용하여 구할 수 있다.

$$\sum M_B = 0, \quad R_A l - M_A - Wb + M_B = 0$$

$$\therefore R_A = \dfrac{1}{l}(M_A - M_B + Wb)$$

$$= \dfrac{1}{l}\left(\dfrac{Wab^2}{l^2} - \dfrac{Wa^2b}{l^2} + Wb\right) = \dfrac{Wb^2}{l^3}(3a+b)$$

$$\sum F = 0, \; R_A + R_B = W \text{에서}$$

$$R_B = W - \frac{Wb^2}{l^3}(3a+b) = \frac{W}{l^3}(l^3 - 3ab^2 - b^3) = \frac{Wa^2}{l^3}(a+3b)$$

3) 면적모멘트법의 의한 방법

[그림 9.22 (d)]는 [그림 9.22 (b)] 및 (c)에 대한 굽힘모멘트선도를 중첩한 것이다. 이것을 면적 모멘트법의 해석을 좀 더 용이하게 하기 위하여 [그림 9.23]과같이 다시 표시한다. 양단 고정보의 양단에서는 기울기의 변화가 없으므로 [그림 9.22 (b)] 및 (c)의 양단에서의 기울기는 서로 같아야 된다. 따라서 면적모멘트법에 의하여 [그림 9.22 (b)] 및 (c)의 굽힘모멘트선도의 각 면적은 서로 같아야 된다. 즉,

$$\phi_{A'} = \phi_{A''} = 0, \; \frac{A_{M'}}{EI} = \frac{A_{M''}}{EI}$$

$$\therefore A_{M'} = A_{M''}$$

$$\therefore \frac{1}{2} \cdot l \cdot \frac{Wab}{l} = \frac{(M_A + M_B)l}{2}$$

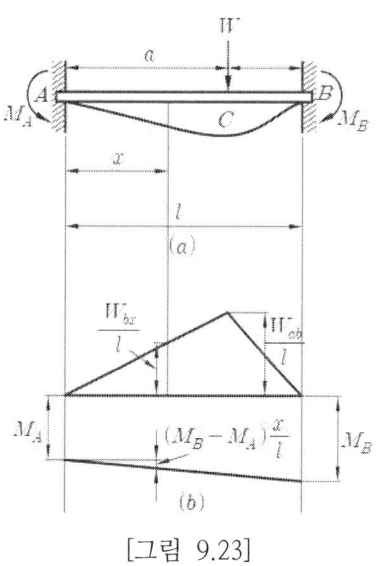

[그림 9.23]

또한 양단 고정보의 양단에서는 처짐이 없으므로 집중하중과 우력이 작용하는 각각의 경우에 대해서 일정한 점에서 취한 단면 1차모멘트는 서로 같아야 된다. 여기서는 [그림 9.23]의 B점에 관한 단면 1차 모멘트를 취한다.

$$M_A l \cdot \frac{l}{2} + \frac{(M_B - M_A)l}{2} \cdot \frac{l}{3} + \frac{Wab}{2l} \cdot a\left(b + \frac{a}{3}\right) + \frac{Wab}{2l} \cdot b \cdot \frac{2b}{3} = 0 \quad \text{(b)}$$

식 (a)와 식 (b)에서 M_A와 M_B를 구하면 다음과 같다.

$$M_A = \frac{Wab^2}{l^2} \quad \cdots\cdots\cdots\cdots\cdots\cdots\cdots\cdots\cdots\cdots\cdots\cdots\cdots\cdots\cdots\cdots\cdots\cdots \text{(c)}$$

최대처짐은 기울기가 0일 때 일어난다. a>b인 경우 하중의 작용점 왼쪽에서 최대값

이 일어난다. 만약, 기울기가 A점에서 χ만큼이나 떨어진 곳에서 0이 된다면 이 두 점 사이의 굽힘모멘트선도의 면적은 0이 되어야 한다.

즉, $\phi = \dfrac{A_M}{EI}$ 에서 $\phi = 0$이 되기 위해서는 $A_M = 0$

$$\therefore \frac{Wb}{2l}x^2 - M_A x - (M_B - M_A)\frac{x^2}{2l} = 0$$

이 식에 M_A, M_B를 대입하고 χ에 관하여 정리하면 최대처짐의 위치는 다음과 같다.

$$x = \frac{2al}{3a+b}$$

처짐은 x단면의 왼쪽에 관한 면적모멘트를 취하여 굽힘강성계수 (EI)로 나누면 되므로

$$\delta_x = \frac{1}{EI}\left[\frac{Wbx}{l} \cdot x \cdot \frac{1}{2} \cdot \frac{x}{3} - M_A x \cdot \frac{x}{2} - (M_B - M_A)\frac{x}{l} \cdot \frac{x}{2} \cdot \frac{x}{3}\right]$$

$$= \frac{1}{EI}\left[\frac{Wb}{6l}x^3 - \frac{Wab^2}{2l^2}x^2 - \frac{Wab}{6l^3}(a-b)x^3\right]$$

이 식에 위에서 구한 최대처짐의 위치 값을 대입하면 최대처짐은 다음과 같다.

$$\delta_{\max} = \frac{2Wa^3 b^2}{3EI(3a+b)^2}$$

집중하중 W가 보의 중앙점에 작용한다면 $a = b = \dfrac{l}{2}$이 되므로, 이를 대입하면 다음과 같이 된다.

$$\delta_{\max} = \frac{Wl^3}{192EI}$$

이 식은 앞의 미분방정식에 의한 결과와 일치한다.

EXERCISE 10

그림과 같은 부정정보의 전 길이에 균일 분포하중이 작용할 때 전단력이 0이 되고 최대 굽힘모멘트가 작용하는 단면은 B단에서 얼마나 떨어져 있는가?

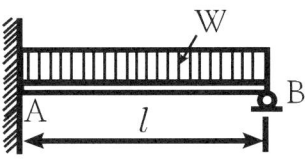

① $\dfrac{2}{3}l$ ② $\dfrac{3}{8}l$

③ $\dfrac{5}{8}l$ ④ $\dfrac{3}{4}l$

해설:

$\delta_1 = \dfrac{1}{EI} A_m \bar{x} = \dfrac{1}{EI} \dfrac{wl^2}{2} \times \dfrac{1}{3} \times \dfrac{3l}{4} = \dfrac{wl^4}{8EI}$

$\dfrac{wl^4}{8EI} = \dfrac{R_B l^3}{3EI}$ 에서 $R_B = \dfrac{3}{8} wl$

$x = \dfrac{R_B}{w} = \dfrac{3}{8} l$

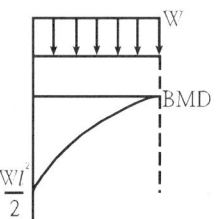

EXERCISE 11

그림과 같은 일단고정 타단지지보의 중앙에 $P = 4800N$의 하중이 작용하면 지지점의 반력(R_B)은 약 몇 kN인가?

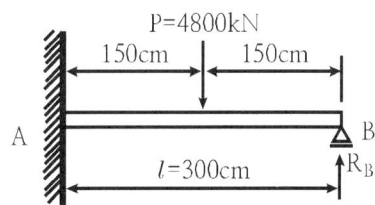

① 3.2   ② 2.6

③ 1.5   ④ 1.2

해설:

$\delta_1 = \dfrac{1}{EI} A_m \bar{x} = \dfrac{1}{EI} \dfrac{Pl}{2} \times \dfrac{l}{2} \times \left(\dfrac{l}{2} + \dfrac{l}{2} \dfrac{2}{3} \right) = \dfrac{5Pl^3}{48EI}$

$\dfrac{5Pl^3}{48EI} = \dfrac{R_B l^3}{3EI}$ 에서 $R_B = \dfrac{5P}{16} = \dfrac{5 \times 4.8}{16} = 1.5 kN$

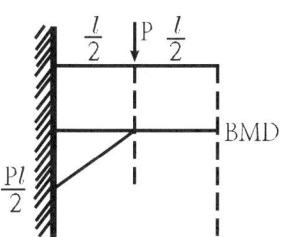

(2) 일단고정타단지지보에 균일분포하중이 작용 시의 SFD, BMD의 미분방정식을 이용한 처짐방정식

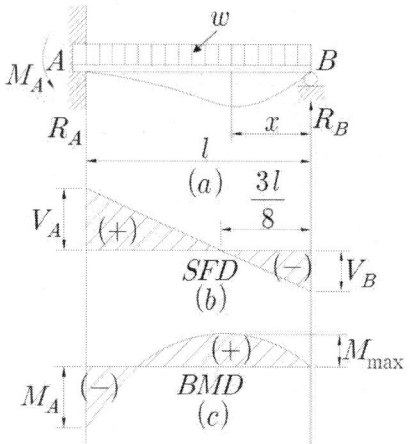

[그림 9.25 일단고정타단지지보]

지점 B에서 임의거리 x단면에서의 굽힘모멘트 $M_x = R_B x - \dfrac{wx^2}{2}$

$$EI\frac{d^2y}{dx^2} = -M \quad \cdots\cdots\cdots\cdots\cdots\cdots\cdots\cdots\cdots\cdots\cdots\cdots\cdots\cdots\cdots\cdots \text{(a)}$$

$$EI\frac{d^2y}{dx^2} = -R_B x + \frac{w}{2}x^2 \quad \cdots\cdots\cdots\cdots\cdots\cdots\cdots\cdots\cdots\cdots\cdots \text{(b)}$$

식 (b)를 두 번 적분하여 정리하면,

$$\frac{dy}{dx} = \frac{1}{EI}\left(\frac{w}{6}x^3 - \frac{R_B}{2}x^2 + C_1\right) \quad \cdots\cdots\cdots\cdots\cdots\cdots\cdots\cdots \text{(c)}$$

$$y = \frac{1}{EI}\left(\frac{w}{24}x^4 - \frac{R_B}{6}x^3 + C_1 x + C_2\right) \quad \cdots\cdots\cdots\cdots\cdots\cdots \text{(d)}$$

경계조건 $x = l$에서 $\dfrac{dy}{dx} = 0$이고, $x = 0$에서 $y = 0$이므로 적분상수 c_1 및 c_2는 다음과 같다.

$$C_1 = \frac{R_B l}{2} - \frac{wl^3}{6}, \quad C_2 = 0$$

식 (d)에 식 (e)를 대입하여 정리하면,

$$y = \frac{1}{24EI}(wx^4 - 4R_Bx^3 + 12R_Bl^2x - 4wl^3x)$$

한편, 식 (f)에 $x = l$에서 $y = 0$인 경계조건을 대입하여 정리하면 반력 R_B의값을 구할 수 있다.

$$y_{x=l} = \frac{1}{24EI}(8R_Bl^3 - 3wl^4) = 0$$

$$\therefore R_B = \frac{3}{8}wl$$

R_B 값을 식 (c) 및 (d)에 대입하여 정리하면 다음과 같다.

$$\frac{dy}{dx} = \frac{w}{48EI}(8x^3 - 9lx^2 + l^3) \quad \cdots\cdots (g)$$

$$y = \frac{w}{48EI}(2x^4 - 3lx^3 + l^3x) \quad \cdots\cdots (h)$$

처짐각이 최대인 곳은 $x = 0$인 B지점이므로 식(g)에서

$$\left|\frac{dy}{dx}\right|_{x=0} = \phi_{\max} = \frac{wl^3}{48EI} \quad \cdots\cdots (i)$$

또 처짐이 최대인 곳은 $\frac{dy}{dx} = 0$인 단면에서 일어나므로, 식 (g)을 0으로놓으면

$$8x^3 - 9lx^2 + l^3 = (x-l)(8x^2 - lx - l^2) = 0$$

Trivial Solution(자명한 해)의 의하면 $x = 0.42l$이다. 이 값에 의한 최대 처짐과 임의 단면에서의 전단력은 다음과 같다.

$$\delta_{\max} = 0.0054\frac{wl^4}{EI}$$

$$V_x = R_B - wx = \frac{3wl}{8} - wx \quad \cdots\cdots (h)$$

따라서 A 및 B점의 전단력 V_A 및 V_B는 $x = l$ 및 $x = 0$인 경계조건을 대입하면 구할 수 있다.

$$V_A = \frac{5}{8}wl$$

$$V_B = \frac{3}{8}wl \dotfill \text{(i)}$$

또 전단력이 0인 곳은

$$V_x = \frac{3wl}{8} - wx = 0 \text{에서}$$

$$x = \frac{3}{8}l$$

또한 임의의 x단면에서의 굽힘 모멘트 M_x

$$M_x = R_B x - \frac{w}{2}x^2 = \frac{3wl}{8}x - \frac{w}{2}x^2$$

최대 굽힘모멘트 $M_{\max}$는 $\dfrac{dM}{dx} = 0$인 곳에서 일어나므로

$$-\frac{w}{2}x^2 + \frac{3wl}{8}x = 0 \quad \therefore x = \frac{3l}{4} \text{ 이 된다.}$$

한편, $x = l$인 A점에 일어나는 굽힘모멘트 M_A는 다음과 같다.

$$(M_A)_{\max} = \frac{-wl^2}{8}$$

또 $x = \dfrac{l}{2}$인 중앙점에서의 처짐은 다음과 같다.

$$\delta_{x=\frac{1}{2}} = \frac{wl^4}{192EI}$$

(3) 양단고정보에 균일분포하중이 작용 시의 SFD, BMD와 처짐각 및 처짐길이

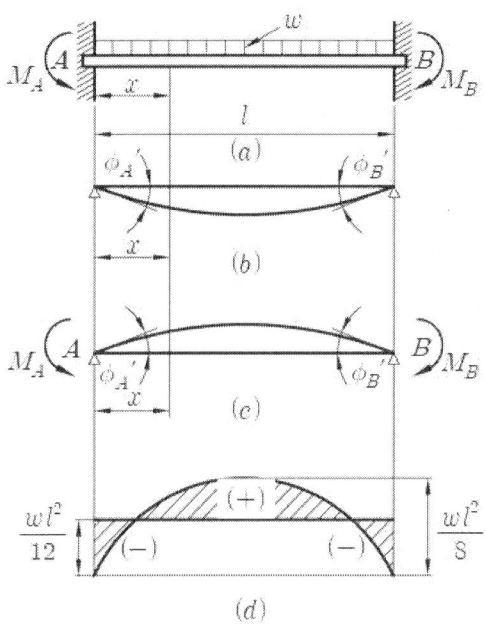

[그림 9.24 양단고정보]

중첩법을 이용하면 [그림 9.24 (b)]에서와 같이 균일분포하중만이 작용하는 단순지지보의 상태를 생각한다. 양쪽 끝에서의 기울기는 대칭이므로 같은 값을 가지며, 다음과 같이 된다.

$$\phi_{A'} = \phi_{B'} = \frac{wl^3}{24EI} \quad \cdots\cdots\cdots (a)$$

다음은 양쪽 끝에서 모멘트 M_A, M_B를 받는 상태, 즉 [그림 9.24 (c)]와 같은 경우는 역시 대칭이므로 $M_A = M_B = M_0$ 이라 할 때 처짐곡선의 기울기는 다음과 같다.

$$\phi_{A''} = \phi_{B''} = \frac{M_0 l}{2EI} \quad \cdots\cdots\cdots (b)$$

그런데 양단고정보에서는 양쪽 끝에서 기울기가 일어나지 않으므로 $\phi_A' = \phi_A''$, $\phi_B' = \phi_B''$가 되어야 한다. 즉

$$\frac{wl^3}{24EI} = \frac{M_0 l}{2EI}$$

$$\therefore M_0 = \frac{wl^2}{12} \quad \cdots\cdots\cdots\cdots\cdots\cdots\cdots\cdots\cdots\cdots\cdots\cdots\cdots\cdots\cdots\cdots\cdots\cdots\cdots\cdots\cdots\cdots \text{(c)}$$

굽힘모멘트선도는 [그림 9.24 (b)] 및 (c)에 관한 것을 중첩시키면 그림(d)와 같이 된다. 이 보에 일어나는 처짐을 구하려면 (b) 및 (c)의 처짐을 각각 구하여 합해주면 되며, 그림 (b)에서의 단순보의 처짐은 $y = \frac{5wl^4}{384EI}$이므로, 그림 (c)에서의 처짐은 단순보 등분포하중의 처짐 및 처짐각식에서 $M_A = M_B = M_0$의 경우를 대입하면 다음과 같다.

$$y = \frac{lx}{6EI}[(2M_A + M_B) - \frac{3M_A}{l}x - \frac{(M_B - M_A)}{l^2}x^2]$$

$$= \frac{lx}{6EI}(3M_0 - \frac{3M_0}{l}x)$$

$$= \frac{lx}{6EI}(\frac{wl^2}{4} - \frac{wl}{4}x) = \frac{wl^2 x}{24EI}(l-x)$$

이 보의 중앙점, 즉 $x = \frac{l}{2}$에서의 처짐을 구하면 다음과 같다.

$$y = \frac{wl^4}{96EI} \quad \cdots\cdots\cdots\cdots\cdots\cdots\cdots\cdots\cdots\cdots\cdots\cdots\cdots\cdots\cdots\cdots\cdots\cdots\cdots\cdots\cdots\cdots \text{(d)}$$

따라서 양단고정보의 중앙점에서 처짐을 구하면 다음과 같다.

$$y = \delta = \frac{5wl^4}{384EI} - \frac{wl^4}{96EI} = \frac{wl^4}{384EI} \quad \cdots\cdots\cdots\cdots\cdots\cdots\cdots\cdots\cdots\cdots\cdots \text{(e)}$$

단순보의 균열분포하중 작용 시의 기울기는

$$\frac{dy}{dx} = \frac{w}{24EI}(4x^3 - 6lx^2 + l^3)$$

이므로 또한 단순보의 모멘트가 양지점에 작용 시의 기울기는

$$\frac{dy}{dx} = \frac{1}{6EI}[(2M_A + M_B) - \frac{6M_A}{l}x - \frac{3(M_B - M_A)}{l^2}x^2]$$이므로

$M_A = M_B = M_0$로 하여 정리하면 다음과 같다.

$$\frac{dy}{dx} = \frac{1}{6EI}(3M_0 - \frac{6M_0}{l}x) = \frac{M_0}{2EI}(l-2x) = \frac{wl^2}{24EI}(l-2x) \quad\cdots\cdots\cdots\cdots (f)$$

그러므로 양단고정보에서는 다음과 같이 된다.

$$\frac{dy}{dx} = \frac{w}{24EI}(4x^3 - 6lx^2 + l^3) - \frac{wl^2}{24EI}(l-2x)$$

$$= \frac{w}{24EI}(4x^3 - 6lx^2 + 2l^2x) \quad\cdots\cdots\cdots\cdots\cdots\cdots\cdots\cdots\cdots\cdots (g)$$

모멘트가 0인 위치, 즉 기울기가 최대인 위치는 식 (g)을 미분하여 0으로 놓으면 다음과 같다.

$$6x^2 - 6lx - l^2 = 0$$

$$\therefore x = \frac{l}{2}(l \pm \frac{\sqrt{3}}{3}) = (0.5 \pm 0.289)l$$

즉 모멘트가 0이 되는 위치는 양쪽 끝에서 $x ≒ \frac{1}{5}$이 되는 곳이다. 이 값을 식 (g)에 대입하면 다음과 같이 된다.

$$\phi_{\max} = (\frac{dy}{dx})_{\max} = \frac{wl^3}{125EI} \quad\cdots\cdots\cdots\cdots\cdots\cdots\cdots\cdots\cdots\cdots (h)$$

또 [그림 9.24 (d)]에서 중앙점의 모멘트 크기는 중첩한 두 모멘트에서 두 최대모멘트를 합해 주면 다음과 같이 된다.

$$M_{x=\frac{l}{2}} = \frac{wl^2}{8} - \frac{wl^2}{12} = \frac{wl^2}{24} \quad\cdots\cdots\cdots\cdots\cdots\cdots\cdots\cdots\cdots\cdots (i)$$

(4) 겹침법을 이용한 균일분포하중 w를 받고 있는 연속보의 반력

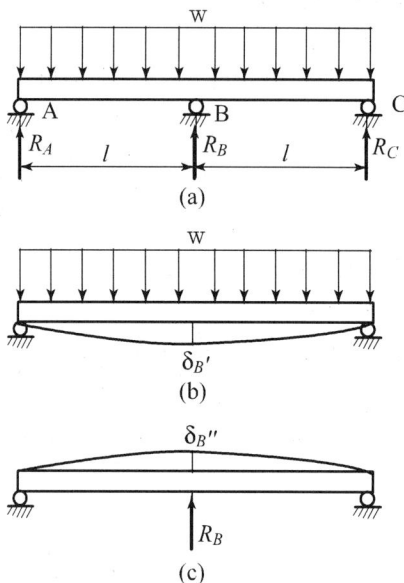

(a)

(b)

(c)

주앙지점의 반력 R_B를 과잉력으로 택하면 이완구조물은 그림 (b)처럼 단순보가 된다. 균일분포하중을 받고 있는 이완구조물의 B점에서의 아래 방향의 지점 δ_B'는 $\delta_B'' = \dfrac{5w(2l)^4}{384EI} = \dfrac{5wl^4}{24EI}$가 되며, 과잉력에 의하여 발생되는 위방향의 처짐은 다음과 같이 된다.

$$\delta_B'' = \dfrac{R_B(2l)^3}{48EI} = \dfrac{R_B l^3}{6EI}$$

B점의 수직처짐에 관계된 적합방정식은 $\delta_B = \delta_B' = \delta_B'' = \dfrac{5wl^4}{24EI} = \dfrac{R_B l^3}{6EI} = 0$이 되며, 이 식으로부터 $R_B = \dfrac{5wl}{4}$을 얻는다. 한편 정역학적 평형방정식으로부터 나머지 두 지점의 반력은 $R_A = R_C = \dfrac{3wl}{8}$

⬥ 부정정보 요약

① 일단 고정지지보

$$R_A = \frac{Pb}{2l^3}(3l^2 - b^2) = \frac{11}{16}P \quad \left(a = b = \frac{l}{2}\right)$$

$$R_B = \frac{Pa^2}{2l^3}(3l - a) = \frac{5}{16}P \quad \left(a = b = \frac{l}{2}\right)$$

$$\delta = \frac{Pb}{96EI}(3l^2 - 5b^2) = \frac{7Pl^3}{768EI} \quad \left(a = b = \frac{l}{2}\right)$$

$$M_{\max} = \frac{3Pl}{16} \quad \left(a = b = \frac{l}{2}\right)$$

$$R_A = \frac{5\omega l}{8} \qquad R_B = \frac{3\omega l}{8}$$

모멘트가 최대인 지점 : A지점에서 $\frac{5l}{8}$

$$M_{\max} = \frac{\omega l^2}{8}$$

$$\delta_{\max} = \frac{wl^4}{184.6EI}$$

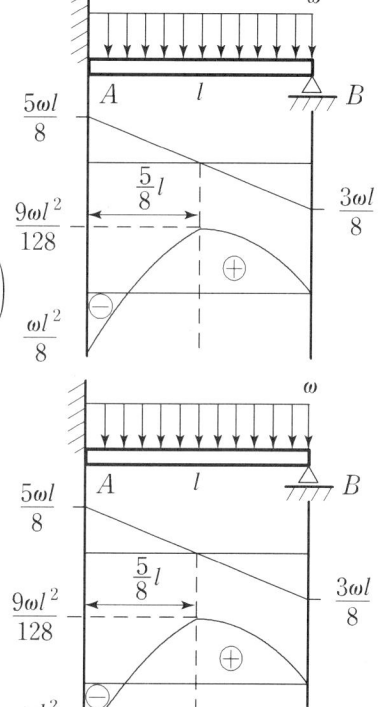

② 양단 고정보

$$R_A = \frac{Pb^2}{l^3}(3a + b) = \frac{P}{2} \quad (a = b\text{인 지점에서 하중 작용시})$$

$$R_B = \frac{Pa^2}{l^3}(a + 3b) = \frac{P}{2} \quad (a = b\text{인 지점에서 하중 작용시})$$

$$M_A = -\frac{Pab^2}{l^2} = \frac{Pl}{8} \quad (a = b\text{인 지점에서 하중 작용시})$$

$$M_B = -\frac{Pa^2b}{l^2} = \frac{Pl}{8} \quad (a = b\text{인 지점에서 하중 작용시})$$

$$\delta = \frac{Pa^3b^3}{3l^3EI} = \frac{Pl^3}{192EI} \quad (a = b\text{인 지점에서 하중 작용시})$$

재료역학

$$R_A = R_B = \frac{\omega l}{2}$$

$$M_A = M_B = \frac{\omega l^2}{12}$$

$$M_C = \frac{\omega l^2}{24} \text{ (중앙점)}$$

$$\delta = \frac{\omega l^4}{384EI}$$

③ 연속보

$$R_A = R_B = \frac{3\omega l}{16}$$

$$R_C = \frac{5\omega l}{8}$$

$$M_C = -\frac{\omega l^2}{32}$$

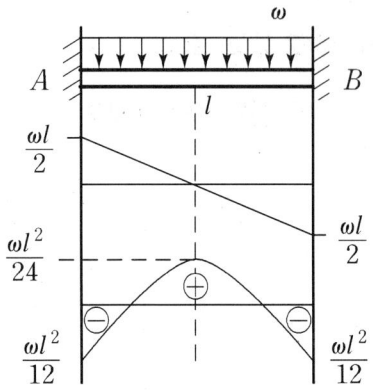

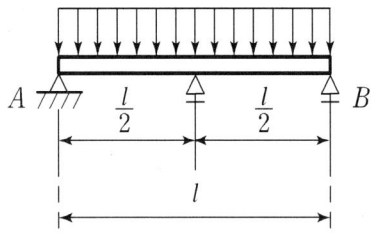

9.7 카스틸리아노 정리(Castigliano's Theorem)

탄성체에 집중하중이 작용할 때 그 하중에 의한 탄성변형의 하중에 대한 편미분 $\frac{\partial U}{\partial W_n}$는 하중점에 있어서 하중방향으로 일어나는 변위와 같다. 이 관계를 카스틸리아노의 정리(Castigliano's Theorem)라고 한다. 미소하중 ∂W_n을 작용 시켰을 때 발생되는 변위가 δ_n이라면 미소의 하중에 의해서 이루어지는 일량, 즉 전테의 탄성변형에너지는 다음과 같다.

$$U + dW_n \delta_n \quad \cdots\cdots (a)$$

한편, 외력들의 작용을 받아 탄성체 속에 저장되는 탄성변형에너지와 그 외력들에 의해서 이루어지는 일, 즉 식 (d)와 식 (e)로 표시되는 두 에너지량은 에너지보존의 법칙에 의해서 서로 같아야 하므로 다음과 같은 결과를 얻는다

$$U + \frac{\partial U}{\partial W_n} dW_n = U + dW_n \delta_n$$

따라서 $\delta_n = \dfrac{\partial U}{\partial W} = \int \dfrac{\partial \left(\dfrac{M^2}{2EI}\right)}{\partial W_n} dx = \int \dfrac{M}{EI} \cdot \dfrac{\partial M}{\partial W_n} dx \quad \cdots\cdots (b)$

여기에 쓰이는 하중과 변위라 함은 일반적인 의미를 가지며, 우력에 대응되는 변위는 그 작용 방향의 회전각을 의미한다. 따라서 탄성체에 집중하중이 작용하지 않고 우력만이 작용하는 경우는 탄성변형에너지 U를 우력 M에 관하여 편미분하면 편미분계수는 우력에 의한 비틀림각을 표시한다. 보의 길이를 ℓ이라 할 때 보 전체에 저장된 탄성변형에너지 U는 다음과 같다.

$$U = \int_0^\ell \frac{1}{2} M d\Phi = \int_0^\ell \frac{M^2}{2EI} dx \quad \cdots\cdots (c)$$

그러므로 하중점의 처짐을 구하는 식은

$$\delta_n = \frac{\partial U}{\partial P} = \frac{\partial}{\partial P} \int_0^\ell \frac{M^2}{2EI} dx = \int \frac{M}{EI} \frac{\partial M}{\partial W_n} dx \quad \cdots\cdots (d)$$

처짐각을 구하려면 처짐의 경우와 같은 방법으로 굽힘모멘트에 대한 미분계수를 사용하면 된다.

$$\phi_n = \int_0^\ell \frac{M}{EI} \cdot \frac{\partial M}{\partial M_n} dx \quad \cdots\cdots\cdots\cdots\cdots\cdots\cdots\cdots\cdots\cdots\cdots\cdots\cdots\cdots\cdots\cdots\cdots\cdots (e)$$

(1) 외팔보의 자유단에 집중하중 W와 우력 M_A가 작용할 때 카스틸리아노의 정리를 이용하여 자유단의 처짐 및 처짐각

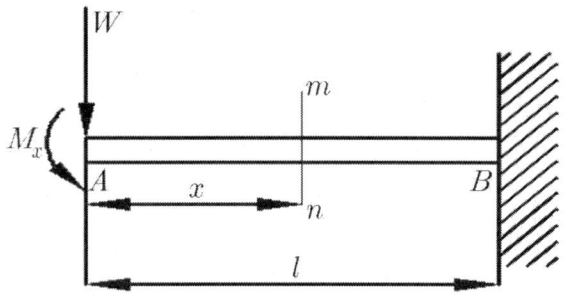

임의의 단면 mn에서의 굽힘모멘트는

$$M_x = -W \cdot x - M_A$$

자유단의 처짐

$$\delta = \frac{\partial U}{\partial W} = \frac{1}{EI}\int_0^l M\frac{\partial M}{\partial W}dx = \frac{1}{EI}\int_0^l (Wx + M_A)(x)dx$$

$$= \frac{Wl^3}{3EI} + \frac{M_A l^2}{2EI}$$

$$\phi = \frac{\partial U}{\partial M_A} = \frac{1}{EI}\int_0^l M\frac{\partial M}{\partial M_A}dx = \frac{1}{EI}\int_0^l (Wx + M_A)(1)dx$$

자유단의 처짐각

$$\theta = \frac{Wl^2}{2EI} + \frac{M_A l}{EI}$$

(2) 단순지지보에 균일분포하중이 작용할 시 카스틸리아노 정리를 이용한 보의 중앙점의 처짐

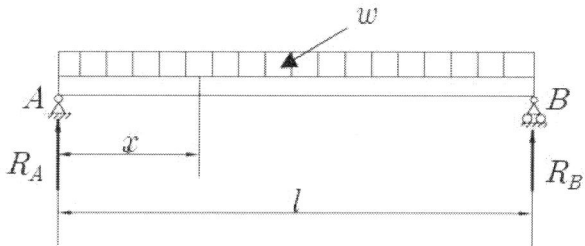

임의의 길이 x에서의 분포하중을 집중하중으로 표시하면

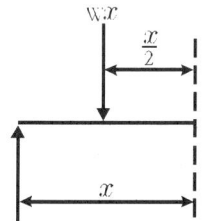

임의단면의 모멘트

$$M_x = \frac{wl}{2}x - \frac{w}{2}x^2 \quad \cdots\cdots\cdots (a)$$

보의 중앙점에 집중하중 W가 작용한다고 가정하고, 임의단면의 길이가 $\frac{l}{2}$보다 적을 시의 모멘트를 구하고 W에 관해 편미분하면

$$M_x = \frac{W}{2}x$$

$$\therefore \frac{\partial M}{\partial W} = \frac{x}{2} \quad \cdots\cdots\cdots (b)$$

카스틸리아노 정리를 적용

$$\delta = \frac{\partial U}{\partial W} = \frac{1}{EI}\int_0^l M\frac{\partial M}{\partial W}dx = \frac{2}{EI}\int_0^{\frac{l}{2}} M\frac{\partial M}{\partial W}dx$$

$$= \frac{2}{EI}\int_0^{\frac{l}{2}}(\frac{wl}{2}x - \frac{w}{2}x^2)(\frac{x}{2})dx = \frac{5wl^4}{384EI} \quad \cdots\cdots\cdots (c)$$

B점의 처짐각을 구하기 위하여 우력 M_B가 B단에 작용한다고 가정한다. 이때 임의 단면의 모멘트는

$$M_B : M_x = l : x \text{에서}, \quad M_x = \frac{x}{l} M_B$$

$$\therefore \frac{\partial U}{\partial M_B} = \frac{x}{l} \quad \cdots\cdots\cdots\cdots\cdots\cdots\cdots\cdots\cdots\cdots\cdots\cdots\cdots\cdots\cdots\cdots\cdots\cdots\cdots\cdots \text{(d)}$$

따라서

$$\phi = \frac{\partial U}{\partial M_B} = \frac{1}{EI} \int_0^l M \frac{\partial M}{\partial M_B} dx = \frac{1}{EI} \int_0^l \left(\frac{wl}{2}x - \frac{w}{2}x^2\right)\left(\frac{x}{l}\right) dx = \frac{wl^3}{24EI} \quad \text{(e)}$$

(3) 점변분포하중이 작용하는 양단고정보에서 가스틸리아노 정리를 이용한 모멘트와 반력

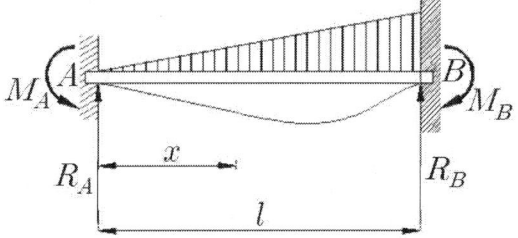

임의의 단면에 대한 굽힘모멘트

$$M_x = R_A x - M_A \frac{1}{2} \cdot x \cdot \frac{wx}{l} \cdot \frac{x}{3} = R_A x - M_A - \frac{wx^3}{6l}$$

보의 왼쪽 끝인 A점에서는 수직방향으로 변형이 일어나지 않으므로,

$$\delta_A = \frac{\partial U}{\partial W_n} = \int_0^l \frac{M}{EI} \cdot \frac{\partial M}{\partial R_A} dx = 0$$

$$\therefore \frac{1}{EI} \int_0^l \left(R_A x - M_A - \frac{wx^3}{6l}\right) x dx = \frac{1}{EI}\left(\frac{R_A l^3}{3} - \frac{M_A l^2}{2} - \frac{wl^4}{30}\right) = 0 \quad \cdots\cdots \text{(a)}$$

또 고정단 A점에서는 처짐각이 일어나지 않으므로

$$\phi_A = \frac{\partial U}{\partial M_l} = \int_0^l \frac{M}{EI} \cdot \frac{\partial M}{\partial M_A} dx = 0$$

$$\therefore \frac{1}{EI} \int_0^l (R_A x - M_A - \frac{wx^3}{6l})(-1)dx = \frac{1}{EI}(-\frac{R_A l^2}{2} + M_A l + \frac{wl^3}{24}) = 0 \cdots\cdots (b)$$

식 (a)와 식 (b)를 연립하여 풀면 R_A와 M_A는 다음과 같다.

$$R_A = \frac{3wl}{20}, M_A = \frac{wl^2}{30}$$

다음 보의 평형조건을 이용하면 R_B와 M_B는 다음과 같이 구해진다.

$$R_B = \frac{wl}{2} - \frac{3wl}{20} = \frac{7wl}{20}$$

$$M_B = M_A + \frac{wl}{2} \cdot \frac{l}{3} - R_A l = \frac{wl^2}{20}$$

EXERCISE 연습문제

01 그림과 같이 단면 20cm×30cm, 길이 6m의 목재로 된 보의 중앙에 20kN의 집중하중이 작용할 때 최대처짐(δ_{max})을 구하여라. (단, E=10GPa이다)

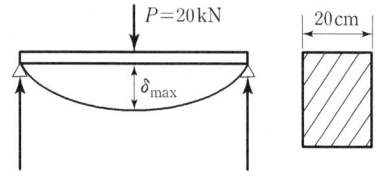

① 8mm
② 6mm
③ 2cm
④ 1cm
⑤ 0.5cm

02 직경이 2cm, 원형단면 길이가 1m의 외팔보(cantilever beam)인 자유단에 집중하중이 작용할 때 최대 처짐량이 2cm가 되었다. 이때 최대 굽힘응력을 구하여라 (단, 탄성계수 E= 205 GPa).

① 12MPa
② 1,200MPa
③ 123MPa
④ 123×10^3 MPa
⑤ 123×10^5 MPa

03 길이가 2m인 단순보(simple beam)의 중앙에 집중하중을 작용시켜 최대처짐이 0.2cm로 제한하려면 하중은 얼마로 해야 하겠는가? (단, 단면은 원형이며 직경 d=10cm이고, 탄성계수 E= 205GPa이다)

① 12.1kN
② 121kN
③ 121×10^2kN
④ 121×10^3kN
⑤ $1.21 \times 10^3 kN$

---

1. $\delta = \dfrac{Pl^3}{48EI} = \dfrac{12Pl^3}{48Ebh^3}$

   $= \dfrac{12 \times 20 \times 10^3 \times 6^3}{48 \times 10 \times 10^9 \times 0.2 \times 0.3^3}$

   $= 0.02\text{m}$
   $= 2\text{cm}$

2. $\delta = \dfrac{Pl^3}{3EI}$

   $P = \dfrac{3\delta EI}{l^2}$

   $= \dfrac{3 \times 0.02 \times 205 \times 10^9 \times \pi \times 0.02^4}{64 \times 1^3}$

   $= 96.6\text{N}$

   $\sigma = \dfrac{M}{Z} = \dfrac{32Pl}{\pi d^3}$

   $= \dfrac{96.6 \times 32 \times 1}{\pi \times 0.02^3}$

   $= 123\text{MPa}$

3. $P = \dfrac{48EI\delta}{l^3}$

   $= 48 \times 205 \times 10^9 \times \pi \times 0.1^4$
   $\times 0.002/64 \times 2^3$
   $= 12.1\text{kN}$

정답 1. ③ 2. ③ 3. ①

04 길이 $l=3\,\text{m}$의 단순보(simple beam)가 균일 분포하중 $\omega=5\,\text{kN/m}$의 작용을 받고 있다. 보의 단면이 $b \times h = 10\,\text{cm} \times 20\,\text{cm}$, $E = 100\,\text{GPa}$이다. 이 보의 최대처짐은 몇 mm인가?

① 0.045
② 0.079
③ 0.79
④ 7.9
⑤ 79

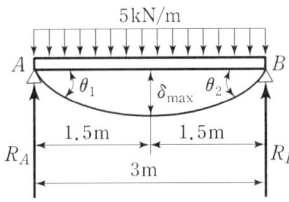
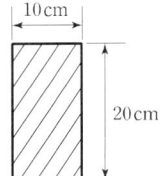

4.
$$\delta = \frac{5\omega l^4}{384EI} = \frac{5 \times 12\omega l^4}{384Ebh^3}$$
$$= \frac{5 \times 12 \times 5 \times 10^3 \times 3^4}{384 \times 100 \times 10^9 \times 0.1 \times 0.2^3}$$
$$\times 10^3 = 0.79\,\text{mm}$$

05 단순보에 등분포하중이 만재되었을 경우 다음 중 틀린 것은 어느 것인가?

① 처짐은 하중의 크기에 비례한다.
② 처짐은 보의 높이의 4승에 반비례한다.
③ 처짐은 보의 단면 2차 모멘트에 반비례한다.
④ 처짐은 보의 길이 l의 4승에 비례한다.
⑤ 처짐은 보의 폭에 반비례한다.

5.
$$\delta = \frac{5wl^4}{384EI}$$
$$= \frac{5 \times 12 wl^4}{384E \times bh^3}$$

06 그림과 같은 단면을 갖는 같은 길이 단순보의 중앙에 하중 P가 작용할 때 최대처짐은 어느 것인가?
(단, 동일재료, $b = 1.2h$이다)

①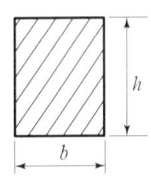
②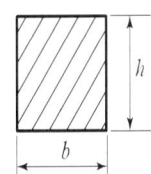
③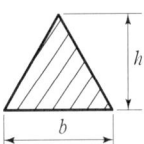
④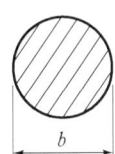

정답 4. ③ 5. ② 6. ③

07 보의 최대 처짐에 대한 다음 설명 중 틀리는 것은?
① 하중 ω에 정비례한다.
② 길이 l의 제곱에 정비례한다.
③ 탄성계수 E에 반비례한다.
④ 단면2차모멘트 I에 반비례한다.
⑤ 처짐의 보의 폭에 반비례한다.

08 등분포하중 (ω)를 미분방정식으로 표시한 것은?
① $EI\dfrac{dy}{dx}$ ② $EI\dfrac{d^2y}{dx^2}$
③ $EI\dfrac{d^2y}{dx^3}$ ④ $EI\dfrac{d^4y}{dx^4}$
⑤ $EI\dfrac{d^4y}{dx^4}$

09 그림과 같은 단순보(simple beam)에서 최대처짐에 대한 설명 중 틀린 것은?

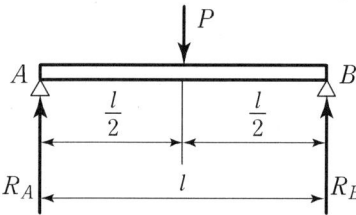
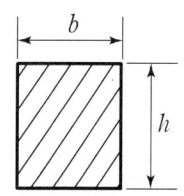

① 높이의 자승에 반비례한다.
② l의 3승에 비례한다.
③ 하중에 정비례한다.
④ 보의 나비에 반비례한다.
⑤ 보의 높이의 3승에 반비례한다.

9.
$\delta = \dfrac{Pl^3}{48EI} = \dfrac{12Pl^3}{48Ebh^3}$

정답 7. ② 8. ⑤ 9. ①

10 단면 $b \times h = 4\text{cm} \times 6\text{cm}$의 구형단면에서 스팬(span)의 길이 $l = 2\text{m}$인 단순보(simple beam)의 중앙에 집중하중이 작용할 때 최대처짐 $\delta_{max} = 1/2\text{cm}$로 제한하려면 하중은 얼마로 하면 되겠는가? (단, $E = 200\text{GPa}$이다)

① 34.64 kN   ② 17.28 kN
③ 8.64 kN   ④ 4.32 kN
⑤ 4.32 kN

10. $\delta = \dfrac{Pl^3}{48EI}$

$P = \dfrac{48EI\delta}{l^3}$

$= 48 \times 200 \times 10^9 \times 0.06^3 \times 0.04$
$\times 0.005/12 \times 2^3$
$= 4.32\text{kN}$

11 그림과 같은 두 외팔보(cantilever beam)에서 최대처짐을 각각 $\delta_{max_1}, \delta_{max_2}$라 할 때 처짐량의 비 $\delta_{max_2}/\delta_{max_1}$의 값은 얼마인가?

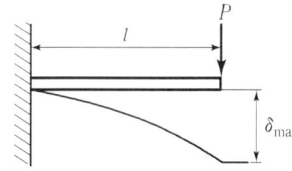
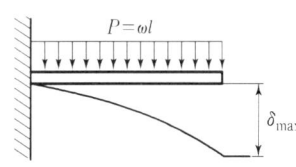

① $\dfrac{3}{4}$ ② $\dfrac{3}{5}$

③ $\dfrac{3}{8}$ ④ $\dfrac{3}{12}$

⑤ $\dfrac{3}{10}$

11.

$\delta_1 = \dfrac{Pl^3}{3EI} \quad \delta_2 = \dfrac{\omega l^4}{8EI}$

$\therefore \dfrac{\delta_2}{\delta_1} = \dfrac{\frac{1}{8}}{\frac{1}{3}} = \dfrac{3}{8}$

12 그림과 같이 길이 $2l$인 외팔보(cantilever beam)의 중앙에 집중하중 P가 작용하면 자유단의 처짐은?

① $\delta = \dfrac{Pl^3}{3EI}$

② $\delta = \dfrac{2Pl^3}{3EI}$

③ $\delta = \dfrac{3Pl^3}{4EI}$

④ $\delta = \dfrac{5Pl^3}{6EI}$

⑤ $\delta = \dfrac{6Pl^3}{5EI}$

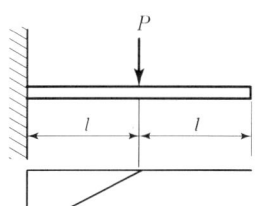

12.

$\delta = \dfrac{1}{EI} A_m \overline{x}$

$= \dfrac{1}{EI} \dfrac{Pl^2}{2} \cdot \left(l + \dfrac{2}{3}l\right)$

$= \dfrac{5Pl^3}{6EI}$

정답 10. ⑤ 11. ③ 12. ④

13 그림과 같은 외팔보의 선단 B의 처짐은 얼마인가(단, EI는 일정하다)?

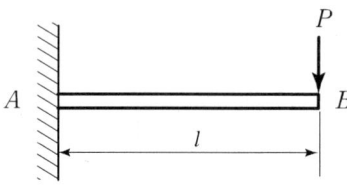

① $\dfrac{Pl^3}{3EI}$ ② $\dfrac{2Pl^3}{3EI}$

③ $\dfrac{Pl^3}{8EI}$ ④ $\dfrac{Pl^3}{6EI}$

⑤ $\dfrac{5Pl^3}{6EI}$

14 길이 l인 외팔보(cantilever beam)의 자유단에 우력 $M_e = Pa$를 작용시키면 자유단의 처짐각과 처짐을 구하여라.

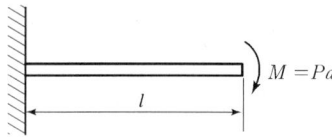

① $\theta = \dfrac{Pal}{EI}$, $\delta = \dfrac{Pal^2}{2EI}$

② $\theta = \dfrac{Pal}{EI}$, $\delta = \dfrac{Pal^2}{3EI}$

③ $\theta = \dfrac{Pal}{2EI}$, $\delta = \dfrac{Pal^2}{3EI}$

④ $\theta = \dfrac{Pal}{2EI}$, $\delta = \dfrac{Pal^2}{6EI}$

⑤ $\theta = \dfrac{Pal}{EI}$, $\delta = \dfrac{Pal^2}{4EI}$

14.
$\theta = \dfrac{1}{EI} A_m = \dfrac{1}{EI} Pal$
$= \dfrac{Pal}{EI}$

$\delta = \theta \overline{x} = \dfrac{Pal}{EI} \cdot \dfrac{l}{2} = \dfrac{Pal^2}{2EI}$

정답   13. ①   14. ①

15 그림과 같이 길이 1m의 일단 고정 타단 지지보의 중앙에 집중하중 10MPa이 작용할 때 직경은 몇 mm로 하면 되는가? (단, 허용응력 $\sigma_a = 80\,\mathrm{MPa}$이다)

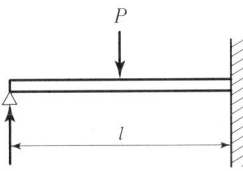

① 0.62
② 6.2
③ 62
④ 620
⑤ 6200

15.
$$\sigma = \frac{M}{Z} = \frac{\frac{3}{16}pl}{\frac{\pi d^3}{32}} = \frac{6Pl}{\pi d^3}$$

$$d = \sqrt[3]{\frac{6Pl}{\pi \sigma}}$$
$$= \sqrt[3]{\frac{6 \times 10 \times 10^6 \times 1}{\pi \times 80 \times 10^6}}$$
$$= 0.62\,\mathrm{m}$$
$$= 620\,\mathrm{mm}$$

16 그림과 같은 보에서 최대처짐은 얼마인가?

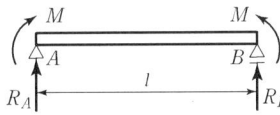

① $\dfrac{Ml^2}{2EI}$
② $\dfrac{Ml^2}{4EI}$
③ $\dfrac{Ml^2}{6EI}$
④ $\dfrac{Ml^2}{8EI}$
⑤ $\dfrac{Ml^2}{10EI}$

17 다음 그림과 같은 보에서 A점의 반력을 구하여라.

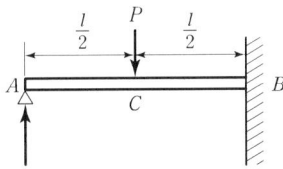

① $\dfrac{3P}{16}$
② $\dfrac{5P}{16}$
③ $\dfrac{11P}{16}$
④ $\dfrac{13P}{16}$
⑤ $\dfrac{15P}{16}$

정답 15. ④ 16. ① 17. ②

18 다음 그림에서 최대 굽힘응력 (σ_{max})를 구하여라.

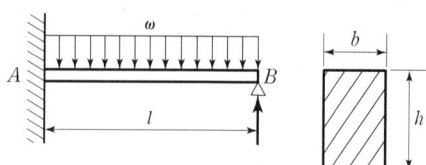

① $\dfrac{27\omega l^2}{64bh^2}$ ② $\dfrac{64\omega l^2}{27bh^2}$

③ $\dfrac{7\omega l^2}{128bh^2}$ ④ $\dfrac{64\omega l^2}{128bh^2}$

⑤ $\dfrac{128\omega l^2}{7bh^2}$

19 일단고정, 타단지지보가 직경 $d=15\,\mathrm{cm}$의 원형단면을 가지고 있다. 보의 길이 $l=3\,\mathrm{m}$이고 재료의 허용응력이 $\sigma_a = 80\,\mathrm{MPa}$일 때 보의 중앙에 하중 ($P$)를 구하여라.

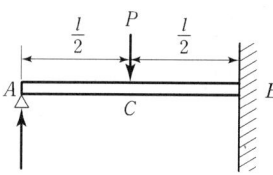

① 94.2 kN ② 47.1 kN
③ 9.42 kN ④ 4.71 kN
⑤ 4.71kN

19.
$\sigma = \dfrac{M}{Z} = \dfrac{3Pl}{16\pi d^3}\dfrac{32}{} = \dfrac{6Pl}{\pi d^3}$

$\sigma = \dfrac{\sigma \pi d^3}{6l}$

$= \dfrac{80 \times 1066 \times \pi \times 0.15^3}{6 \times 3}$

$= 47.1\,\mathrm{kN}$

20 다음 식 중 모멘트가 하는 일을 나타낸 식은?

① $\int \dfrac{M}{EI}dx$ ② $\int \dfrac{M^2}{EI}dx$

③ $\int \dfrac{M^2}{2EI}dx$ ④ $\int \dfrac{2M^2}{EI}dx$

⑤ $\int \dfrac{M^3}{EI}dx$

20.
보의 내부에 저장된 에너지가 모멘트가 하는 일이라 할 수 있다.
$U = \int \dfrac{M^2}{2EI}dx$

18. ① 19. ② 20. ③

21 그림과 같은 양단고정보에서 중앙점의 굽힘모멘트 M_c는?

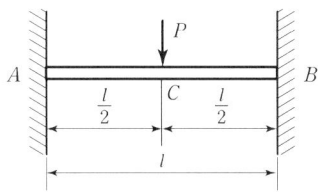

① $\dfrac{Pl}{8}$ ② $-\dfrac{Pl}{8}$

③ $-\dfrac{Pl}{12}$ ④ $\dfrac{Pl}{12}$

⑤ $\dfrac{Pl}{4}$

22 그림과 같은 일단 고정 타단 지지의 부정 정보의 전길이에 걸쳐 균일 분포하중 ω가 작용할 때 B점의 반력 R_n는 얼마인가?

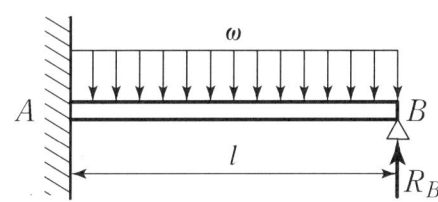

① $\dfrac{5}{8}\omega l$ ② $\dfrac{1}{8}\omega l$

③ $\dfrac{7}{8}\omega l$ ④ $\dfrac{3}{8}\omega l$

⑤ $\dfrac{11}{10}\omega l$

정답 21. ① 22. ④

23 그림과 같이 길이 l의 고정보(fixed beam)의 전길이에 ω의 균일 분포하중이 작용할 때 최대 굽힘모멘트 및 처짐량을 구하여라.

① $M = \dfrac{\omega l^2}{12}$, $\delta = \dfrac{5\omega l^4}{384EI}$

② $M = \dfrac{\omega l^2}{24}$, $\delta = \dfrac{\omega l^4}{384EI}$

③ $M = \dfrac{\omega l^2}{12}$, $\delta = \dfrac{\omega l^4}{384EI}$

④ $M = \dfrac{wl^2}{12}$, $\delta = \dfrac{5wl^4}{197EI}$

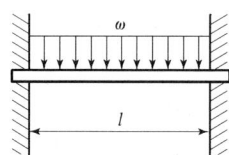

24 동일단면, 동일길이를 가진 다음의 각종 보 중에서 최소의 처짐이 생기는 것은 어느 것인가?

①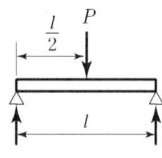

②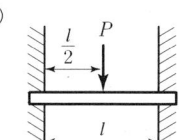

③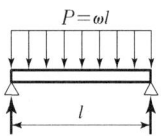

④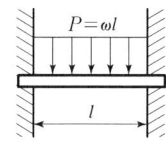

24.

① $\dfrac{Pl^3}{48EI}$ (최대의 처짐)

② $\dfrac{Pl^3}{192EI}$

③ $\dfrac{5wl^4}{384EI}$

④ $\dfrac{wl^4}{384EI}$ (최소의 처짐)

정답 23. ③   24. ④

25 그림과 같은 고정 받침보의 길이 $l=3$m, 단면의 폭 $b=5$cm, 높이 $h=10$cm이고, $\omega=100$N/m이 등분포하중이 전 길이에 작용할 때 최대 굽힘응력은?

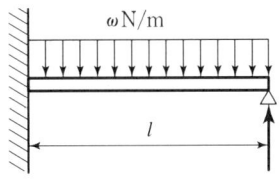

① 0.135MPa
② 1.35MPa
③ 13.5MPa
④ 135MPa
⑤ 1350MPa

25.
$$\sigma = \frac{M}{Z} = \frac{\omega l^2 6}{8bh^2}$$
$$= \frac{100 \times 3^2 \times 6}{8 \times 0.05 \times 0.1^2}$$
$$= 1.35\text{MPa}$$

26 그림과 같은 같은 고정 지지보의 굽힘응력이 80GPa 되게 하기 위해서는 중앙에 몇 kN의 집중 하중을 가할 수 있는가?
(단, 스팬의 길이 $l=3$m, 원형 단면의 직경 $d=15$cm이다)

① 47.1
② 471
③ 4710
④ 47100
⑤ 471000

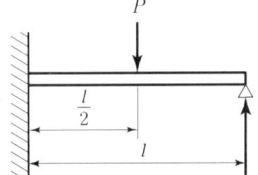

26. $M_{\max} = \dfrac{3Pl}{16}$
$$\sigma = \frac{M}{z} = \frac{32 \times 3Pl}{\pi d^3 16}$$
$$P = \frac{16 \times \pi d^3 \sigma}{32 \times 3l}$$
$$= \frac{16 \times \pi \times 0.15^3 \times 80 \times 10^9 \times 10^{-3}}{32 \times 3 \times 3}$$
$$= 47100\text{kN}$$

27 스팬의 길이 $l=2$m의 고정보(fixed beam) 중앙에 몇 MN의 집중 하중을 가할 수 있는가
(단, 허용 응력 $\sigma_a=80$GPa, 단면계수 $Z=100$ cm^{3}이다)?

① 32
② 160
③ 32,000
④ 160,000
⑤ 320

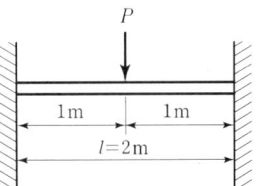

27. $\sigma = \dfrac{M}{Z} = \dfrac{Pl}{8Z}$
$$P = \frac{8\sigma Z}{l}$$
$$= \frac{8 \times 80 \times 10^9 \times 100 \times 10^{-6}}{2}$$
$$= 32\text{MN}$$

정답 25. ② 26. ④ 27. ①

10. 기둥

기둥은 단주와 장주로 구분되며 단주는 압축응력과 굽힘응력이 동시에 적용된다.

10.1 단주

$$\sigma = \frac{P}{A} + \frac{M}{Z}$$

$$\sigma = \frac{P}{A} + \frac{M}{Z} = \frac{P}{bh} + \frac{6P \cdot e}{bh^2} = \frac{P}{bh}\left(1 + \frac{6e}{h}\right)$$

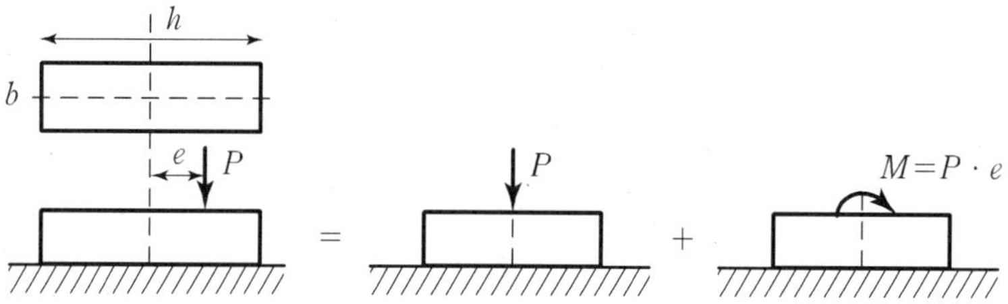

$$-\frac{h}{6} < e < \frac{h}{6} \quad -\frac{b}{6} < e < \frac{b}{6}$$

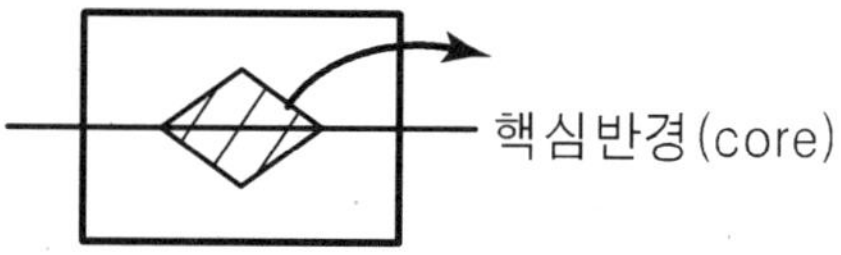

핵심반경(core)

[그림 10.1 단주에서의 응력과 핵심반경]

하중이 핵심반경 내에 있어야만 압축응력이 발생하며 허용압축응력 이내시 안전하다.

(1) 원형단면의 단주

$$\sigma = \frac{P}{A} + \frac{M}{Z} = \frac{4P}{\pi d^2} + \frac{32 P \cdot e}{\pi d^3} = \frac{4P}{\pi d^2}\left(1 + \frac{8e}{d}\right), \quad -\frac{d}{8} < e < \frac{d}{8}$$

(2) 하중의 위치에 대한 응력 분포

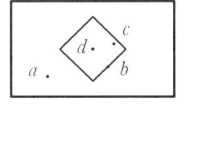
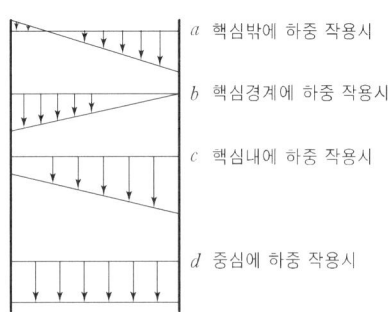

a 핵심밖에 하중 작용시
b 핵심경계에 하중 작용시
c 핵심내에 하중 작용시
d 중심에 하중 작용시

[그림 10.2 단주의 응력분포]

EXERCISE 1

그림과 같은 구형 단면의 기둥에 $e = 2\text{mm}$의 편심거리에 $P = 1\text{kN}$이 작용할 때 발생되는 응력 σ_{max}는 몇 MPa인가?

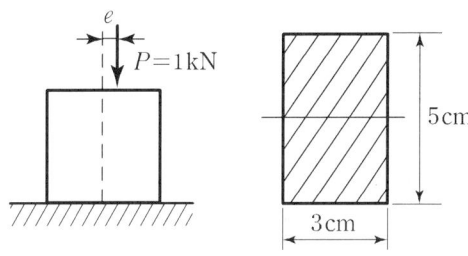

① 0.16   ② 0.27
③ 0.93   ④ 1.6
⑤ 3.2

해설 : 단주

$$\sigma_{max} = \frac{P}{bh} + \frac{6Pe}{bh^2} = \frac{1 \times 10^3 \times 10^{-6}}{0.03 \times 0.05} + \frac{6 \times 1 \times 10^3 \times 2 \times 10^{-3}}{0.05 \times 0.03^2} \times 10^{-6}$$

$$= 0.93 \text{MPa}$$

10.2 장주

(1) 오일러 가정

장주는 지름에 비해 길이가 긴 봉이 축방향으로 하중을 받는 것을 일컬으며 길이가 매우 길 경우 오일러식이 적용되며 굽힘은 존재하나 압축은 무시하여 정리한 식이다. (오일러 가정)

❂ 양단이 핀으로 지지된 기둥

그림 10.3(a)와 같이 양단이 핀으로 연결된 가늘고 긴 기둥은 오일러 가정을 적용할 수 있다.

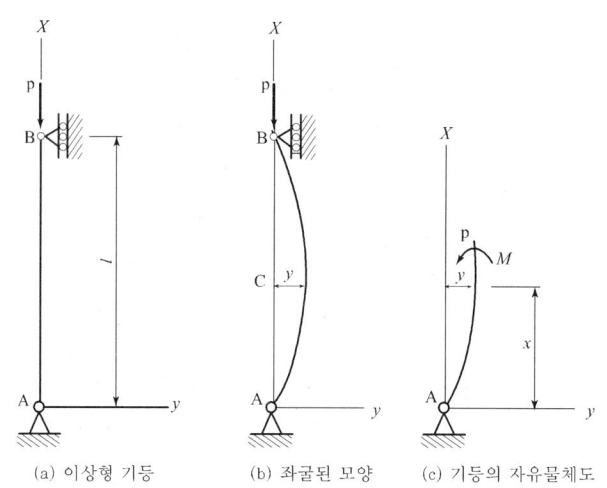

(a) 이상형 기둥   (b) 좌굴된 모양   (c) 기둥의 자유물체도

[그림 10.3 양단이 핀으로 지지된 기둥]

이 기둥은 단면의 도심을 통하고 기둥의 길이축과 일직선이 되게 수직력 P를 받고 있다. 기둥 자체는 완벽하게 일직선을 유지하여 곧으며 Hook의 법칙을 따르는 선형 탄성체로 되어 있다. 이러한 기둥을 이상형기둥(ideal column)이라고 한다. 기둥 AB의 양쪽 끝으로부터 압축하중 P가 작용하여 최대처짐 δ의 굽힘을 일으켰다. 여기서 x축을 수직방향, y축을 수평방향으로 잡고, A점으로부터 x의 거리에 있는 기둥의 한점 C의 처짐을 y라 한다.

보의 처짐에 관한 일반식은

$$EI\frac{d^2y}{dx^2} = -M \quad \cdots\cdots\cdots\cdots\cdots\cdots\cdots\cdots (10\text{-}1)$$

이며, 여기서 x거리에서의 굽힘모멘트는 그림 10.3(e)에서 Py이므로 미분방정식은 다음과 같다.

$$EI\frac{d^2y}{dx^2} = -M = -Py$$

$$EI\frac{d^2y}{dx^2} + Py = 0 \quad \cdots\cdots\cdots\cdots\cdots\cdots\cdots\cdots (10\text{-}2)$$

미분방정식의 일반해를 간편히 쓰기 위하여 다음과 같이 표시하면

$$a^2 = \frac{P}{EI} \quad \cdots\cdots\cdots\cdots\cdots\cdots\cdots\cdots (10\text{-}3)$$

따라서 식 (10-3)을 정리하면 다음과 같이 쓸 수 있다.

$$\frac{d^2y}{dx^2} + a^2 y = 0 \quad \cdots\cdots\cdots\cdots\cdots\cdots\cdots\cdots (10\text{-}4)$$

이 미분방정식의 일반해를 구하면

$$y = C_1 \sin ax + C_2 \cos ax \quad \cdots\cdots\cdots\cdots\cdots\cdots\cdots\cdots (10\text{-}5)$$

이 된다. 거기서 C_1, C_2는 적분상수이며 회전단의 경계조건으로부터 구해진다. 즉 $x=0$에서 $y=0$ 및 $x=l$에서 $y=0$의 조건을 식 (10-5)에 대입하면 적분상수 C_1 및 C_2는 다음과 같이 된다.

$$C_2 = 0 \quad C_1 \sin al = 0 \quad \cdots\cdots\cdots\cdots\cdots\cdots\cdots\cdots (10\text{-}6)$$

$C_1 \sin al = 0$에서 $C_2 = 0$ 또는 $\sin al = 0$임을 알 수 있다. 그러나 만약 $C_2 = 0$이라면 이 기둥은 곧게 선채로 유지되어 하중 P 또한 어떠한 값을 가질 수 있다. 그러므로

$\sin \alpha l = 0$이 되어야 하며 이 식을 만족하기 위해서 $\alpha l = n\pi$가 되어야 된다.

다음 조건들을 대입하여 P를 구하면

$$P_{cr} = \frac{n^2 EI\pi}{l^2} \quad n = 1, 2, 3, \cdots 이 된다. \quad \cdots\cdots (10\text{-}7)$$

이 식을 단면적 A로 나누어 임계응력을 구하면

$$\sigma_{cr} = \frac{P_{cr}}{A} = \frac{n^2 E\pi}{\left(\frac{l}{k}\right)^2} = \frac{n\pi^2 E}{\lambda^2} 이 되며 \quad \cdots\cdots (10\text{-}8)$$

여기서 λ는 세장비라 하며, 기둥의 지점조건(단말조건)이 달라지는 기둥의 경우를 총괄하여 표시하면 다음과 같은 일반식이 얻어진다.

$$P_{cr} = n\frac{\pi^2 EI}{l^2} \quad \cdots\cdots (10\text{-}9)$$

$$\sigma_{cr} = n\frac{\pi^2 EI}{\left(\frac{l}{k}\right)^2} = n\frac{\pi^2 E}{\lambda^2} \quad \cdots\cdots (10\text{-}10)$$

여기서 n은 기둥양단의 지지조건에 의하여 정해지는 상수이다. 이것은 단말조건계수(Coeffcient Fixiy)라 한다. 식 (10-9)를 고쳐쓰면

$$P_{cr} = \frac{\pi^2 EI}{\left(\frac{l}{\sqrt{n}}\right)^2} \quad \cdots\cdots (10\text{-}11)$$

로 표시할 수 있으며, 여기서 $\frac{1}{\sqrt{n}}$을 장주의 상당길이(Equivalent Length of Long Column) 또는 좌굴길이(Buckling Length)라 한다. 이러한 길이를 생각하는 것은, 양단회전으로 지지된 징주에서 $n = 1$이므로 이 경우를 기준, 기본형으로 하여 같은 좌굴하중을 갖는 다른 단말조건 기둥의 좌굴길이를 표시할 수 있다. 각종의 단말조건을 단말조건계수 n 및 좌굴길이 $\frac{1}{\sqrt{n}}$로 표시하면 〈표 10.1〉과 같다.

[표 10.1 기둥의 단말조건계수와 상당길이]

단말조건	n	$\frac{1}{\sqrt{n}}$
일단고정 타단자유	1/4	$2l$
양단핀	1	l
일단고정 타단핀	2.046	$0.7l$
양단고정	4	$l/2$

(2) Euler공식의 적용범위

좌굴에 대한 Euler공식 식 (10-23)을 변형하면 다음과 같은 세장비에 대한 식으로 나타낼 수 있다.

$$\lambda = \frac{l}{k}\sqrt{n}\cdot\pi\sqrt{\frac{E}{\sigma_{cr}}} \quad\cdots\cdots\cdots\cdots\cdots\cdots\cdots\cdots\cdots\cdots\cdots\cdots\cdots\cdots\cdots (10\text{-}12)$$

이 식은 Eluler 공식의 적용여부를 결정하는 기준이 되는 식으로, 이 식에서는 σ_{cr} 대신 주로 압축 비례한도 σ_p를 사용하며, 이 식에서 구한 λ값 이상의 세장비를 가지고 있는 기둥에는 Euler 공식을 사용할 수 있지만 그 이하의 세장비를 가지고 있는 장주에는 사용할 수 없다. 예를 들어 양단이 핀으로 지지된 연강의 장주에서, 이 재료에 비례한도가 $\sigma_p = 2100\text{kgf}/\text{cm}^2$이고 단성계수가 이라면 이 기둥의 세장비는 다음과 같다. 단말조건계수는 $n = 1$이므로

$$\lambda = \sqrt{n}\cdot\pi\sqrt{\frac{E}{\sigma_P}} = \pi\sqrt{\frac{2.1\times 10^6}{2100}} \simeq 102$$

그러므로 λ≥100이면 연강재료의 장주 계산에서 Euler 공식을 사용할 수 있다. 그러나 λ < 100인 경우에는 기둥에 횡좌굴이 일어나기 전에 평균압축응력이 먼저 비례한도에 도달하게 되므로 Euler공식이 적용되지 않는다. 그림 10.6은 평균압축응력 $\frac{P}{A}$ 와 세장비 λ의 관계를 나타낸 선도이다. 여기서 곡선 *ECB*를 Euler 곡선이라 한다.

곡선에서 세장비 λ가 B점보다 작을 때에는 σ_{cr}은 곡선 EC와 같이 무한히 높아지고 파괴가 되지 않는 결과가 되지만, 실제로 탄성한도의 응력 또는 최대 압축응력에 의하여 파괴되며 이는 단주의 순수압축에 의한 파괴이다. 따라서 [그림 10.3]의 곡선 BC에 해당되는 세장비를 가지는 기둥을 중간주, 곡선 AB에 해당되는 세장비를 가지는 기둥을 단주라 하며, 이들 경우에는 Euler 공식이 적용되지 않는다.

〈표 10.2〉는 각종 재료의 임계세장비 λ_{cr}와 안전율을 나타낸다.

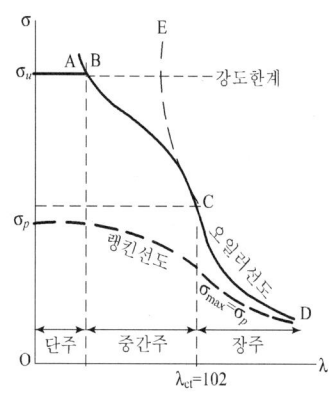

[그림 10.4 평균압축응력에 대한 연강세장비 선도]

[표 10.2 각종 재료의 임계세장비와 안전율]

재료	주철	연철	연강	경강	목재
$\lambda = \dfrac{l}{k} >$	70	115	100	95	80
S	8-10	5-6	5-6	5-6	10-12

(3) 장주의 오일러 식 정리

◈ 임계하중

$$P_{cr} = \frac{n\pi^2 EI}{l^2}$$

n = 단말 계수

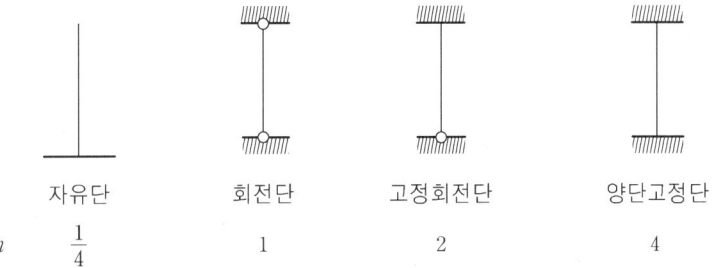

	자유단	회전단	고정회전단	양단고정단
n	$\frac{1}{4}$	1	2	4

◈ 임계응력

$$\sigma_{ac} = \frac{P_{cr}}{A} = \frac{n\pi^2 EI}{Al^2} = n\pi^2 \frac{EK^2}{l^2} = \frac{n\pi^2 E}{\lambda^2} \quad (\lambda : \text{세장비})$$

위의 식을 오일러의 식이라 하며 세장비 (λ)에 의해 식의 대입을 결정한다. 연강의 경우

$$\lambda > 102 \qquad \lambda = \frac{l}{K} = \frac{l}{\sqrt{\frac{I}{A}}} > 102$$

그러므로 원형봉에서는 $l > 25.5d$ 이다.

EXERCISE 2

폭 15cm, 높이 20cm의 직사각형 단면을 가진 길이 2.5m의 기둥에서 세장비는?

① 4.5   ② 5.8   ③ 6.5
④ 7.8   ⑤ 58

해 설 : $\lambda = \dfrac{l}{K} = \dfrac{l}{\sqrt{\dfrac{I}{A}}} = \dfrac{250}{\sqrt{\dfrac{20 \times 15^3}{12 \times 15 \times 20}}} = 57.735$

EXERCISE 3

길이 l인 장주의 재질과 단면적이 동일할 때 축하중이 그림과 같이 작용할 때 가장 먼저 좌굴이 일어나는 것은 어느 것인가?

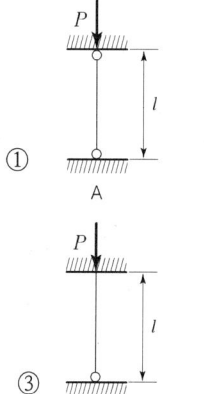

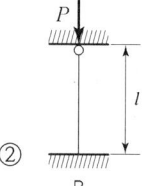

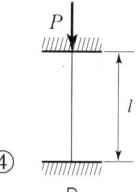

해 설 : P_{Cr}(좌굴임계하중) $= \dfrac{n\pi^2 EI}{l^2}$ 에서 n값에 의해 결정

자유단 : $n = \dfrac{1}{4}$ 양단회전단 : $n = 1$

회전단고정단 : $n = 2$ 양단고정단 : $n = 4$

단말계수가 작을수록 좌굴이 먼저 발생한다.

해 답 : ①

EXERCISE 4

3cm×6cm의 직사각형 단면인 양단고정의 연강 기둥에서 오일러의 식을 적용시킬 수 있는 최소 길이는 얼마인가 (단, $E=200\text{GPa}$이다)?

① 0.008m ② 0.08m ③ 0.88m
④ 8.8m   ⑤ 8m

해 설 : 연강에서의 최대 세장비는 102이다.

회전반경 $K = \sqrt{\dfrac{I}{A}} = \sqrt{\dfrac{bh^3}{bh \times 12}} = \sqrt{\dfrac{h^2}{12}} = \sqrt{\dfrac{0.03^2}{12}} = 0.0086$

$\lambda = \dfrac{l}{K}$ 에서 $l = \lambda \cdot K = 102 \times 0.0086 = 0.88\,\text{m}$

EXERCISE 5

3cm×6cm의 직사각형 단면인 양단고정의 연강 기둥에서 오일러의 식을 적용시킬 수 있는 최소 길이는 얼마인가 (단, $E=200\text{GPa}$이다)?

① $W_B = \dfrac{n\pi^2 E}{l^2}$ ② $W_B = \dfrac{n\pi E}{E}$

③ $W_B = \dfrac{n\pi^2 EI}{l^2}$ ④ $W_B = \dfrac{n\pi^2 E l^2}{K}$

⑤ $W_B = \dfrac{n\pi^2 EI}{l^3}$

해 답 : ③

EXERCISE 6

긴 기둥에 관한 설명 중에서 옳지 않은 것은?

① 좌굴응력은 세장비의 제곱에 정비례한다.
② 세장비가 어느 한도 이하인 기둥에서의 좌굴하중은 랭킨(rankine)의 공식을 사용한다.
③ 좌굴하중은 굽힘 강성 계수와 재료의 압축강도에 따라서 변화된다.
④ 세장비가 큰 기둥이 역학적으로 가장 좋다.
⑤ 길이가 직경의 25.5배 이상인 연강의 기둥은 오일러식을 적용할 수 있다.

해 설 : $\sigma = \dfrac{n\pi^2 E}{\lambda^2}$ 좌굴 응력은 세장비의 제곱에 반비례한다.
해 답 : ①

EXERCISE 7

길이 l인 장주의 재질과 단면적이 동일할 때 축압력이 그림과 같이 작용할 때 가장 먼저 좌굴이 일어나는 것은 어느 것인가?

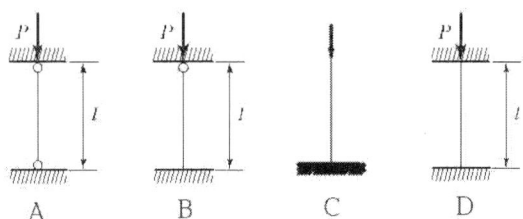

A B C D

① 양단 회전단(그림 A) $n = 1$
② 일단고정 타단자유단(그림 B) $n = 2$
③ 자유단(그림 C) $n = \dfrac{1}{4}$
④ 양단 고정단(그림 D) $n = 4$

해 설 : 단말계수가 작을수록 좌굴이 먼저 발생한다.
해 답 : C

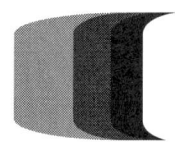

01 그림과 같은 단주에 편심거리 e에 압축하중 $P=8$kN이 작용할 때 단면에 인장력이 생기지 않기 위한 e의 한계는 다음 중 어느 것인가?

① $e = 4$cm
② $e = 6$cm
③ $e = 9$cm
④ $e = 12$cm
⑤ $e = 14$cm

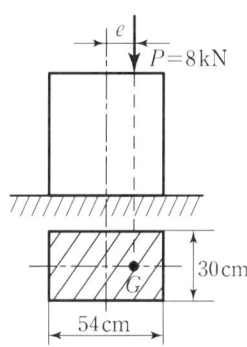

1.
$$-\frac{h}{6} < e < \frac{h}{6}$$
$$\frac{h}{6} = \frac{54}{6} = 9\text{cm}$$

02 그림과 같은 구형단면이 기둥에 $e=2$mm의 편심거리에 $P=100$ kN의 압축하중이 작용할 때 최대응력은 몇 MPa인가?

① 13.5MPa
② 40MPa
③ 99.2MPa
④ 158.8MPa
⑤ 200MPa

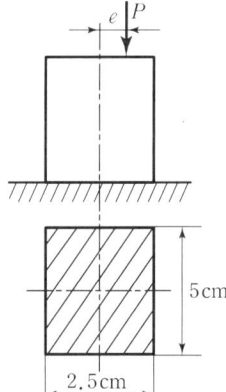

2.
$$\sigma = \frac{P}{A} + \frac{M}{Z}$$
$$= \frac{100 \times 10^3}{0.025 \times 0.05}$$
$$\quad + \frac{6 \times 100 \times 10^3 \times 0.002}{0.05 \times 0.025^2}$$
$$= 99.2 \text{MPa}$$

정답 1. ③   2. ③

03 편심하중을 받는 단주에서 핵심(core section) 밖에 하중이 걸리면 응력 분포는 어떻게 되는가?

①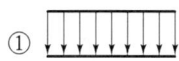

②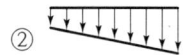

③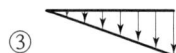

④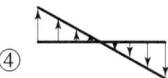

04 하중 $P=180\,\text{kg}$과 모멘트 $M=9.54\,\text{kg}-\text{m}$가 작용하는 단주의 편심거리 e는 몇 cm가 되는가?
① $e = 2.6\,\text{cm}$　　② $e = 3\,\text{cm}$
③ $e = 4.5\,\text{cm}$　　④ $e = 5\,\text{cm}$
⑤ $e = 5.3\,\text{cm}$

4. $M = Pe$
$e = \dfrac{M}{P} = \dfrac{9.54}{180}$
$= 0.53\,\text{m}$
$= 5.3\,\text{cm}$

05 원형단면에서 핵심(core)의 직경은 단면의 직경에 비해 얼마 정도인가?
① $\dfrac{1}{3}$　　② $\dfrac{1}{4}$
③ $\dfrac{1}{6}$　　④ $\dfrac{1}{8}$
⑤ $\dfrac{1}{9}$

5. $-\dfrac{d}{8} < e < \dfrac{d}{8}$

정답　3. ④　4. ⑤　5. ②

06 구형단면의 단주에서 핵심은 마름모꼴로 나타난다. 이때 마름모의 대각선은 단면 폭(b)에 비하여 그 크기는 어떻게 되는가?

① $\dfrac{1}{3}$ ② $\dfrac{1}{4}$

③ $\dfrac{1}{6}$ ④ $\dfrac{1}{8}$

⑤ $\dfrac{1}{9}$

6. $-\dfrac{h}{6} < e < \dfrac{h}{6}$

07 그림과 같은 원통형 단면의 핵반경은 다음 중 어느 것인가?

① $\dfrac{D^2+d^2}{6D}$

② $\dfrac{D^2+d^2}{4D}$

③ $\dfrac{D^2+d^2}{8D}$ ④ $\dfrac{D^2+d^2}{9D}$

⑤ $\dfrac{D^2+d^2}{3D}$

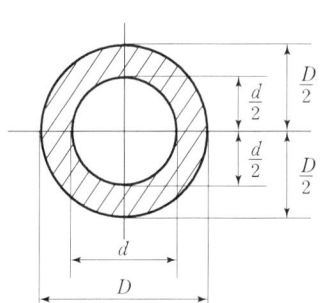

08 그림과 같은 직사각형의 한변 $a=10\,\text{cm}$의 단면의 일부분이 단면적 $\dfrac{a}{2} \cdot a$로 감소되어 있을 때, 축 방향에 40kN에 의하여 mn 단면에 발생하는 응력은 몇 MPa인가?

① 4
② 16
③ 28
④ 32
⑤ 64

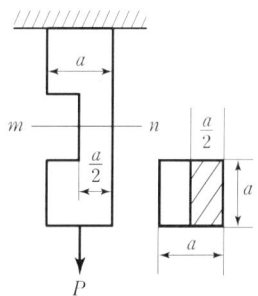

8.
$$\sigma = \dfrac{P}{A} + \dfrac{M}{Z} = \dfrac{P}{A} + \dfrac{6Pe}{bh^2}$$
$$= \dfrac{40 \times 10^3}{0.1 \times 0.05}$$
$$+ \dfrac{6 \times 40 \times 10^3 \times 0.025}{0.1 \times 0.05^2}$$
$$= 32\,\text{MPa}$$

정답 6. ① 7. ③ 8. ④

09 좌굴 길이 l, 단면 2차 모멘트 I, 단면적 A라 할 때 장주의 세장비는 다음 중 어느 것인가?

① $\dfrac{l}{\sqrt{\dfrac{A}{I}}}$ ② $\dfrac{I}{\dfrac{l}{A}}$

③ $\dfrac{l}{\dfrac{A}{I}}$ ④ $\dfrac{l}{\sqrt{\dfrac{I}{A}}}$

⑤ $\dfrac{2l}{\sqrt{\dfrac{A}{I}}}$

9.
$\lambda = \dfrac{l}{k}, \quad k = \sqrt{\dfrac{I}{A}}$
$\therefore \lambda = \dfrac{l}{\sqrt{\dfrac{I}{A}}}$

10 장주에서 길이가 같고 단면적이 같은 다음 기둥들 중에서 가장 큰 하중을 받을 수 있는 기둥은 어느 것인가?

① 일단고정, 타단자유   ② 양단회전
③ 일단회전, 타단고정   ④ 양단고정
⑤ 양단고정

11 오일러(Euler's)의 탄성 좌굴하중식은 다음 중 어느 것인가?

① $P = n\pi^2 \dfrac{EI}{l^2}$

② $P = n^2\pi^2 \dfrac{E}{\left(\dfrac{1}{k}\right)^2}$

③ $P = n^2\pi^2 \dfrac{EI}{\left(\dfrac{k}{l}\right)^2}$

④ $P = n^2\pi^2 \dfrac{EA}{\left(\dfrac{k}{l}\right)^2}$

⑤ $P = \dfrac{n\pi EI}{l^3}$

정답 9. ④ 10. ⑤ 11. ①

12 단면적 4cm×6cm, 길이 $l=3$m인 연강구형단면의 기둥에서 좌굴응력을 구하여라(단, 양단고정이고, $E=200$GPa이다).

① 72MPa   ② 70.5MPa
③ 351MPa   ④ 169MPa
⑤ 200MPa

12. $\sigma_{Cr} = \dfrac{P_{Cr}}{A} = \dfrac{n\pi^2 EI}{Al^2}$

$= 4\times\pi^2\times200\times10^9\times0.06$
$\times 0.04^3\times10^{-6}/(0.04$
$\times 0.06\times12\times3^2)$
$= 169\text{MPa}$

13 내경 $d=4$cm, 외경 $D=5$cm, 길이 $l=2$m의 연강제 원형 기둥에 대한 세장비를 구하여라.

① $\lambda=95$ ② $\lambda=125$
③ $\lambda=145$ ④ $\lambda=155$
⑤ $\lambda=200$

13.
$K = \sqrt{\dfrac{I}{A}} = \sqrt{\dfrac{4\pi(D^4-d^4)}{64\pi(D^2-d^2)}}$
$= \sqrt{\dfrac{(D^2+d^2)}{4}}$

$\lambda = \dfrac{l}{K} = \dfrac{4l}{\sqrt{D^2+d^2}}$
$= \dfrac{4\times200}{\sqrt{5^2+4^2}}$
$= 125$

14 일단고정, 타단회전의 장주가 있다. 단면 15×10 cm²인 사각형, 길이 $l=3$m, $E=100$GPa이다. 이때 안전율 $S=10$으로 할 때 오일러의 공식에 의한 최대 안전 압축하중을 구하여라.

① 2,740   ② 274
③ 27.4   ④ 2.74
⑤ 0.27

14.
$P_{Cr} = \dfrac{n\pi^2 EI}{l^2}$
$= 2\times\pi^2\times200\times10^3\times15$
$\times 10^3/(12\times3^2) = 2.74\text{MPa}$

$P_S = \dfrac{P_{Cr}}{S} = \dfrac{2.74}{10}\times10^3$
$= 274\text{KPa}$

정답: 12. ④   13. ②   14. ②

그리스 문자

문자		발음	문자		발음
A	α	Alpha	N	ν	Nu
B	β	Beta	Ξ	ξ	Xi
Γ	γ	Gamma	O	o	Omicron
Δ	δ	Delta	Π	π	Pi
E	ϵ	Epsilon	P	ρ	Rho
Z	ζ	Zeta	Σ	σ	Sigma
H	η	Eta	T	τ	Tau
Θ	θ	Theta	Y	υ	Upsilon
I	ι	Iota	Φ	ϕ	Phi
K	κ	Kappa	X	χ	Chi
Λ	λ	Lambda	Ψ	ψ	Psi
M	μ	Mu	Ω	ω	Omega

관련공식

(1) 2차 방정식의 근과 계수와의 관계

① $ax^2 + bx + c = 0 \quad ax^2 + 2b'x + c = 0$

$x = \dfrac{-b \pm \sqrt{b^2 - 4ac}}{2a}$ 또는 $x = \dfrac{-b' \pm \sqrt{b'^2 - ac}}{a}$

② $\alpha + \beta - \dfrac{b}{a}, \ \alpha\beta = \dfrac{c}{a}$

(2) 인수분해

① $(a \pm b)^2 = a^2 \pm 2ab + b^2$

② $(a+b)(a-b) = a^2 - b^2$

③ $(x-a)(x+b) = x^2 + (a+b)x + ab$

④ $(ax+b)(cx+d) = acx^2 + (bc+ad)x + bd$

⑤ $(a+b+c)^2 = a^2 + b^2 + c^2 - 2ab + 2bc + 2ca$

⑥ $(a \pm b)^3 = a^3 \pm 3a^2b + 3ab^2 \pm b^3$

⑦ $(a \pm b)(a^2 \pm ab + b^2) = a^3 \pm b^3$

⑧ $(a+b+c)(a^2+b^2+c^2-ab-bc-ca) = a^3 + b^3 + c^2 - 3abc$

(3) 지수

① $a^m \times a^n = a^{m+n}$ ② $a^m \div a^n = a^{m-n}$

③ $(a^m)^n = a^{mn}$ ④ $(a \cdot b)^m = a^m b^m$

⑤ $\left(\dfrac{b}{a}\right)^m = \dfrac{b^m}{a^m}\ (a \neq 0)$ ⑥ $a^0 = 1\ (a \neq 0)$

⑦ $a^{-n} = \dfrac{1}{a^n}$ ⑧ $a^{\frac{1}{n}} = \sqrt[n]{a}$

(4) 대수

① $y = \log_a x\ (x = a^y)$ ② $y = \log_e x\ (x = e^y)$

③ $\log_e x = 2 \cdot 3 \log_{10} x$ ④ $\log_{10} x = 0.4343 \log_e x$

⑤ $(1+x)^x_{x \to \infty} = e$ ⑥ $\log_a 1 = 0$

⑦ $\log_a a = 1$ ⑧ $\log_a xy = \log_a x + \log_a y$

⑨ $\log_a \dfrac{x}{y} = \log_a x - \log_a y$ ⑩ $\log_a x^n = n \log_a x$

⑪ $\log_a x = \dfrac{\log_b x}{\log_b a}$

(5) 삼각함수

① 호도(Radian)

$1\,rad = 57°17'45''$

$\pi\,rad = 180°\quad y(rad) = \dfrac{\pi}{180}x(°)$

② 부채꼴의 길이 (L)와 면적 (S)

$L = r\phi$

$S = \dfrac{1}{2}r^2\phi = \dfrac{1}{2}rL$ (단, ϕ의 단위는 rad)

③ 삼각비

$\sin\phi = \dfrac{a}{c},\ \cos\phi = \dfrac{b}{c},\ \tan\phi = \dfrac{a}{b}$

$\text{cosec}\phi = \dfrac{c}{a},\ \sec\phi = \dfrac{c}{b},\ \cot = \dfrac{b}{a}$

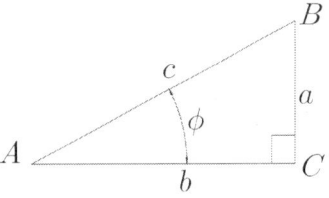

④ 삼각함수의 상호 관계

$\sin\phi = \dfrac{1}{\text{cosec}\phi},\ \cos\phi = \dfrac{1}{\sec\phi},\ \tan\phi = \dfrac{1}{\cot\phi}$

$\dfrac{\sin\phi}{\cos\phi} = \tan\phi,\ \dfrac{\cos\phi}{\sin\phi} = \cot\phi$

$\sin^2\phi + \cos^2\phi = 1$

$1 + \tan^2\phi = \sec^2\phi$

$1 + \cot^2\phi = \text{cosec}^2\phi$

⑤ sin 및 cosine의 법칙

$$\frac{a}{\sin A} = \frac{b}{\sin B} = \frac{c}{\sin C} = 2R \quad (단, R는 외접원의 반지름)$$

$a = b\cos C + c\cos B \quad a^2 = b^2 - c^2 - 2bc\cos A$

$b = c\cos A + a\cos C \quad b^2 = a^2 + c^2 - 2ac\cos B$

$c = a\cos B + b\cos A \quad c^2 = a^2 + b^2 - 2ab\cos C$

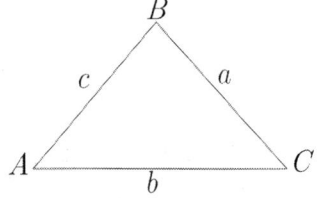

⑥ 삼각형의 면적

$$S = \frac{1}{a} b\sin C = \frac{1}{2} bc\sin A = \frac{1}{2} ca\sin B$$

⑦ 삼각함수의 가감

$\sin(\alpha \pm \beta) = \sin\alpha\cos\beta \pm \cos\alpha\sin\beta$

$\cos(\alpha \pm \beta) = \cos\alpha\cos\beta \pm \sin\alpha\sin\beta$

$\tan(\alpha \pm \beta) = \dfrac{\tan\alpha \pm \tan\beta}{1 \pm \tan\alpha\tan\beta}$

⑧ 배각 및 반각

$$\sin 2\phi = 2\sin\phi\cos\phi \qquad \sin 3\phi = 3\sin\phi - 4\sin^3\phi$$

$$\cos 2\phi = \cos^2\phi - \sin^2\phi \qquad \cos 3\phi = 4\cos^3\phi - 3\cos\phi$$
$$= 2\cos^2\phi - 1$$
$$= 1 - 2\sin^2\phi$$

$$\tan 2\phi = \frac{2\tan\phi}{1-\tan^2\phi}$$

$$\sin^2\frac{\phi}{2} = \frac{1-\cos\phi}{2} \qquad \cos^2\frac{\phi}{2} = \frac{1+\cos\phi}{2}$$

$$\tan^2\frac{\phi}{2} = \frac{1-\cos\phi}{1+\cos\phi}$$

(6) 미분

$y = x^n$ $\qquad$ $y' = nx^{n-1}$

$y' = u' + v'$ $\qquad$ $y = uv$

$y = \dfrac{u}{v}$ $\qquad$ $y' = \dfrac{u'v - uv'}{v^2}$

$y' = \cos x$ $\qquad$ $y = \cos x$

$y = \tan x$ $\qquad$ $y' = \sec^2 x$

$y = u + v$

$y' = uv' + u'v$

$y = \sin x$

$y' = -\sin x$

(8) 적분

$\displaystyle\int x^m dx = \dfrac{x^{m+1}}{m+1}$ $\qquad$ $\displaystyle\int \dfrac{dx}{x} = \log x$

$\displaystyle\int \sin x\, dx = -\cos x$ $\qquad$ $\displaystyle\int \cos x\, dx = \sin x$

(9) 미분방정식

$\dfrac{dy}{dx} = a$ $\qquad\qquad y = \displaystyle\int a\,dx + c = ax + c$

$\dfrac{dy}{dx} = ax$ $\qquad\qquad y = \displaystyle\int ax\,dx + c = \dfrac{a}{2}x^2 + c$

$\dfrac{d^2y}{dx^2} = a$ $\qquad\qquad y = ke^{ax}$

$\dfrac{dy}{dx} = ay$ $\qquad\qquad y = A\sin nx + B\cos nx$

$\dfrac{d^2y}{dx^2} = -n^2 y$

INDEX

(1)

1차 관성모멘트 ················· 110

(3)

3축 응력 ························ 88

(ㄱ)

공액응력 ······················· 82
공칭응력 ······················· 82
관성상승모멘트 ················ 122
교번하중 ························ 4
굽힘모멘트 ···················· 137
균일분포하중 ············ 219, 221
극2차 관성모멘트 ·············· 120
극단면계수 ···················· 120
기둥 ·························· 288

(ㄷ)

단면 2차(斷面 2次) 모멘트 ······ 112
단면계수 ······················ 115
단순보 ························ 158
단주 ·························· 288

(ㅅ)

사인정리 ······················· 34

(ㄹ)

레질리언스 계수 ················ 43

(ㅁ)

모멘트 면적법 ················· 231
모멘트선도 ················ 231, 232
모어원 ························· 70

(ㅂ)

반복하중 ······················· 4
변형률 ························· 5
보 ··························· 156
보 속의 굽힘응력 ·············· 183
보 속의 전단응력 ·············· 192
보의 처짐 ···················· 214
부정정보 ····················· 271
비틀림 ························· 6
비틀림 탄성에너지 ············ 143

상당 굽힘모멘트 ·············· 158, 203
상당 비틀림모멘트 ················ 203
스프링 ······························ 145

(ㅇ)

압력용기 ····························· 51
얇은 회전 원환 ···················· 53
에너지 ································ 96
열응력 ································ 38
외팔보 ······························ 159
우력 ·························· 227, 236
운동에너지 ·························· 40
위치에너지 ·························· 40
응력 ···································· 5
응력집중 ···························· 17
이동하중 ······························ 4
이축 응력 ···························· 73
일축 응력 ···························· 71
임계하중 ·························· 295
임의 단면의 비틀림 ············ 150

(ㅈ)

장주 ································ 288
재료의 파손 ······················· 96
전단력선도 ······················ 169

정정트러스 구조물의 해석방법 ······· 56
조임새 ································ 38
종탄성 계수 ························ 12
주평면 ···················· 83, 84, 86
지점의 종류 ······················ 156

(ㅊ)

체적변형률 ···················· 90, 95
최대 전단응력설 ············ 96, 205
최대 주응력설 ···················· 205
충격응력 ···························· 43
충격하중 ···························· 4, 41

(ㅋ)

카스틸리아노 정리 ············· 241

(ㅌ)

탄성계수 ························ 41, 43

(ㅍ)

평면도형 ···························· 110
평면응력 ···························· 77
평행축 정리 ······················ 112

(ㅎ)

회전반경 ···················· 120, 121
횡탄성계수 ···················· 14, 19

재료역학 313

[저자와 동의하에 생략]

Strength of Materials

재료역학

발행일	2018년 6월 11일 초판발행
	2020년 11월 11일 2판발행
저자	국창호 한홍걸
발행처	도서출판 한필
주소	경기도 부천시 중동로 166 건영아이숲 1701-1502
Tel.	0507. 1308. 8101.
Email	hanpil7304@gmail.com
Web	www.hanpil.co.kr

· 책의 어느 부분도 저작권자나 발행인의 승인 없이 무단 복제하여 이용할 수 없습니다.
· 파본 및 낙장에 관한 문의는 출판사로 해주시기 바랍니다.

정가 : 18,000
ISBN 979-11-89374-33-4